高 等 学 校 规 划 教 材

Inorganic and Analytical Chemistry Experiments

无机及分析化学实验

刘 梅　方景毅　朱鹏飞　主编

化学工业出版社
·北京·

内容简介

《无机及分析化学实验》遵循夯实基础知识、扎实基本技能、注重能力培养的核心思想而编写，包括绪论、化学实验基本操作技能、常用仪器及使用方法、基础实验、综合研究实验、设计实验6章，共35个基础实验、7个综合研究实验和7个设计实验。本书配有部分操作视频，读者可以扫码观看。书后附的简明附录供参考查阅。

《无机及分析化学实验》可作为高等院校化学、化工、环境、应用化学、材料、新能源、安全等专业的本科生教材，也可供相关领域的科研人员参考。

图书在版编目（CIP）数据

无机及分析化学实验/刘梅，方景毅，朱鹏飞主编.—北京：化学工业出版社，2022.9（2023.7重印）
高等学校规划教材
ISBN 978-7-122-41490-8

Ⅰ.①无… Ⅱ.①刘… ②方… ③朱… Ⅲ.①无机化学-化学实验-高等学校-教材②分析化学-化学实验-高等学校-教材　Ⅳ.①O61-33②O65-33

中国版本图书馆CIP数据核字（2022）第084597号

责任编辑：宋林青　　　　　　　　　文字编辑：刘志茹
责任校对：宋　玮　　　　　　　　　装帧设计：史利平

出版发行：化学工业出版社（北京市东城区青年湖南街13号　邮政编码100011）
印　　装：大厂聚鑫印刷有限责任公司
787mm×1092mm　1/16　印张12½　字数307千字　2023年7月北京第1版第2次印刷

购书咨询：010-64518888　　　　　　　　　　售后服务：010-64518899
网　　址：http://www.cip.com.cn
凡购买本书，如有缺损质量问题，本社销售中心负责调换。

定　价：35.00元　　　　　　　　　　　　　　　　　　　版权所有　违者必究

前言

无机及分析化学实验是高等院校化学化工类专业一门重要的基础化学实验课。学生通过本课程的学习,可以加深对无机及分析化学基本原理的理解,认识这些基本原理的具体应用,掌握无机及分析化学实验相关的基本操作技能;养成良好的实验习惯、严谨的科学态度和实事求是的科学作风;具备观察实验现象、分析问题、通过实验初步解决一般化学问题及正确判断和表达实验结果的能力。

本书共6章,包括绪论、化学实验基本操作技能、常用仪器及使用方法、基础实验、综合研究实验和设计实验,共编写实验49个。本书在编写过程中力求从学生的认知特点出发,强调基础知识、基本方法与基本技能的掌握与应用,锻炼学生的实践动手能力,培养学生的问题解决能力。所编写的实验项目以夯实基础、注重能力培养为主线,按照由浅入深、由基础到综合、由验证到设计、循序渐进的规律,既有与生产、生活密切相关的实验,又有一些反映教师科研成果和应用技术的实验,同时还有与节能减排相关的绿色化学实验,凸显了与生活生产实际及科学研究前沿的结合。有助于开拓学生的视野和思路,激发学生的学习热情,提高学生的问题解决能力、创新能力和探索精神。本书还有利于学生树立牢固的安全与环保意识、严谨的科学态度,提高其专业素养。使用者可根据实际需要和学时多少,灵活选择适当项目作为教学内容(部分实验项目还可以进行模块化教学),其余项目供学生自学之用。

本书第1章由刘梅、朱鹏飞编写,第2章由刘梅、方景毅编写,第3章由刘梅、方景毅、朱天菊编写,第4章由方景毅、刘梅、朱鹏飞、朱天菊编写,第5、6章由朱鹏飞、刘梅、方景毅编写,附录由刘梅汇编,全书由刘梅统稿。在教材编写过程中,西南石油大学张辉、罗米娜老师给予了很多的关心和指导,我们对此表示衷心的感谢!本书的编写还得到了西南石油大学教务处、实验室与设备管理处和化学化工学院的大力支持,在此一并感谢!同时也要真诚感谢本书参考文献的作者以及支持和关心本书出版的朋友们!

由于时间仓促、编者水平和能力有限,难免会有不当之处,敬请读者批评指正,我们将不胜感激!

编 者

2022年4月

目录

第 1 章 绪论 … 1

1.1 化学实验的作用 … 1
1.2 化学实验的方法 … 1
1.3 实验报告的书写 … 3
    1.3.1 传统实验报告 … 3
    1.3.2 论文式实验报告 … 5
1.4 误差与实验数据处理 … 6
    1.4.1 有效数字及其运算 … 6
    1.4.2 误差 … 7
    1.4.3 实验数据的表达与处理 … 10
    1.4.4 Origin 软件在图形绘制中的应用简介 … 12
1.5 化学实验设计简介 … 18
    1.5.1 化学实验设计的一般过程 … 19
    1.5.2 实验影响因素与水平的考察 … 19
1.6 参考文献检索简介 … 29
    1.6.1 文献的等级结构与形式 … 29
    1.6.2 文献的检索途径与方法 … 30
    1.6.3 国内外相关文献资源 … 31

参考资料 … 33

第 2 章 化学实验基本操作技能 … 34

2.1 化学实验普通仪器介绍 … 34
2.2 常用玻璃仪器的洗涤与干燥 … 39
    2.2.1 玻璃仪器的洗涤 … 39
    2.2.2 玻璃仪器的干燥 … 40
2.3 化学试剂及其取用 … 40
    2.3.1 化学试剂的分类 … 40

2.3.2	化学试剂的取用	41

- 2.4 物质的称量 … 43
- 2.5 物质的溶解、固液分离、溶液的浓缩与结晶 … 44
  - 2.5.1 溶解和熔融 … 44
  - 2.5.2 固液分离 … 44
  - 2.5.3 溶液的浓缩与结晶 … 47
- 2.6 重量分析中沉淀的干燥与灼烧 … 48
  - 2.6.1 坩埚的准备 … 48
  - 2.6.2 沉淀的包裹 … 48
  - 2.6.3 沉淀的干燥与灼烧 … 49
- 2.7 实验室加热与冷却技术 … 49
  - 2.7.1 常用的加热器具 … 49
  - 2.7.2 加热方法 … 51
  - 2.7.3 冷却技术 … 52
- 2.8 液体体积的量度及溶液的配制 … 52
  - 2.8.1 液体体积的量度 … 52
  - 2.8.2 溶液的配制 … 57
- 2.9 气体的发生、净化、干燥和收集 … 58
- 2.10 温度的测量与控制 … 60
  - 2.10.1 温标 … 60
  - 2.10.2 温度的测量 … 61
  - 2.10.3 温度的控制 … 63
- 2.11 密度的测量方法 … 63
- 2.12 试纸与滤纸 … 65
  - 2.12.1 化学试纸的种类以及使用方法 … 65
  - 2.12.2 化学滤纸的种类以及使用方法 … 66

参考资料 … 67

第 3 章 常用仪器及使用方法 … 68

- 3.1 电子分析天平 … 68
  - 3.1.1 电子分析天平简介 … 68
  - 3.1.2 仪器操作步骤 … 68
  - 3.1.3 注意事项 … 69
- 3.2 酸度计 … 69
  - 3.2.1 酸度计简介 … 69
  - 3.2.2 仪器操作步骤 … 70
  - 3.2.3 注意事项 … 71
- 3.3 电位滴定仪 … 71
- 3.4 电导率仪 … 73
  - 3.4.1 电导率仪简介 … 73

3.4.2 仪器操作步骤（DDS-11A 型） 73
3.4.3 注意事项 74
3.5 离心机 74
3.5.1 离心机简介 74
3.5.2 仪器操作步骤（TDL-40B 型） 74
3.5.3 注意事项 75
3.6 可见分光光度计 75
3.6.1 可见分光光度计简介 75
3.6.2 仪器操作步骤 76
3.6.3 注意事项 76
3.7 浊度仪 77
3.7.1 浊度仪简介 77
3.7.2 仪器操作步骤 77
3.7.3 注意事项 78

参考资料 78

第 4 章 基础实验 79

实验一 硫酸铜的提纯 79
实验二 粗食盐的提纯 81
实验三 化学反应焓变的测定 83
实验四 氯化铵生成焓的测定 87
实验五 化学反应速率、反应级数和活化能的测定 89
实验六 离子交换法测定硫酸钙的溶度积 92
实验七 弱电解质电离度及电离常数的测定 95
实验八 置换法测定摩尔气体常数 R 96
实验九 液相反应（$I_3^- \rightleftharpoons I_2 + I^-$ 体系）平衡常数的测定 98
实验十 氧化还原与电化学 100
实验十一 常见阳离子的分离与鉴定 103
实验十二 硫酸亚铁铵的制备 107
实验十三 硫代硫酸钠的制备 109
实验十四 钒酸铋黄色颜料的制备 111
实验十五 活性炭处理染料废水 113
实验十六 酸碱标准溶液的配制与标定 114
实验十七 有机酸（草酸）摩尔质量的测定 117
实验十八 食品添加剂中硼酸含量的测定 118
实验十九 工业混合碱的组成和含量的测定 120
实验二十 EDTA 标准溶液的配制与标定 122

实验二十一	石灰石中钙、镁含量的测定	125
实验二十二	铋、铅含量的连续测定	127
实验二十三	铝合金中铝含量的测定	128
实验二十四	高锰酸钾溶液的配制与标定	131
实验二十五	水样中化学需氧量的测定（酸性高锰酸钾法）	133
实验二十六	水样中化学需氧量的测定（重铬酸钾法）	135
实验二十七	碘和硫代硫酸钠标准溶液的配制与标定	137
实验二十八	五水硫酸铜中铜含量及结晶水数量测定	140
实验二十九	铁矿石中全铁含量的测定	142
实验三十	硝酸银标准溶液的配制与标定	144
实验三十一	可溶性氯化物中氯含量的测定（莫尔法）	145
实验三十二	可溶性钡盐中钡含量的测定	147
实验三十三	植物或肥料中钾含量的测定	150
实验三十四	分光光度法测定废水中微量酚含量	152
实验三十五	土壤中腐殖质的测定（重铬酸钾法）	156

第 5 章
综合、研究实验　　159

实验三十六	Fe_3O_4 磁性纳米材料的制备	159
实验三十七	三氯化六氨合钴（Ⅲ）的制备、性质和组成分析	161
实验三十八	氟离子选择性电极测定含氟牙膏中的氟	166
实验三十九	无机絮凝剂的制备及应用研究	168
实验四十	过氧化钙的制备及含量分析	171
实验四十一	三草酸合铁（Ⅲ）酸钾的制备及其配离子电荷的测定	173
实验四十二	纳米 TiO_2 的制备及其光催化性能评价	176

第 6 章
设计实验　　180

实验四十三	常见阴离子的分离与鉴定	180
实验四十四	$[(Co(NH_3)_x)]_y(C_2O_4)_z$ 的制备及组成分析	181
实验四十五	碘与健康——加碘食盐中碘含量的测定	182
实验四十六	钙与健康——钙剂中钙含量的测定	183
实验四十七	磷化锡纳米材料的制备及表征	184
实验四十八	$CuInS_2/ZnS$ 核壳结构量子点的制备及表征	185
实验四十九	有机无机杂化钙钛矿光伏材料的合成及热稳定性研究	186

附录 188

附录 1　常用缓冲溶液及其 pH 有效范围　　188
附录 2　常用指示剂及其配制方法　　188
附录 3　常用基准物质的干燥及应用　　190
附录 4　EDTA 滴定中常用的掩蔽剂　　191
附录 5　市售酸碱试剂的浓度和相对密度　　191
参考文献　　192

第 1 章 绪论

1.1 化学实验的作用

化学是一门以实验为基础的科学,化学实验是化学教学过程中的重要组成部分,不仅能帮助学生更直观、深刻地学习和理解化学知识,而且能更好地锻炼和培养学生的各种能力,使学生成为建设社会主义现代化强国、实现中华民族伟大复兴的有用人才。

① 通过实验可以加深对基本概念和基本理论的理解。在实验中直接获得的大量化学事实,经过归纳总结,从感性认识上升到理性认识,使课堂上学到的重要理论和概念得到验证、巩固和充实,从而加深理解和掌握。

② 通过实验可以正确掌握一定的实验操作和技能。学会正确地使用基本的仪器测量相关实验数据,掌握重要物质的一般制备方法、常见的分离与提纯方法和定量分析方法,并建立准确的"量"的概念。掌握认真观察实验现象、记录实验数据并正确地分析、处理数据和表达实验结果的方法。学习查阅手册及参考资料,正确设计实验,培养科学思维和独立思考能力。因此,通过以上训练,使学生能较好地掌握化学实验基本技能,提高专业素养。

③ 通过实验可以培养团队合作能力。创新不仅需要个人能力的发挥,也需要充分与团队合作,团队合作有利于突破创新。化学实验的学习在较多情况下需要团队合作,共同讨论交流确定实验方案、探究实验过程、得到实验结果。在这个过程中,大家互相取长补短,共同学习,不仅学会求知,还学会了做事、共处和做人。因此,化学实验是学生团队合作能力培养的良好平台。

④ 通过实验可以培养问题解决能力和创新能力。通过实验可以实现理论与实践的结合,训练学生分析问题和解决问题的能力,培养求真、探索、协作、创新的科学精神以及科学的思维方式,为学生创新能力的培养提供机会。

⑤ 通过实验可以加强品德修养。通过实验可培养学生严肃认真、实事求是、一丝不苟的科学态度,同时使学生养成准确细致、整齐整洁的良好的实验室工作习惯,树立良好的安全与环保意识,形成崇尚劳动、尊重劳动、热爱劳动的精神面貌。

1.2 化学实验的方法

化学实验课程是在教师指导下,由学生独立或协作完成的。在其学习过程中,教师是主导,学生是主体,因此,为了达到化学实验的目的,学生除了要有正确的学习态度之外,还应掌握正确的学习方法,下面主要从课前、课中和课后三个方面对学习方法进行归纳。

(1) 课前

课前预习是做好实验的前提和保证，应主要从以下几个方面预习。

① 明确实验目的和要求，弄清实验的基本原理和方法，熟知实验过程中的安全注意事项以及可能突发的安全事故的应急处理方法。

② 了解实验内容、步骤，标注出关键实验步骤，并考虑可能影响实验结果的关键因素，罗列出实验过程中所需的实验仪器和试剂（包括试剂浓度）。

③ 通过阅读实验指导书，了解所用仪器的结构、功能和使用方法。

④ 统筹安排实验过程，做到胸有成竹。预先查阅或计算好实验中所需的常数、仪器设备参数等相关数据，设计好记录实验条件及实验数据的表格。

⑤ 如果是设计型实验，应事先以小组为单位，讨论并设计好实验方案，并整理成文字报告。

⑥ 预习报告严禁照搬照抄，应在充分理解实验的基础上，以简明、直观的形式来撰写预习报告。实验预习报告中可预留出一些空间记录实验现象或实验数据等。

(2) 课中

实验过程中，学生应严格遵守实验室规则，接受指导教师的指导，在充分预习的基础上，按要求进行操作，并做到以下几点。

① 进行实验之前，指导教师应检查学生的预习情况，若发现学生没有预习报告或预习不好，应让其暂停实验，待达到预习要求后，方可重新预约实验时间，进行实验。

② 按选课时间按时到指定实验室进行实验。着装符合要求（着实验服、裤子必须长到盖住脚背，鞋子必须盖住全部脚面，长发必须盘起，戴护目镜、防护手套等）。

③ 清楚相应安全设施的位置及使用方法；预估可能出现的安全事故并厘清相应的应急处理措施；检查所需的药品、仪器是否齐全，如做规定以外的实验需经教师允许。

④ 集中精力、认真操作，仔细观察，勤于思考，如实详细并规范地做好实验记录。若多人一组进行的实验应积极交流、合理分工、协作探究，共同完成实验。

⑤ 实验过程中若遇到问题应积极思考、仔细分析，力争自己解决，若遇到疑难问题可通过查阅资料或与同学、指导教师讨论，获得解决。

⑥ 实验过程中应保持实验室秩序，勿高声喧哗和嬉笑打闹，不可无故迟到早退和缺席，若因故缺席，未做的实验应及时联系指导教师商定时间补做。

⑦ 实验过程中应保持实验台面的整齐和清洁，爱护公物，小心使用仪器设备，养成节约试剂，节约用水、用电和用气的好习惯。每人应取用自己的仪器和试剂，公用仪器用毕应恢复至待用状态，公用试剂不得擅自拿走。若有仪器损坏应及时报告指导教师。

⑧ 实验过程中应注意实验安全，发生意外事故时应保持镇静，不要惊慌，应立即报告指导教师，按相关应急预案处理。

⑨ 做完实验应清洗干净实验仪器，收拾好实验台面并打扫实验室卫生，同时对实验室进行安全检查。最后将实验数据交由指导教师签字确认后方可离开。

(3) 课后

做完实验仅是完成实验的一半，余下更为重要的是分析实验现象，整理实验数据，进行概况总结，把感性认识提高到理性思维阶段。

① 认真完成实验报告。对实验现象进行解释，写出相关的反应式，对实验数据进行处理，包括计算、作图、误差表示等。分析误差产生的原因，对实验现象、实验结果及出现的

一些问题进行讨论，提出自己的见解，对实验提出改进的意见或建议，思考并回答相关问题。实验报告具体的格式见1.3。

② 如果实验失败或希望对实验进行进一步的探究，在经指导教师允许后可重做实验或进行兴趣拓展实验、开放探究性实验等。

③ 查阅并阅读与实验相关的文献，了解相关理论知识和实验方法在实际生活、生产及科学研究中的应用，开拓视野，拓宽思维，以达到提高的目的。

1.3 实验报告的书写

实验结束以后，应对实验现象、过程与数据进行科学描述，得出实验结果，并结合理论知识对实验结果进行分析、解释和总结。其呈现方式，除了文字之外，还可辅以图表等。实验报告应做到客观真实、科学严谨，语言表达流畅，用词准确，条理清晰，合乎逻辑。通过对实验进行提炼、归纳和总结，进一步消化所学知识，培养创新能力。实验报告的形式可分为传统实验报告和论文式实验报告。

1.3.1 传统实验报告

传统实验报告适用于基础实验和部分综合性实验，其结构主要包括以下几个部分。

（1）实验基本信息

实验报告应写清实验项目的名称及所属课程的名称，实验日期，实验者姓名及学号，实验组别，合作完成人（有则写），指导教师。一些物理量的测定还应该包括测定温度、压力等。

（2）实验目的、实验原理、实验仪器与试剂、实验步骤

实验原理与实验步骤应简明扼要，避免机械复制摘抄。可根据具体内容总结成表格、流程图、思维导图等形式，如"硫酸铜的提纯"实验中的"粗硫酸铜的提纯"这一部分的实验步骤可以写成流程图的形式，如图1-1所示。实验仪器要注明生产厂家和仪器型号，试剂应注明浓度和配制方法。

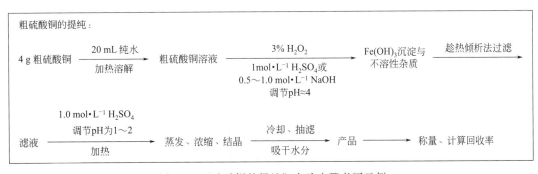

图1-1 "硫酸铜的提纯"实验步骤书写示例

（3）数据记录与处理

最好以表格的形式记录实验数据。实验数据应尊重事实，且越详细越好，如用可见分光光度法测某溶液的铁含量时，所记录的数据应包括实验温度、测定波长、参比溶液的吸光度、该含铁溶液的吸光度。在记录数据时注意单位和测试条件，保留正确的有效数字位数，如同样取10 mL溶液，用移液管移取时体积应记为10.00 mL，而用量筒取时应记为10.0 mL。但数据记录除了具体数据之外，还应包括一些现象，尤其是出现一些非正常现象时应

做好详细的记录,有助于后续得出更客观的实验结果与更合理的原因分析。实验记录的每一个数据都是实际测量的结果,因此,重复测量时,即使数据完全相同,也要记录下来。在实验过程中,记录的原始数据不得随意涂改,若发现数据有错,如测错、读错、算错,需要改动时,可将该数据用一横线划去,并在其上方写上正确的数字,然后将所得的数据交指导教师审阅和批注,严禁抄袭和编改数据。

对所测得的实验数据按照一定的方法进行处理,计算出相应的实验结果。必要时可借助列表法和图解法化繁为简,便于对实验结果进行对比,分析和阐明某些实验结果的规律性,图表应附于实验报告上。

如"硫酸铜的提纯"产品纯度检验(表1-1):

表1-1 "硫酸铜的提纯"产品纯度检验实验记录写作示例

样品	实验过程	实验现象	结论
粗硫酸铜			
提纯后的硫酸铜			

如"石灰石中钙、镁含量的测定"实验中可以采取表1-2和表1-3所示的方式进行数据记录与处理。

表1-2 "钙含量的测定"数据记录与处理写作示例

项目 \ 测定次数	1	2	3
$m_{试样}$/g			
c_{EDTA}/mol·L^{-1}			
$V_{试液}$/mL			
$V_{三乙醇胺}$/mL			
$V_{10\%NaOH}$/mL			
EDTA 初读数/mL			
EDTA 终读数/mL			
钙用去的 EDTA V_1/mL			
$w(Ca^{2+})$/%			
$w(Ca^{2+})$均值/%			
测定结果的相对平均偏差/%			

表1-3 "镁含量的测定"数据记录与处理写作示例

项目 \ 测定次数	1	2	3
$m_{试样}$/g			
c_{EDTA}/mol·L^{-1}			
$V_{试液}$/mL			
$V_{三乙醇胺}$/mL			
$V(NH_3\text{-}NH_4Cl)$/mL			

续表

项目 \ 测定次数	1	2	3
EDTA 初读数/mL			
EDTA 终读数/mL			
钙、镁用去的 EDTA V_2/mL			
(V_2-V_1)/mL			
$w(Mg^{2+})$/%			
$w(Mg^{2+})$ 均值/%			
测定结果的相对平均偏差/%			

(4) 实验结论

结合所得实验结果，进行理论分析和逻辑推理，并加以总结和概括，得出实验结论。需注意的是，实验结论不同于实验结果，实验结果是根据实验数据通过相应的运算得出的第一手资料，主要是指数据。实验结论不是实验结果的简单重复，它是根据实验现象和实验结果，在理论知识的支撑下，加以判断、分析、推导、概括而形成的富有创造性、经验性和指导性的结果描述，是理论分析和实验验证相互融合渗透而得到的产物。分析产生误差或偏差的原因，对实验结果的可靠性进行初步分析和判断。

(5) 课后思考题与拓展

完成规定的课后思考题，从而进一步巩固相关知识的应用。根据自己的实际情况完成拓展内容，从而获得延伸和提高。

(6) 安全与环保

对该实验在实验过程中有可能遇到的安全事故及其应对措施、特殊仪器设备的安全须知、相关试剂的 MSDS 知识、实验的环保要求等进行总结。

(7) 参考文献与附录

在撰写实验报告的过程中，如有引用参考文献，应附上参考文献，引用的一些重要的原始材料可以以附录的形式呈现并指明出处。

1.3.2 论文式实验报告

(1) 实验基本信息

要求同上。

(2) 摘要与关键词

摘要是全篇的核心，语言应尽可能精炼。主要写用什么方法做了什么探究，得到什么结论。关键词是为了文献索引和检索时选定、能反映稿件主体内容的词或词组，一般 3~5 个。

(3) 引言

在引言中阐明做这个实验探究的目的和意义，选用该方法的原理和优缺点，实验的总体思路和拟达到的目标等。

(4) 实验部分

主要仪器、试剂及其配制，具体的实验方法。

(5) 结果与讨论

实验研究的结果，并根据结果进行讨论并得出结论。

（6）结论（或小结）

对整个实验进行简明、扼要地总结，得出研究成果。

（7）注意事项

（8）参考文献

1.4 误差与实验数据处理

1.4.1 有效数字及其运算

在化学实验中观察到的现象和记录的数据都是与被测物质性质密切相关的各种宏观信息，如物质颜色的变化、样品的熔点和沸点、试样及产品的质量、标准溶液的体积等，是确定判断样品种类、实验倾向和最终产品情况以及进行分析实验的重要依据。在测定和数字计算中，确定该用几位数字代表测量或计算结果非常重要。有效数字是在分析工作中实际能测量到的数字，不仅表示了量的多少，还反映了测定准确度的程度。

（1）有效数字及其位数

在科学实验中，一个物理量的测定，其准确度有一定的限度，我们把通过直读获得的准确数字叫作可靠数字，通过估读得到的那部分数字叫作可疑数字。对于可疑数字，除非特别说明，通常理解为它可能 ± 1 个单位的误差。例如，用分析天平称取质量时应记录为 0.2580 g，其中，0.258 是准确的，最后一位 0 是可疑的，可能存在 ± 0.0001 的绝对误差，其实际质量为 (0.2580 ± 0.0001) g。

"0"在数字之前起定位作用，不属于有效数字，在数字之间或之后属于有效数字。例如，0.0053820 为 5 位有效数字，10.01、1.2010 分别为四位和五位有效数字。pH、pM、lgK 等对数值，有效数字位数取决于小数部分（尾数）数字的位数，如：pH=7.04，有效数字为两位。

在记录测量值时，有效数字的位数保留原则为只保留一位可疑数字。其位数的多少由测量仪器和分析方法的准确度来决定，不能人为地随意增减有效数字，也不能因为变换单位而改变有效数字的位数。

有效数字在修约时，按"四舍六入五成双"的规则进行一次性修约，即被修约的数字≤4 时，该数字舍去；数字≥6 时，该数字进位；数字=5 时，若进位后末位数为偶数则进位，反之，则舍去，若 5 后面还有不为 0 的数字，不论奇偶都进位。

（2）有效数字的运算规则

在分析结果的计算中，每个测量值的误差都将会传递到最后的结果中。不同位数的有效数字在计算时，应遵循一定的规则。

① 加减法，计算结果的有效数字位数应以小数点后位数最少的数据为准，如：$50.7+1.55+0.5812=52.8$。

② 乘除法，计算结果的有效数字位数应以几个数中有效数字位数最少的那个为准，如：$0.0123\times24.63\times1.05781=0.320$。计算中遇到倍数、分数关系时，这些数据可以看成无限多位有效数字。首位是 9 以上的数据的有效数字位数可多看一位，如 9.12，其实际有效数字为三位，计算时可看做四位。

③ 对数计算。在对数计算中，所取对数的位数应与真数的有效数字位数相等。

④ 在所有计算式中的常数，如$\sqrt{2}$、1/2 等非测量所得数据，可以视为有无限多位有效数字。其他如原子量等基本物理量，若需要的有效数字位数少于公布数值，可根据需要保留。

为提高计算结果的可靠性，在计算过程中，可暂时多保留一位数字，在得到最后结果时舍去多余数字，使得计算结果恢复到与准确度相适应的有效数字位数。

在实验中，最后的计算结果同样要按照数据准确度的要求进行修约。若是按相关标准（国标、行标等）进行测量的，标准中对测定结果有效数字位数有要求时，应按标准要求对结果有效数字进行保留。没有要求的，对含量的测定，通常高含量（>10%）组分的数据，一般要求保留四位有效数字；含量在1%~10%之间的数据一般要求保留三位有效数字；而含量<1%的组分只要求保留两位有效数字；各类误差分析数据通常只保留1~2位有效数字。

1.4.2 误差

误差（error）表示测量值与真实值的接近程度，当测量值大于真实值时为正误差，当测定值小于真实值时为负误差。

(1) 误差的种类

来源和性质不同的误差对分析结果造成的影响不同，误差按其来源分，可分为系统误差（systematic error）和随机误差（random error）。

① 系统误差

系统误差又叫可测误差，是由某些固定的原因造成的，具有重复性和单向性。系统误差可通过空白实验、对照实验、回收实验和校准仪器等方法减小和消除。根据系统误差产生的原因，可将其分为以下几种。

方法误差：这种误差是由于分析方法造成的。在实验设计时应尽可能选择恰当的分析方法。

仪器和试剂误差：即仪器本身不准确或试剂不纯等引起的误差。如移液管刻度不准确、比色皿被污染、试剂或水不纯、含有待测物质等。

操作误差：这种误差是指在实验测定过程中，分析人员的操作不够准确所引起的误差，如对沉淀的洗涤过多或不够。

主观误差：即在正常操作条件下因分析人员掌握操作规程和实验条件有出入而引起的误差。是由分析人员的主观原因造成的误差，又称个人误差。如判断滴定终点的颜色时，有的人习惯偏深，有的人习惯偏浅。在实际工作中，没有经验的分析人员容易以第一次测定的结果为依据，第二次测定时主观上尽量向第一次测定结果靠近，这样往往也会引起主观误差。

② 随机误差

随机误差又称偶然误差。是由一些偶然原因造成的，是不能控制的，有时正有时负。随机误差的出现服从统计规律，符合正态分布。在消除系统误差后，可用多次测量的结果取算术平均值的方法减小或消除。在化学分析中，通常要求平行测定三四次。

除了系统误差和随机误差外，在分析过程中，常常会遇到由于操作人员的粗心大意或错误、或不按操作规程办事引起的错误，这种叫作"过失"。如数据记录或计算错误、称量时样品洒落、用可见分光光度法测定某溶液吸光度时，最大吸收波长设置错误等。"过失"不属于误差，应该完全避免。一旦发生，该次数据不能纳入分析结果的计算，其解决办法是重做。

(2) 误差与偏差

① 绝对误差和相对误差

误差表示测量值与真实值的接近程度，常用来衡量结果的准确度（accuracy），误差越小，分析结果的准确度越高；反之，分析结果准确度越低。误差的表示方法有两种：绝对误差（absolute error，E）和相对误差（relative error，E_r）。

绝对误差：测量值（measured value，x）与真实值（true value，x_T）之间的差值称为绝对误差，即

$$E = x - x_T$$

相对误差：绝对误差占真实值的百分数称为相对误差，即

$$E_r = \frac{E}{x_T} \times 100\%$$

真实值是指某一物理量本身具有的客观存在的真实数值，如某一水样中 Cu^{2+} 的含量，其含量值是真实存在的，但用测量的方法却得不到其真实值。因此，在具体的研究中，常将下面的值当作真值。

ⅰ. 理论真值，如某化合物的理论组成等。

ⅱ. 计量学约定的真值，如国际计量大会定义的单位以及我国的法定计量单位等。

ⅲ. 相对真值，即标准值。采用各种可靠的分析方法，使用精密科学的仪器，经过不同实验室（经相关部门认可）、不同人员进行平行分析，用数理统计方法对分析结果进行处理，得出公认的测量值。一般用标准值代表该物质中各组分的真实含量。如科学实验中使用的标准试样中各组分的含量。

② 平均绝对误差和平均相对误差

对多次测量结果采用平均绝对误差（mean absolute error）和平均相对误差（mean relative error），平均绝对误差为测定结果的平均值（mean，$\bar{x}$）与真实值之差。

$$\overline{E} = \bar{x} - x_T$$

平均相对误差为平均绝对误差占真实值的百分数。

$$\overline{E}_r = \frac{\overline{E}}{x_T} \times 100\%$$

③ 绝对偏差和相对偏差

在实际工作中，一般要对同一样品进行多次平行测定，得到多组数据，取其平均值，作为最后的分析结果。所谓偏差（deviation，d）是指单次测定的结果与多次测定结果平均值的差值。偏差表示了一组平行测定数据相互接近的程度，常用来衡量结果精密度（precision）的高低，偏差越小，测定结果精密度越高，反之，精密度越低。偏差分为绝对偏差（absolute deviation，d_i）和相对偏差（relative deviation，d_r）。

绝对偏差为某一次测量值与平均值之差，即

$$d_i = x_i - \bar{x}$$

相对偏差为某一次测量的绝对偏差占平均值的百分数，即

$$d_r = \frac{d_i}{\bar{x}} \times 100\%$$

④ 平均偏差和相对平均偏差

为表示多次测量的总体偏离程度，常用平均偏差（mean deviation，$\bar{d}$），它是指各单次测定偏差的绝对值之和的平均值，即

$$\bar{d} = \frac{1}{n} \sum_{i=1}^{n} |d_i|$$

在一般分析工作中，平行测定次数不多时，常用平均偏差来表示分析结果的精密度。

平均偏差没有正、负号。平均偏差占平均值的百分数称为相对平均偏差（relative mean deviation，$\bar{d}_r$），即

$$\bar{d}_r = \frac{\bar{d}}{\bar{x}} \times 100\%$$

当测定次数较多时，常用标准偏差（standard deviation，s）或相对标准偏差（relative standard deviation，RSD，s_r）来表示一组平行测量值的精密度。

某次测定结果的标准偏差为

$$s = \sqrt{\frac{\sum_{i=1}^{n}(x_i - \bar{x})^2}{n-1}}$$

相对标准偏差为

$$S_r = \frac{S}{\bar{x}} \times 100\%$$

标准偏差通过平方运算，能将较大的偏差更显著地表现出来，更接近真实的离散程度，在概率统计中常使用，作为统计分布程度上的测量。

（3）准确度与精密度

分析结果的准确度是指分析结果与真实值的接近程度，准确度的高低可以用误差来衡量。精密度表示几次平行测定结果之间的接近程度，用偏差来衡量。有时也用重现性（同一分析人员同一条件下分析结果的精密度）和再现性（不同分析人员各自条件或不同实验室情况下结果的精密度）表示不同情况下分析结果的精密度。

准确度表示测量的准确性，精密度表示测量的重现性。精密度高，测定结果的准确度不一定高，可能有系统误差存在。精密度低，测定结果不可靠，此时再考虑准确度没有意义。因此，精密度是保证准确度的前提。在评价分析结果时，只有准确度和精密度都好的方法才可取。在同一条件下，只有在消除或减免系统误差的前提下，才能以精密度的高低衡量准确度的高低。

（4）可疑值的取舍

在实验中，对同一个样品平行测量得到的一组数据，常常会发现某一个测量值与其他测量值相差较大，这类数据称为可疑值（离群值或极端值）。如果确定是由于过失造成的，则可以舍去，否则不能随意舍弃或保留，应采取统计的方法来决定数据的可靠性，以决定取舍。对可疑值的检验方法很多，如 $4\bar{d}$ 检验法、格鲁布斯（Grubbs）检验法、Q 检验法、欧文（Irwin）检验法、狄克逊（Dixon）检验法等，此处仅介绍 Q 检验法。

Q 检验法比较严格且方便，是常用来判断可疑值取舍的方法之一，该法适用于 3~10 次的测量中有一个可疑值的检验。其具体的步骤是：

① 将测定数据按大小顺序排列；
② 求出包括可疑值在内的一组测量值的极差 R（最大值减去最小值）；
③ 求出可疑值与其邻近值之差
④ 用③除以②得舍弃商 Q，即

$$Q = \frac{|可疑值 - 邻近值|}{R}$$

⑤ 查表 1-4，若所计算的 Q 值大于表中查得 Q 值时，则可疑值舍去。表中 $Q_{0.90}$，0.90 代表置信度为 90%。

表 1-4　舍弃商 Q 值表

测定次数(n)	3	4	5	6	7	8	9	10
$Q_{0.90}$	0.94	0.76	0.64	0.56	0.51	0.47	0.44	0.41
$Q_{0.95}$	0.98	0.85	0.73	0.64	0.59	0.54	0.51	0.48
$Q_{0.99}$	0.99	0.93	0.82	0.74	0.68	0.63	0.60	0.57

1.4.3　实验数据的表达与处理

实验数据及分析结果的表达要简明直观，常用的方法有列表法、图解法和数学方程表示法。

（1）列表法

列表法是将一组数据的自变量和因变量的数值按一定形式和顺序一一对应列成表格。这种方法具有直观、简明的特点。实验的原始数据一般均采用此方法记录。列表时要求如下：

① 列表应标明表名。

② 表的纵列一般为实验编号或因变量，横列为自变量。在行首或列首写明名称和单位，名称尽量用符号，单位应统一为斜线制，如 m/g。数据空缺时用"—"表示。表中的某个数据需要特殊说明时，可在数据上作一标记，如"*"，在表的下方加注说明。表格也可以表达实验方法、现象和反应方程式。

③ 记录数据时符合有效数字的规定，并使数字的小数点对齐，便于比较分析。

例如，将"化学反应速率、反应级数和活化能的测定"实验中温度对反应速率的影响相关数据列于表 1-5 中。

表 1-5　温度对反应速率的影响

实验编号	T/K	$\Delta t/s$	$v/\text{mol}\cdot\text{L}^{-1}\cdot\text{s}^{-1}$	$k/(\text{mol}\cdot\text{L}^{-1})^{1-\alpha-\beta}\cdot\text{s}^{-1}$	$\lg k$	$(1/T)/\text{K}^{-1}$
1	287	180	1.74×10^{-5}	2.51×10^{-3}	-2.60	3.48×10^{-3}
2	297	92	3.39×10^{-5}	4.89×10^{-3}	-2.31	3.37×10^{-3}
3	307	45	6.94×10^{-5}	1.00×10^{-2}	-2.00	3.26×10^{-3}

（2）图解法

图解法是化学研究中结果分析和结果表达的一种重要方法。将实验数据按自变量与因变量的对应关系绘制成图形，能够把变量间的关系表达得更直观，便于研究和从图上找出数据。如标准曲线法求未知物的浓度、通过吸收光谱得最大吸收波长、利用图解微分法来确定电位滴定的终点等。如某配合物的电子光谱如图 1-2 所示，可从图中查出其最大吸收波长为 525 nm。

图解法在绘图时，要求如下：

① 以自变量为横坐标，因变量为纵坐标。

② 尽量选独立变量为横坐标，坐标起点不一定是"0"。

③ 坐标的范围应设置合理，坐标应标注出名称和单位。

④ 图中的曲线及文字应尽可能清晰。

（3）数学方程表示法

在化学分析中，很多情况下要使用标准曲线来获得未知溶液的浓度，由于测量误差不可避免，所有数据点都处在同一条直线上不常见。尤其是测量误差较大时，很难用简单的方法绘制出合理的标准曲线，此时，适宜用数学方程来描述自变量与因变量之间的关系。

用数理统计的方法找到一条最接近于各测量点的直线，使所有测量点对这条直线来说误差最小，较好的方法是回归分析，对单一组分测定的线性校正模式用"一元线性回归"，即

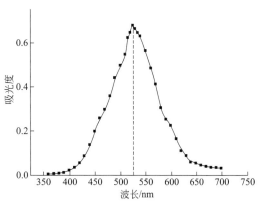

图 1-2　某配合物的电子光谱

$$y = a + bx$$

$$b = \frac{\sum_{i=1}^{n}(x_i - \overline{x})(y_i - \overline{y})}{\sum_{i=1}^{n}(x_i - \overline{x})^2}$$

$$a = \overline{y} - b\overline{x}$$

式中，$\overline{x}$、$\overline{y}$ 分别是 x 和 y 的平均值，当直线的截距 a 和斜率 b 确定之后，一元线性回归方程及回归直线就确定了。

在实际工作中，当两个变量间并不是严格的线性关系，数据偏离较严重时，虽然也会得到一条回归直线，但该直线是否有意义，可用相关系数(correlation coefficient, r)来评价。

$$r = \frac{\sum_{i=1}^{n}(x_i - \overline{x})(y_i - \overline{x})}{\sqrt{\sum_{i=1}^{n}(x_i - \overline{x})^2 \sum_{i=1}^{n}(y_i - \overline{y})^2}}$$

r 值的物理意义为：

$r = 1$，说明变量 y 与 x 之间存在完全的线性关系；

$r = 0$，说明变量 y 与 x 之间不存在线性关系；

$0 < r < 1$，说明变量 y 与 x 之间存在关联性，r 越接近于 1，线性关系越好。但是用相关系数判断线性关系时，还应考虑测量次数与置信度，见表 1-6。若计算出的相关系数大于表中对应数值，则表示两变量间显著相关，所求的回归直线有意义；反之，则无。

表 1-6　检验相关系数的临界值

$f = n - 2$	置信度			
	90%	95%	99%	99.9%
1	0.988	0.997	0.9998	0.999999
2	0.900	0.950	0.990	0.999
3	0.805	0.878	0.959	0.991
4	0.729	0.811	0.917	0.974

续表

$f=n-2$	置信度			
	90%	95%	99%	99.9%
5	0.669	0.755	0.875	0.951
6	0.622	0.707	0.834	0.925
7	0.582	0.666	0.798	0.898
8	0.549	0.632	0.765	0.872
9	0.521	0.602	0.735	0.847
10	0.497	0.576	0.708	0.823

1.4.4 Origin 软件在图形绘制中的应用简介

随着科学技术的发展，计算机软件作图法渗透到越来越多的领域中，并起着越来越重要的作用。用计算机软件处理实验数据较手工绘图更方便、快捷，准确度更高，重现性更好，而且还避免了主观误差。用于处理实验数据的计算机软件较多，常用的有 Origin、Excel、Mathcad、Matlab、AutoCAD、Design-Expert 等。这里仅介绍 Origin 作图方法。

Origin 软件是由 OriginLab 公司开发的一个科学绘图、数据分析软件，支持在 Microsoft Windows 下运行。Origin 是公认的快速、灵活、易学的工程制图软件，是当今世界上最著名的科技绘图和数据处理软件之一。其兼容性好、功能强大、齐全，使用简单，不需要编程，只需要输入测量数据，然后再选择相应的菜单命令，点击相应的工具按钮，即可进行有关计算、统计、作图、曲线拟合等处理，以满足一般用户的制图需要，也可以满足高级用户数据分析、函数拟合的需要，现已成为科技工作者和工程技术人员的首选科技绘图与数据处理软件。

Origin 软件是个多文档界面应用程序，它将所有工作都保存在 Project（*.OPJ）文件中。该文件可以包含多个子窗口，各子窗口之间是相互关联的，可以实现数据的即时更新。子窗口可以随 Project 文件一起存盘，也可以单独存盘，以便其他程序调用。

Origin 目前有两个最新版本，分别是标准版本（Origin 9.1）以及专业版本（OriginPro 9.1）。后者新增了一些数据分析功能，例如曲面拟合等一些更加高级的统计功能。Origin 9.1 较 Origin 8.0 在菜单设置、数据管理与数据分析处理等方面有了一定的改进和提升，其基本的操作大致相同。现以 OriginPro 8.0 为基础，结合该书中相关实验项目的具体实例对其作图方法进行简要介绍。

(1) 基本二维图形的绘制，"以活性炭处理染料废水"实验为例

通过 File/New/Worksheet 或直接点击菜单栏 ![] 新建一个工作表，并将实验数据输入至工作表中，如图 1-3。选中所有数据，点击左下角的绘图工具按钮可绘制出不同的二维图形（图 1-4），从左至右分别为 "Line（线条）、Scatter（散点图）、Line+Symbol（线条+符号）、Column（柱状）、Double-Y（双 Y 形）、Box-chart（方框图）、Area（区域）、Polar（极坐标）、Template Library（模板库）"。该实验可选择 "Line+Symbol" 或 "Column" 两种形式较好。

当选择 "Column" 作图时，选中数据，点击 ![]，在得到的图形中双击，将会弹出一对话框，如图 1-5，可修改柱边框线条的颜色和粗细等参数，同时也可修改填充的样式与颜

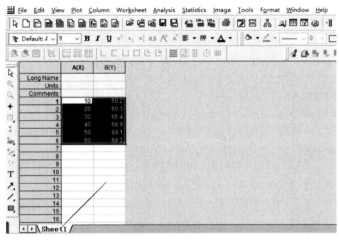

图 1-3 "活性炭处理染料废水"实验数据

图 1-4 2D 图形工具栏

色。在对话框中第二列"Spacing"中，修改"Gap Between Bars（in%）"值可改变各柱之间的间距。还可以双击坐标轴，在弹出的对话框中对坐标轴的格式与范围等进行设置。双击坐标轴外"A""B"可输入文本，对坐标轴的名称和单位进行设置，需要输入中文时，应将其字体设置为新宋体等格式以使图形复制在 WORD 中正常显示。

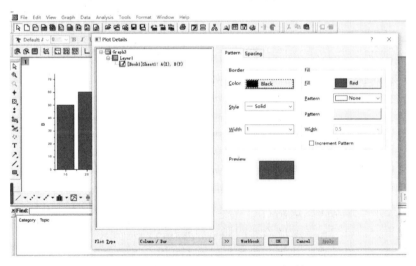

图 1-5 柱形图及"Plot Details"对话框

当选择"Line+Symbol"作图时，选中数据，点击，即得到所需要的图形，双击坐标轴在弹出的对话框中对坐标轴的格式进行设置。若需要将不同活性炭投加量下脱色率与反应时间的关系作在同一张图上对比，可将脱色率数据输入到工作表中，如图 1-6 所示，选中所有数据，点击，双击线条，在弹出的对话框中将"Group"中"Edit Mode"中选中"Independent"，然后可分别修改线条和符号的格式。再双击图例（图 1-7 中箭头所指位置），可输入相应图例。最后对坐标轴、坐标名称等进行设置，得图 1-8。

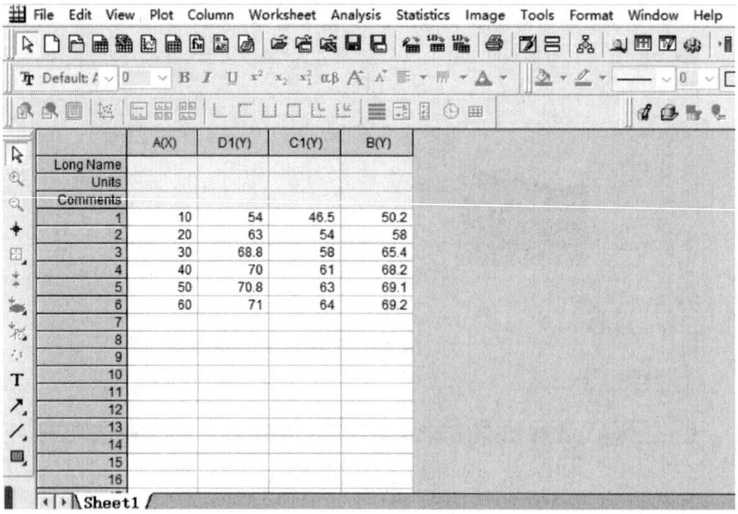

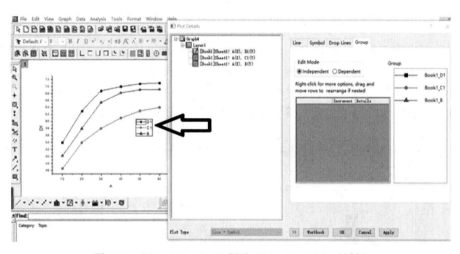

图 1-6 "活性炭处理染料废水"不同投加量下的实验数据

图 1-7 "Line＋Symbol"图及"Plot Details"对话框

最后通过 File/Save Project 将所有内容保存，以 *.opj 格式储存在计算机硬盘上。若需要将所作的图粘贴到 Word 中，可先在 Origin 软件中点击 Edit/Copy Page，再回到 Word 页面，将所做的图形粘贴到相应位置。

（2）分段拟合，以"化学反应焓变的测定"实验为例

首先，新建一个工作表，并将实验数据输入至工作表中，如图 1-9 所示。

选中第一段数据，如第 1～18 组数据，点击左下角 ☑ 绘制图形于 Graph1，选中第二段数据，如 18～24 组数据，第一段数据最后一组应为第二段的第一组。回到 Graph1，点击 Graph/Add plot to layer/Line＋Symbol，绘出第二段图形。选中要拟合的那一段图形，本实验为第二段，点击 Analysis/Fitting/Fit Linear/Open Dialog，在弹出的对话框中可进行拟合范围等设置，在对话框（见图 1-10）中找到"Fitted Curves Plot"，在"Range"右侧的选框内选择"Span to Full Axis Range"，让拟合线延伸到坐标轴的整个范围，若不设置这一步，所拟合的直线只是在数据点附近，点击"OK"，得拟合曲线，如图 1-11 所示。

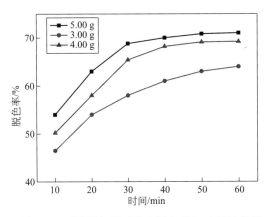

图 1-8　不同投加量下废水脱色率与时间的关系

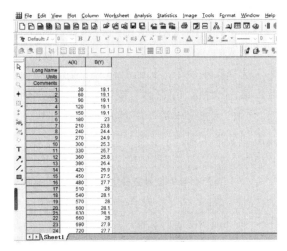

图 1-9　"化学反应焓变的测定"实验数据

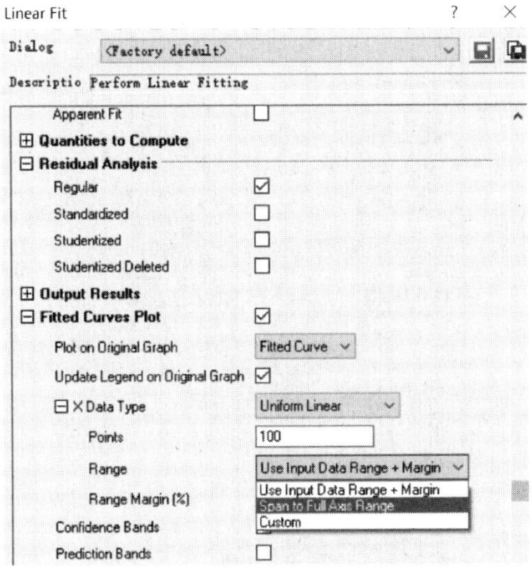

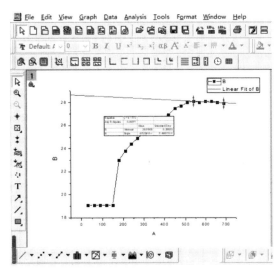

图 1-10　"Fit Linear"对话框

图 1-11　"化学反应焓变的测定"分段拟合示例

在左侧找到 ╱ 工具，单击，按住 Shift 键，过 X 轴上某一时间点作垂线，再用数据读取器工具 ✛ 方便地获取交点处的纵坐标值，进而求得 ΔT。同时可按图形相关要求对格式进行修改，如图 1-12，用于完成实验报告，并将文件保存用于后期修改或查看。

（3）XRD 谱图的处理

X 射线衍射是化学及材料科学中经常用来确定物相的一种方法，常需要将不同样品的 XRD 谱线放在一起进行对比分析。在测量过程中由于噪声等因素使其谱线可能具有一些毛刺，

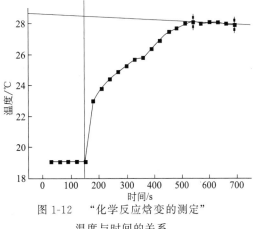

图 1-12　"化学反应焓变的测定"
温度与时间的关系

第 1 章　绪论　15

还需要对谱线进行细微的平滑处理。

一个样品的 XRD 谱图的数据常以 .txt 或 .xy 文件保存，而且这些数据往往较多，采取手动录入的方式不太实际，可以用 Origin 软件直接导入数据。具体步骤是：在工作表窗口中，选择菜单命令 "File/Import/Multiple ASCⅡ"，在弹出的对话框中，选择要导入的文件，单击 "Add File(s)" 按钮，则所添加的数据文件将会出现在对话框中，如图 1-13，点击 "OK"，即可生成 2 个数据表，如图 1-14 所示。该过程也可直接点击工具栏中的 按钮并添加文件实现。

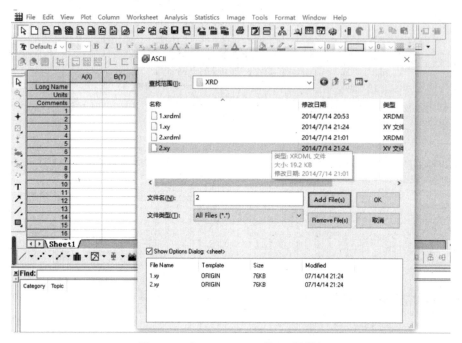

图 1-13 "Multiple ASCⅡ" 对话框

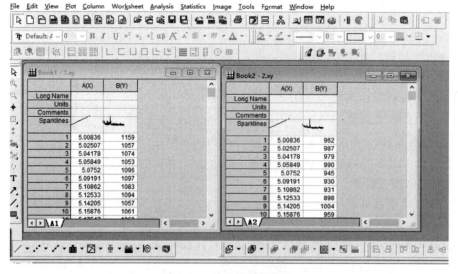

图 1-14 导入后的数据表

选中 Book 1 中的两列数据，点击 ／▾ 绘制线条图，由于谱线噪声较大，需要平滑。单击选中当前图形，通过点击"Analysis/Signal Processing/Smoothing/Open Dialog"打开"Signal Processing：smooth"，在对话框中选择平滑方法"Method"为"Adjacent：Averaging"，平滑处理点参数设为 5，"Auto Preview"选项前面打钩，如图 1-15 所示，点击"OK"，得到样品 1 平滑后的数据及曲线图，见图 1-16。若平滑结果不够理想，可多次平滑，但应保证平滑前后峰的形状一致。从保证数据的真实性的角度出发，应尽可能减少平滑次数。

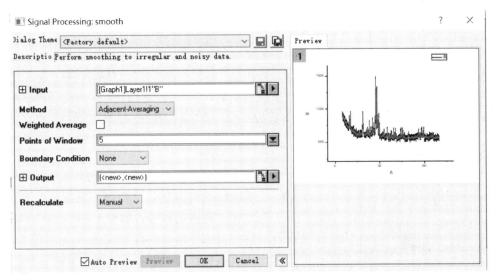

图 1-15　"Signal Processing：smooth"对话框

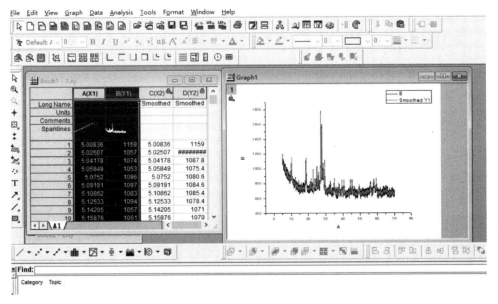

图 1-16　样品 1 平滑后的数据及曲线

采用相同的方法对样品 2 的数据进行平滑处理，然后将平滑处理后的 2 个样品数据合并到一个工作表中，如图 1-17 所示，一个"X"列，2 个"Y"列。选择菜单命令"Plot/

Multi-Curve/Stack Lines by Y Offsets",即可将 2 个样品的 XRD 谱线绘制到同一个图中,如图 1-18 所示。

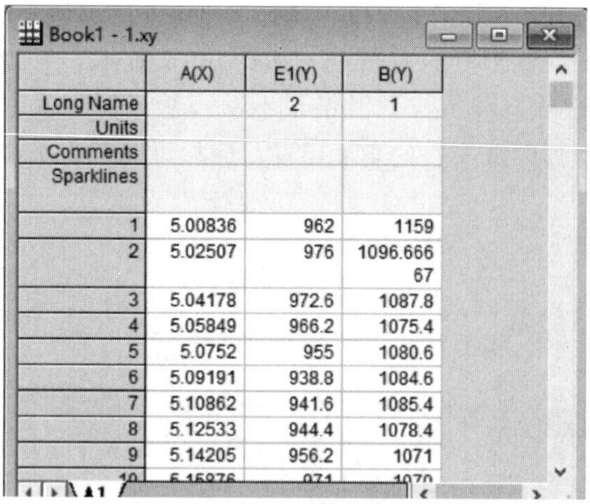

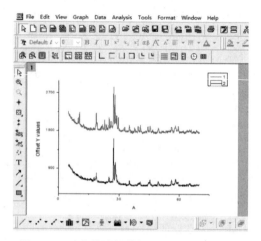

图 1-17 两个样品平滑后的数据

图 1-18 两个样品的数据绘制在同一张图中

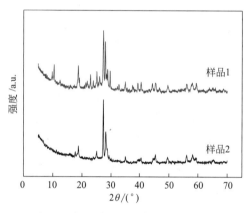

图 1-19 两个样品的 XRD 谱图

最后可对谱图进行坐标轴和坐标刻度等格式的修改和调整,使得谱图更规范并满足报告或论文的格式要求,如图 1-19 所示。对红外光谱数据的处理可参考 XRD 数据作图步骤,但一般来讲,红外光谱不需要进行平滑处理。

Origin 软件作为科学数据处理软件,其功能非常强大,此处仅结合该教材中所列实验进行简单的介绍,当需要用到其他功能时,应通过查阅资料、请教他人或自己摸索等方式学习,达到熟练运用的目的。

1.5 化学实验设计简介

在实际的生产、生活及科学研究中,需要解决的化学问题往往需要我们综合运用所学知识进行不断的实验探究,经过一定的经验积累,逐步修正,并最终解决问题。在这一过程中,首先要充分了解问题的本质、所处的背景、现有的实验条件与经济状况等,在此基础上设计可行的实验方案,并实施实验,最后总结报告,得出结论,如图 1-20 所示,这也是一般研究式实验的具体思维模型。

化学实验设计是整个实验过程的依据,是获得有效实验数据的前提,更是取得有价值实验结果的重要保证。科学合理的实验设计可以使实验达到事半功倍

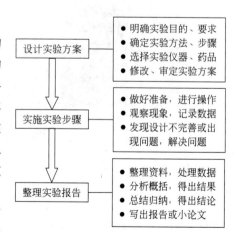

图 1-20 研究式实验思维模型

的效果。化学实验设计是在实验者实施化学实验之前，根据一定的问题情境，明确实验目的与要求，运用理论知识和实验技能，按照一定的实验方法对实验原理、仪器、装置、步骤等进行合理安排与规划。化学实验设计能够强化学生的主体参与性，激发学生化学学习的动机与兴趣，可以深化学生对知识的认知理解，提高分析与解决问题的能力，并培养学生知识的迁移与应用能力，有助于提高学生的信息提取和加工能力、自学能力和创新能力。

1.5.1 化学实验设计的一般过程

① 了解问题背景，接受、分析、筛选信息，明确实验设计的课题和条件，确定实验目的和要求。

② 根据研究课题，查阅资料，如合成方法可查阅教科书、合成类参考书；所需的数据可查阅化学物理类手册、相关教材附录；成熟的分析方法可查阅教科书、分析化学手册、国家标准或行业标准等；另外，对一些新型的合成方法和分析表征手段可利用网络资源，查阅一些期刊上近几年发表的论文。

③ 在收集资料的基础上，结合现有实验条件，分析、比较，选择适宜的方法、手段，从总体上考虑实验方案的设计。一般而言，实验方案主要取决于实验原理，并接受实验条件的制约。实验仪器、药品和实验步骤是为了完成实验而服务的，属于实验方案的细节设计，和基本实验方法相比，它们更贴近实验的基础知识与基本技能。

④ 根据总体实验方案，拟定出详细的实验方案，并按实验目的、原理、试剂（注明规格、浓度及配制方法）、仪器、步骤、有关计算、分析方法的误差来源及减小措施、参考文献等项写成条理清晰、语言通顺的文字报告。

⑤ 最后再次检查实验方法是否合理，实验条件是否具备，可通过再次查阅资料、请教指导教师或与他人讨论等方式完成，若设计不合理、不完善，或条件不具备，应再作修改或重新设计，不能贸然进行实验。

1.5.2 实验影响因素与水平的考察

化学实验都是在一定条件下进行的，实验条件的选择对于能否得到正确的实验结果尤为重要。在实验设计的过程中，应重视区分各实验条件的重要程度，合理设置各条件的参数，通过多次试验找到研究对象的变化规律，从而优化实验条件以达到各种目的，如提高产量、提高性能、提高转化率、降低成本等。对于简单的试验，需要科学地安排实验，对于复杂的试验，通常影响因素较多，应合理地安排各种实验因素，严格地控制实验误差，从而用较少的人力、物力和时间，最大限度地获得丰富而可靠的研究结果。因此，对于科学工作者，掌握一定的试验设计知识是非常有必要的。

在实验影响因素的考察前，首先应根据实验目的明确判断试验结果的指标，常用的指标有收率、转化率、产率、纯度等。所选择的指标容易求得，经过数据处理后可用来评价研究结果的因素效应，且还应考虑所选择的指标的取样方法、测定方法、计算方法、误差大小等。其次应分析得出影响试验结果的条件，即因素，如化学反应中的温度、压力、反应时间、反应物比例、催化剂用量等。水平是实验中各因素的不同取值。下面从单因素优选法和正交试验设计两个方面简要介绍如何进行试验设计以考察实验影响因素与水平。

（1）单因素优选法

试验中只有一个影响因素，或有多个影响因素，但只考虑其中一个对指标影响最大的因素，其他因素保持不变的试验，即为单因素试验。常用的单因素试验设计有：黄金分割法、分数法、均分法和对分法等。

① 均分法

在试验范围 $a \sim b$ 之间，根据精度要求和实际情况，均匀地排开试验点，在每一个试验点上进行试验，并相互比较，以求得最优点的方法。如试验范围 $L=b-a$，试验点间隔为 N，则试验点 n 为（包括两个端点）：

$$n = \frac{L}{N} + 1 = \frac{b-a}{N} + 1$$

这种方法的特点是对所有试验的范围进行"普查"，常用于对目标函数的性质没有掌握或很少掌握的情况，其试验精度取决于试验点数目的多少。

② 来回调试法

如图 1-21，在 $a \sim b$ 的试验范围内，选取一点 x_1，进行试验得结果 1，再取一点 x_2，进行试验得结果 2。比较结果 1 和结果 2，若结果 2 优于结果 1，则只需考虑在 $x_1 \sim b$ 范围内进行试验。再在 $x_1 \sim b$ 范围内选取一点 x_3，进行试验，得结果 3，若结果 2 优于结果 3，则只需考虑在 $x_1 \sim x_3$ 范围内进行试验，按照此方法，依次做下去，通过来回调试缩小范围，从而找到最优值。来回调试法取点相当任意，只要在上次剩下的范围内取点就行了，其试验次数具有随机性。

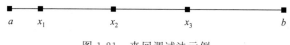

图 1-21 来回调试法示例

③ 黄金分割法

如图 1-22，黄金分割法又称 0.618 法。在 $a \sim b$ 的试验范围内，黄金分割法为：将第一个试验点 x_1 设为距离 a 点 0.618 处，得到试验结果 1，再在 a 点的对称点 x_2，即距离 a 点 0.382 处进行试验，得到试验结果 2。比较两次试验结果，若结果 1 较结果 2 更优，则去掉 $a \sim x_2$ 部分，再在 $x_2 \sim b$ 范围内进行试验。$x_2 \sim b$ 已有一点 x_1，x_1 此时刚好位于距离 x_2 点 0.382 处，在 $x_2 \sim b$ 范围内找到点 x_1 的对称点 x_3，x_3 距离 x_2 点 0.618，进行试验，得到试验结果 3，比较结果 1 和结果 3，按这样的方法依次做下去，直到达到要求为止。在黄金分割法中，不论是哪一步，所有相互比较的两个试验点都在所在区间的两个黄金分割点上，即 0.618 和 0.382 处，而且这两个点一定是相互对称的。

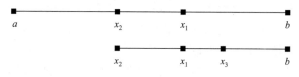

图 1-22 黄金分割法示例

④ 分数法

分数法引进了菲波那契数列：$F_0=1$，$F_1=1$，$F_n=F_{n-1}+F_{n-2}(n \geqslant 2)$，即：1，1，2，3，5，8，13，21，34，55，89，144……将 0.618 近似地用分数 $\dfrac{F_n}{F_{n+1}}$ 表示，即：

$$\frac{3}{5}, \frac{5}{8}, \frac{8}{13}, \frac{13}{21}, \frac{21}{34}, \frac{34}{55}, \frac{55}{89}, \frac{89}{144}, \frac{144}{233} \cdots \cdots$$

分数法对试验点只能取整数的情况有较大的优势,在使用时,应在试验区间选择合适的分数,所选择的分数不同,试验次数不一样。若试验范围中的份数不够分数中的分母数,例如 10 份,这时,若能够缩短试验范围,如能缩短 2 份,则可用 $\frac{5}{8}$,若不能缩短,则可添两个数,凑足 13 份,则用 $\frac{8}{13}$。

例如,在做混凝沉淀法试验时,需要投加的混凝剂用量为 0.1 mg·L^{-1}、0.2 mg·L^{-1}、0.3 mg·L^{-1}、0.4 mg·L^{-1}、0.5 mg·L^{-1},用分数来确定最佳混凝剂投加量。现有试验次数为 5 次,首先根据菲波那契数列 $F_5=8$,则应设置两个虚设点,如图 1-23 所示,首先在 x_1 和 x_2 点进行试验,若 x_1 试验结果优于 x_2,则排除 3 分点(0.2 mg·L^{-1})以下的,再重新编号。在 x_3 点进行试验,若 x_3 试验结果优于 x_1,则排除 2 分点(0.4 mg·L^{-1})以下的,再重新编号,此时第 4 个试验点为虚设点,直接认定它的效果比 x_3 差,因此 x_3 处为最佳投加量,即 0.5 mg·L^{-1}。

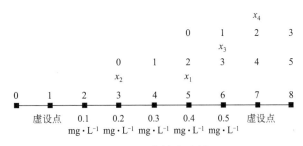

图 1-23 分数法示例

⑤ 对分法

前面几种方法都需要先做两个试验,再通过比较,找出最好点所在的倾向性来不断缩小试验范围,最后找到最佳点。对分法只需要做一个试验,每个试验点的位置都在试验范围的中点,每做一次试验,试验区间长度就缩短一半。该法简单,而且能很快逼近最优点,但只有符合一定条件才能使用对分法。即:对分法需要一个标准(或具体指标),每次试验的结果和标准相比较,鉴定结果的好坏;能够预知该因素对指标的影响规律,能够从试验的结果直接分析出该因素的值是取大了还是取小了,从而决定取中点左边还是右边的区间。

⑥ 抛物线法

抛物线法是根据已得的三个试验数据,找到这三点的抛物线方程,然后求出该抛物线的极大值,作为下次试验的根据。具体步骤如下:

首先在三个试验点 x_1、x_2、x_3,且 $x_1<x_2<x_3$,分别得到试验值 y_1、y_2、y_3,根据拉格朗日插值法得到一个二次函数:

$$y=y_1\frac{(x-x_2)(x-x_3)}{(x_1-x_2)(x_1-x_3)}+y_2\frac{(x-x_3)(x-x_1)}{(x_2-x_3)(x_2-x_1)}+y_3\frac{(x-x_1)(x-x_2)}{(x_3-x_1)(x_3-x_2)}$$

设上述函数在 x_4 取得最大值,这时

$$x_4=\frac{1}{2}\times\frac{y_1(x_2^2-x_3^2)+y_2(x_3^2-x_1^2)+y_3(x_1^2-x_2^2)}{y_1(x_2-x_3)+y_2(x_3-x_1)+y_3(x_1-x_2)}$$

在 $x=x_4$ 处做试验,得结果 y_4,假定 y_1、y_2、y_3、y_4 中的最大值是由 x_1 给出的,除 x_1 之外,在 x_1、x_2、x_3 和 x_4 中取靠近 x_1 的左右两点,将这三点记为 x_1'、x_2'、x_3',此处 x_1'

$<x_2'<x_3'$，若在 x_1'、x_2'、x_3' 处的函数值分别为 y_1'、y_2'、y_3'，则根据这三点又可以得到一条抛物线方程，如此继续，直到找到函数的极大点（或它的充分邻近的一个点）为止。

抛物线方程和抛物线的最高点可用计算机软件如 Excel 来求解。抛物线法常常用在黄金分割法或分数法取得一些数据的情况下，这时能收到更好的效果。此外，建议做完黄金分割法或分数法试验后，用最后三个数据按抛物线法求出 x_4，并计算这个抛物线在 $x=x_4$ 处的数值，预先估计一下在点 x_4 处的试验结果，再将这个数值与已经试得的最佳值比较，作为是否需要在点 x_4 处再做一次试验的依据。

⑦ 分批试验法

在生产和科学实验中，为提高试验的效率，常常采用一批同时做几个试验的方法，即分批试验法。包括预给要求法、均分分批试验法和比例分割分批试验法，在此仅介绍均分分批试验法和比例分割分批试验法。

均分分批试验法：假设每批数目都相同且每批做偶数个试验。先把试验范围划分为 $2n+1$ 等份，这就有了 $2n$ 个分点，在各个分点上做第一批试验，比较结果，留下与好点相邻的两段，作为新的试验范围。第二批试验，在第一批试验的好点两侧各等距离放上 n 个点，以后各批都是第二批试验的重复，不断做下去，直到找到最佳点。

比例分割分批试验法：假设每批做 $2n+1$ 个试验。首先把试验范围划分为 $2n+2$ 段，相邻两段长度为 a 和 $b(a>b)$，这里有两种排法：一种是自左至右先排短段，后排长段；另一种是先长后短。在 $(2n+1)$ 个分点上做第一批试验，比较结果，在好试验点左右留下一长一短两段，试验范围变为 $a+b$。然后把 a 分成 $2n+2$ 段，相邻两段为 a_1、$b_1(a_1>b_1)$，且 $a_1=b$，即第一步中短的一段在第二步变成长段，这样不断地做下去，就能找到最佳点。

（2）正交试验设计

在工业生产和科学研究等领域，有时候需要考察的因素及因素的水平往往较多，如果对每个因素的每个水平都相互搭配进行全面试验，试验次数是比较惊人的。如对一个 4 因素 4 水平的试验，若每个水平组合只做一次试验，就要做 $4^4=256$ 次试验。5 因素 4 水平的试验则要 $4^5=1024$ 次试验。可见，这样会大量消耗人力和物力。多因素的试验设计包括：正交试验设计、完全随机化试验设计、随机分组实验设计、拉丁方试验设计、Plackett-Burman 和 Box-behnken 试验设计等。在这里仅介绍正交试验设计。

正交试验设计（简称正交设计）是在保证因素水平搭配均衡的前提下，利用已经制成的一系列正交表，从完全方案中选出若干个处理组合，以构成部分实验方案，从而减小试验规模并保持效应综合可比的特点。通过正交试验可以确定各因素对试验指标的影响规律，明确哪些因素的影响是主要的，哪些是次要的，哪些因素之间存在相互影响；并选出各因素的一个水平组合来确定最佳实验条件。这样会大大减少试验的次数，而且统计分析的计算也将变得简单。

① 正交表

正交表是根据正交原理设计的，正交表可分为等水平正交表和混合水平正交表。

ⅰ. 等水平正交表　为了便于记忆，等水平正交表常用如下符号表示：

$$L_n(m^k)$$

式中，L 为正交表代号；n 为正交表横行数（需要做的试验次数）；m 为因素水平数；k 为正交表纵列数（能安排的最多因素个数）。

常用的等水平正交表如下：

二水平正交表：$L_4(2^3)$，$L_8(2^7)$，$L_{16}(2^{15})$……

三水平正交表：$L_9(3^4)$，$L_{27}(3^{13})$，$L_{81}(3^{41})$……

四水平正交表：$L_{16}(4^5)$，$L_{64}(4^{21})$……

五水平正交表：$L_{25}(5^6)$，$L_{125}(5^{31})$……

表 1-7 是一个常用的等水平正交表。

表 1-7　正交表 $L_9(3^4)$

试验编号	列号			
	1	2	3	4
1	1	1	1	1
2	1	2	2	2
3	1	3	3	3
4	2	1	2	3
5	2	2	3	1
6	2	3	1	2
7	3	1	3	2
8	3	2	1	3
9	3	3	2	1

表 1-7 中，$L_9(3^4)$ 表示 4 因素 3 水平实验，按照正交表设计试验次数为 9 次，如果进行全面试验至少要做 81 次，因此，正交设计大大减少了试验次数。

等水平正交表中任一列，不同的数字出现的次数相同。即每个因素的每个水平都重复相同的次数。表中的任意两列，把同一行的两个数字看成有序数字对时，所有可能的数字对（或称水平搭配）出现的次数相同。这样使得试验点在试验范围内排列整齐、规律，也使试验点在试验范围内散布均匀，即"整齐可比、均匀分散"。

ⅱ. 混合水平正交表　在实际应用中，有时由于试验条件的限制，某因素不能多取水平；有时需要重点考察的因素可多取一些水平，而其他因素的水平数可适当减少。针对这些情况就产生了混合水平正交表。混合水平正交表是各因素的水平数不完全相同的正交表。

混合水平正交表中常用的是 $L_n(m_1^{k_1}m_2^{k_2})$ 型混合水平正交表，其中 $m_1^{k_1}$ 表示水平数为 m_1 的有 k_1 列；$m_2^{k_2}$ 表示水平数为 m_2 的有 k_2 列。用这类正交表时，水平数为 m_1 的因素最多可安排 k_1 个，水平数为 m_2 的因素最多可安排 k_2 个。常用的混合正交表有：$L_8(4^1\times2^4)$、$L_{16}(4\times2^{12})$、$L_{16}(4\times2^9)$、$L_{16}(4^4\times2^3)$。如表 1-8 为 $L_8(4^1\times2^4)$ 型混合水平正交表。

表 1-8　正交表 $L_8(4^1\times2^4)$

试验编号	列号				
	1	2	3	4	5
1	1	1	1	1	1
2	1	2	2	2	2
3	2	1	1	2	2
4	2	2	2	1	1
5	3	1	2	1	2

续表

试验编号	列号				
	1	2	3	4	5
6	3	2	1	2	1
7	4	1	2	2	1
8	4	2	1	1	2

混合正交表中任一列，不同的数字出现的次数相同。每两列，同行两个数字组成的各种不同的水平搭配出现的次数是相同的，但不同的两列间所组成的水平搭配种类及出现的次数是完全不同的。因此，用混合水平的正交表安排试验时，每个因素的各水平之间的搭配也是均衡的。

② 正交试验设计的基本步骤

ⅰ. 明确实验目的，确定评价指标。任何一个试验都是为了解决某一个或某些问题，或为了得到某些结论而进行的，因此，任何一个正交试验都应该有一个明确的目的，这是正交试验设计的基础。在此基础上确定试验的指标并用这些指标来衡量试验结果的特征量。这些指标有定量指标（如产率、强度、纯度等）和定性指标（如颜色、外观、状态等）。定量指标可以直接用数量表示，定性指标不能直接用数量表示。

ⅱ. 确定因素和水平。试验因素的选择首先应根据专业知识和以往的研究经验，尽可能全面考虑到影响试验指标的诸因素，再根据试验要求和尽量少选因素的原则，找出主要因素，略去次要因素，一般以 3~7 个为宜。若对问题了解不够，可以适当多取一些因素。确定因素的水平时，一般重要的因素可多取一些水平，各水平的数值应适当拉开，以利于对试验结果的分析。当因素的水平数相等时，更为方便试验数据处理，所以，在能达到试验要求的前提下应尽可能使因素的水平数相等。最后列出因素水平表。

ⅲ. 选择适当的正交表。根据因素和水平数来选择合适的正交表。一般要求是因素数≤正交表的列数，因素水平数＝正交表对应的水平数，在满足上述条件下，选择较小的表。如，4 因素 3 水平的试验，满足要求的有 $L_9(3^4)$、$L_{27}(3^{13})$ 等，一般可选择 $L_9(3^4)$，但是如果要求精度高，并且试验条件允许，可以选择较大的表。若各试验因素的水平数不相等，一般应选择相应的混合水平正交表。选择好正交表后即可进行表头设计，表头设计就是将试验因素安排到所选正交表相应的列中。

ⅳ. 确定试验方案进行试验。根据正交表和表头设计确定试验方案，进行试验，用试验指标表示试验结果。

ⅴ. 对试验结果进行统计分析，确定最优或较优水平组合。对试验结果的统计分析，主要有极差分析法（或称直观分析法）和方差分析法，得到因素的主次顺序、优方案等有用信息。

ⅵ. 进行验证试验，作进一步分析。优方案是通过统计分析得出的，还需要进行试验验证，以保证优方案与实际一致，否则还需要进行新的正交试验。

③ 正交实验数据的分析

ⅰ. 极差分析法

极差分析法是正交试验结果常用的分析法，简称 R 法。它具有计算简便、直观形象、简单易懂等优点。根据试验指标的个数可以分为单指标正交试验结果的极差分析和多指标正交试验结果的极差分析。下面通过具体实例说明。

例1.1 在合成某钛铁复合絮凝剂时,以提高该絮凝剂处理油田废水时的油去除率为指标,通过正交试验考察钛铁摩尔比、反应温度、反应时间三个因素的影响,并对其制备条件进行优化。根据前期试验结果,确定的因素与水平见表1-9,假定因素间无相互作用。

表1-9 例1.1的因素水平表

水平	钛铁摩尔比	反应温度/℃	反应时间/h
1	0.025	45	0.5
2	0.05	25	1.0
3	0.1	65	1.5

注意:为了避免人为因素导致误差,因素的各水平哪一个定为1水平,哪一个定为2水平和3水平,最好不要简单地按照因素水平的数值大小由大到小或者由小到大排列,应按照随机化的方法处理,比如抽签的方法,将45℃定为B_1,25℃定为B_2,65℃定为B_3。

具体解题步骤如下:第一步,选正交表并进行表头设计。

根据正交试验设计的基本步骤中所述,选择正交表$L_9(3^4)$来安排试验。将各因素分别安排在正交表$L_9(3^4)$上方与列号对应的位置上,一般一个因素占一列,不同的因素占不同的列(可随机安排列),即完成表头设计,见表1-10。

表1-10 例1.1的表头设计

因素	A	空列	B	C
列号	1	2	3	4

注意:一般最好留一个空列,空列在方差分析中也称误差列,空列对试验方案没有影响。

第二步:明确试验方案。

将正交表中各列上的数字1、2、3分别看成是该列所填因素在各个试验中的水平数,这样正交表的一行就对应着一个试验方案,即各因素的水平组合,见表1-11。

表1-11 例1.1的试验方案

试验编号	A	空列	B	C	试验方案
1	1	1	1	1	$A_1B_1C_1$
2	1	2	2	2	$A_1B_2C_2$
3	1	3	3	3	$A_1B_3C_3$
4	2	1	2	3	$A_2B_2C_3$
5	2	2	3	1	$A_2B_3C_1$
6	2	3	1	2	$A_2B_1C_2$
7	3	1	3	2	$A_3B_3C_2$
8	3	2	1	3	$A_3B_1C_3$
9	3	3	2	1	$A_3B_2C_1$

如 3 号试验，对应试验方案为 $A_1B_3C_3$，絮凝剂的制备条件为钛铁摩尔比为 0.025，反应温度为 65 ℃，反应时间为 1.5 h。

第三步：按规定的试验方案进行试验，得出试验结果。

该例中试验结果（指标）填在表中最后一列，见表 1-12。在进行试验时，应严格按照规定的方案完成每一号试验，试验条件的控制力求严格，尤其是水平差异不大时，试验进行的先后次序不需要按照正交表上试验编号的顺序，最好按抽签的方法随机决定试验的顺序。

表 1-12　例 1.1 的试验方案及试验结果分析

试验编号	A	空列	B	C	油去除率/%
1	1	1	1	1	80.1
2	1	2	2	2	83.8
3	1	3	3	3	82.9
4	2	1	2	3	87.0
5	2	2	3	1	88.5
6	2	3	1	2	83.3
7	3	1	3	2	83.1
8	3	2	1	3	80.0
9	3	3	2	1	83.9
K_1	246.8	250.2	243.4	252.5	
K_2	258.8	252.3	254.7	250.2	
K_3	247.0	250.1	254.5	249.9	
k_1	82.3	83.4	81.1	84.2	
k_2	86.3	84.1	84.9	83.4	
k_3	82.3	83.4	84.8	83.3	
极差 R	4.0	0.7	3.8	0.9	
因素主次			ABC		
优方案			$A_2B_2C_1$		

第四步：计算极差，确定因素主次顺序与优方案。

K_i：任一列上水平号为 i（本例中 $i=1、2、3$）时所对应的试验结果之和。如表 1-12 中，在 B 因素所在的第 3 列上，第 1、6、8 号试验中 B 取 B_1 水平，所以 $K_1=80.1+83.3+80.0=243.4$，同样的方法可以计算出其他的 K_i 值，结果见表 1-12。

$k_i=K_i/s$，其中 s 为任一列上各水平出现的次数，所以 k_i 表示任一列上因素取水平 i 时所得试验结果的算术平均值。如本例中，$s=3$，在 B 因素所在的第 3 列中，$k_1=243.4/3=81.1$，同理，可得其他的 k_i 值。

R：称为极差，在任一列上 $R=\{K_1,K_2,K_3\}_{max}-\{K_1,K_2,K_3\}_{min}$，或 $R=\{k_1,k_2,k_3\}_{max}-\{k_1,k_2,k_3\}_{min}$。如 B 因素所在的第 3 列中 $R=254.7-243.4=11.3$，或 $R=84.9-81.1=3.8$。极差越大，说明因素的水平对试验结果的影响最大，即最主要的因素，在本例中，由于 $R_A>R_B>R_C$，因此，各因素的影响主次顺序为：A（钛铁摩尔比）、B（反应温度）、C（反应时间）。若计算出的空白列的极差比其他所有因素的极差还要大，说明因素之间可能存在不可忽略的交互作用，或者漏掉了对试验结果有重要影响的其他因素。因此，在进行结果分析时，尤其是对所做的试验没有足够的认知时，最好将空白列的极差一并计算出来，从而可以获得一些有用的信息。

优方案是指在所做的试验范围内，各因素较优的水平组合。各因素优水平的确定与试验指标有关，若指标越大越好，则应选取使指标大的水平，即各列中 K_i 或 k_i 最大值对应的水平；若指标越小越好，则应选择使指标小的那个水平。本例中，油去除率越大越好，A 因素：$K_2 > K_3 > K_1$（$k_2 > k_3 > k_1$）；B 因素：$K_2 > K_3 > K_1$（$k_2 > k_3 > k_1$）；C 因素：$K_1 > K_2 > K_3$（$k_1 > k_2 > k_3$），因此，最优方案为：$A_2B_2C_1$，即钛铁摩尔比为 0.05，反应温度为 25 ℃，反应时间为 0.5 h。在实际确定最优方案时，还应区分因素的主次，对于主要因素，一定要按有利于指标的要求选取最优的水平，而对于不重要的因素，由于其水平改变对试验结果的影响较小，则可以结合降低能耗、成本或提高效率等目的考虑别的水平。

第五步：进行验证试验，作进一步分析。上述通过理论分析得出的最优方案为 $A_2B_2C_1$，最优方案并不包含在正交表中的 9 个试验中，这时候，需要在最优方案的条件下进行试验，将得出的结果与正交表 9 个试验的最好结果对比，若选出的方案确实比表中最好的试验结果更好，说明优选出的方案是真正的最优方案。若其试验结果不如正交表中最好的结果，可能是没有考虑交互作用或者试验误差较大引起的，说明还有进一步提高试验指标的潜力，需要作进一步的研究。

上述的优方案是在给定的因素和水平条件下得到的，若不限定给定水平，有可能得到更好的试验方案，所以当所选的因素和水平不恰当时，该优方案也可能达不到试验的目的，不是真正意义上的优方案，这时就应该结合趋势图对所选的因素和水平进行适当的调整，以找到新的更优方案。

在实际生产和科学试验中，对整个试验结果的评判往往不只一个指标，且不同指标的重要程度往往不一样，对其结果的分析也相对复杂一些，可以用综合平衡法和综合评分法来处理。

综合平衡法：先对每一个试验结果单个进行直观分析，得到每个指标影响因素的主次顺序和最佳水平组合，再根据相关的专业知识、试验目的和试图解决的实际问题进行综合分析，得出较优方案。如例 1.1 中，若试验结果有两个指标油去除率和浊度去除率时，先分别按油去除率和浊度去除率对试验结果进行评价，如表 1-13 所示。

表 1-13　例 1.1 的试验方案及试验结果分析

试验编号	A	空列	B	C	油去除率/％	浊度去除率/％
1	1	1	1	1	80.1	89.9
2	1	2	2	2	83.8	91.3
3	1	3	3	3	82.9	95.4
4	2	1	2	3	87.0	96.5
5	2	2	3	1	88.5	95.1
6	2	3	1	2	83.3	93.6
7	3	1	3	2	83.1	94.0
8	3	2	1	3	80.0	94.1
9	3	3	2	1	83.9	88.5

续表

试验编号		A	空列	B	C	油去除率/%	浊度去除率/%
油去除率/%	K_1	246.8	250.2	243.4	252.5		
	K_2	258.8	252.3	254.7	250.2		
	K_3	247.0	250.1	254.5	249.9		
	k_1	82.3	83.4	81.1	84.2		
	k_2	86.3	84.1	84.9	83.4		
	k_3	82.3	83.4	84.8	83.3		
	极差 R	4.0	0.7	3.8	0.9		
	因素主次	ABC					
	优方案	$A_2B_2C_1$					
浊度去除率/%	K_1	276.6	280.4	277.6	273.5		
	K_2	285.2	280.5	276.3	278.9		
	K_3	276.6	277.5	284.5	286.0		
	k_1	92.2	93.5	92.5	91.2		
	k_2	95.1	93.5	92.1	93.0		
	k_3	92.2	92.5	94.8	95.3		
	极差 R	2.9	1.0	2.7	4.1		
	因素主次	CAB					
	优方案	$C_3B_3A_2$					

因素 A：对于油去除率和浊度去除率两个指标都是取 A_2 好，因此取 A_2。因素 B：对油去除率而言，取 B_2 好，对浊度去除率而言取 B_3 好，但对油去除率 B_2 和 B_3 相差不大，因此，综合平衡后取 B_3。因素 C：对油去除率而言，取 C_1 好，但对浊度去除率而言取 C_3 好，但由于 C 因素对浊度去除率指标为主要因素，而对油去除率指标为次要因素，因此，综合平衡后取 C_3。则理论分析得出的优方案为 $A_2B_3C_3$。

使用综合平衡数据分析的依据是：当某个因素对某个指标是主要因素，但对其他指标是次要因素时，应选取作为主要因素的最优水平；若某因素对各指标的影响程度不大时，可按"少数服从多数"的原则，选取出现次数较多的因素优水平；当因素各水平相差不大时，依据降低能耗、提高效率原则选取合适的水平；若各试验指标的重要程度不同，则应先满足相对重要的指标。在此基础上结合专业知识和经验进行综合分析考虑得出最优水平组合。

综合评分法：该法是对多个指标进行一一测试后，按照具体情况根据各个指标的重要程度确定评分标准，对这些指标进行综合评分，将多指标综合转化为单指标，再利用单指标试验结果的极差分析法作进一步分析，确定较好的试验方案。其评分方法包括排队综合评分法、公式综合评分法、加权综合评分法等。综合评分法将多指标转变为单指标，使其分析计算变得简单方便，但其结果的可靠性与评分的合理性有很大关系。所以，如何确定合理的评分标准和各指标的权数，是综合评分的关键，它的解决有赖于研究者的专业知识、经验和试验本身的要求，单纯从数学上是无法解决的。

在实际应用中，如果遇到多指标问题，究竟是采用综合平衡法还是综合评分法，要视情况而定，有时可以将两者结合起来进行比较和参考。

在许多试验中不仅要考虑各个因素对试验指标的影响，还要考虑各因素之间的交互作用对试验结果的影响。一般地，当交互作用较小时，就认为因素间不存在交互作用。当交互作用不能忽略时，将交互作用当作因素看待，安排在正交表相应的列上，它们对试验指标的影响可以通过计算分析得到。交互作用并不影响试验的实施。

在实际问题中，有时各因素的水平数也是不同的，这就是混合水平的多因素试验问题。混合水平的正交表设计方法主要有直接利用混合水平正交表和拟水平法，即将混合水平转换为等水平的问题，这里不做详细介绍。

ii. 方差分析法 极差分析简单明了、计算量少，但这种方法不能估计误差大小，也就是说，不能区分因素各水平间对应的试验结果的差异究竟是由于因素水平不同引起的，还是由于试验误差引起的，此外，各因素对试验结果的影响大小无法给以精确的估计。特别是对水平数 $\geqslant 3$ 且要考虑交互作用的试验，极差分析法不便使用，为了弥补极差分析的缺陷，可以采用方差分析。

方差分析的基本思想是将数据的总变异分解成因素引起的变异和误差引起的变异两部分，构造 F 统计量，作 F 检验，即可判断因素作用是否显著。其方法是先计算出各因素和误差的离差平方和，然后求出自由度、均方、F 值，最后进行 F 检验。一般来说，F 值与对应临界值之间的误差越大，说明该因素或交互作用对试验结果的影响越显著，也就是说该因素或者交互作用越重要。

1.6 参考文献检索简介

在学习和研究工作中经常需要了解各种物质的物理和化学性质、制备或提纯方法与原理、分析测试方法等；有时需要了解研究课题的发展历史、现状及发展趋势，这些都需要查阅参考文献。因此，利用文献检索搜集资料对于课题的选择、研究工作的顺利开展和研究数据的分析总结等至关重要，而且学会查阅参考文献也是现代大学生必须学会的一项基本技能。

1.6.1 文献的等级结构与形式

根据文献的加工程度不同，可将文献分为 3 个等级结构。

（1）一次文献

它是作者在科学研究、教学和生产中以自己的研究成果为依据创作而成的文献，如专著、报刊论文、研究报告、会议文献、学位论文、专利说明、技术档案、技术标准、科技报告等。只要是原始的著述，无论是何种文献类型或载体形式，都是一次文献。

（2）二次文献

它是文献情报人员将大量分散、零乱、无序的一次文献进行筛选、整理、浓缩、提炼，并按照一定的逻辑顺序和科学体系加以编排存储，使之系统化，形成文献，以便于检索利用。主要类型有目录、索引和文摘等。二次文献具有明显的汇集性、系统性和可检索性，它汇集的不是一次文献本身，而是某个特定范围的一次文献线索。它的重要性在于使查找一次文献所花费的时间大大减少。二次文献是查新工作中检索文献所利用的主要工具。

(3) 三次文献

它是选用大量有关的文献，经过综合、分析、研究而编写出来的文献。它通常是围绕某个专题，利用二次文献检索搜集大量相关文献，对其内容进行深度加工而成。如学科动态综述、评论、年度总结、领域的进展、著作、教材、丛书、手册、年鉴和工具书等。

总的来说，查找一次文献是主要目的，二次文献是检索一次文献的手段和工具，三次文献可以让我们对某个课题有一个广泛的、综合的了解。

文献的出版形式包括图书（教材、专著、工具书）、连续性出版物（报纸、期刊、在线杂志、丛书等）以及特种文献（政府出版物、学位论文、科技报告、专利、标准、档案、会议文献、产品样本等）。

1.6.2 文献的检索途径与方法

(1) 文献的检索途径

书名途径。即根据书刊资料的名称来着手查找资料。

著者途径。即根据已知作者的姓名来查找文献，如"著者目录""作者索引""机构索引"等。

序号途径。序号途径是以文献号码为特征，按号码大小顺序编排和检索的途径。如"报告号索引""合同号索引""入藏号索引""专利号索引"等。

分类途径。即按照文献主题内容所属的学科分类体系和事物性质进行分类编排所形成的检索途径。如我国编制的科技文献检索工具，主要按《中国图书馆分类法》或《中国图书资料分类法》分类，以固定的号码表示相应的学科门类。

主题途径。主题途径是根据文献主题内容编制主题索引，通过主题索引来检索文献的途径。

引文途径。利用引文而编制的索引系统称为引文索引系统，它提供从被引论文检索引用论文的一种途径。

其他途径。除以上途径外，在检索工具中还编有一些各自独特的检索途径，如依据刊名、出版类型、出版日期、国别、语种等的索引。

(2) 文献的检索方法

文献的检索方法主要有直接法、追溯法、循环法和工具法。

① 直接法。又称常用法，从原始文献中直接查出与课题有关的文献线索，再依据文献线索查原始文献，如文献的作者、篇名、出版年月、来源期刊等。也可以在检索入口输入化合物的名称、分子式、形态、类型等进行直接检索。直接检索又可分为顺查法、倒查法和抽查法。顺查法是按时间顺序由远及近地查找；倒查法指由近及远、从新到旧进行查找；抽查法是指针对所查目标的特点，选择有关该目标的文献信息最可能或最多出现的时间段进行查找的方法。

② 追溯法。即为依据文献所附的参考文献为线索查找文献。

③ 循环法。又称分段法或综合法，它是交替使用直接法和追溯法，以期取长补短，相互配合，获得更好的检索结果。

④ 工具法。工具法是利用文摘和索引等检索工具进行检索，具有快速、方便的优点。通过对它们的检索可了解其研究主体和内容要点，明确是否进一步寻求原件。通过索引和文摘简要、概况，可以节省大量时间和精力。

1.6.3 国内外相关文献资源

文献资源按费用分可分为付费和免费两大类，按形式分可分为电子期刊、电子图书、图书馆馆藏目录以及其他形式的电子文档等。这里主要介绍电子图书、电子期刊等网络信息资源。

(1) 图书

电子图书包括单种的光盘版图书、电子版图书全文检索系统，以及大型的网上图书馆等。如"书生之家"电子新书、超星中文电子图书、中国数图公司电子图书、《四库全书》电子版、畅想之星电子书阅读平台等。

(2) 期刊

① 与期刊有关的化学资源数据库

首次利用数据库时，要仔细阅读数据库的使用说明。大部分数据库都是通过校园网 IP 地址来限制用户访问的，尤其是全文访问权限。有的数据库只有部分年代，访问之前的年代需要输入用户名和密码，如 Spring、John Wiley。遵守校园网电子资源管理办法，注意知识产权的保护，禁止违规恶意下载行为，维护出版商合法权益。

ⅰ.中国知识资源总库　中国知识资源总库（China National Knowledge Infrastructure，CNKI）是具有完备知识体系和规范知识管理功能的、由海量知识信息资源构成的学习系统和知识挖掘系统。它由清华大学主办，中国学术期刊（光盘版）电子杂志社出版，由清华同方知网（北京）技术有限公司发行。中国知识资源总库的重点数据库包括 CNKI 系列源数据库、CNKI 系列专业知识库以及 CNKI 系列知识元数据库等。CNKI 源数据库由各种源信息组成，如期刊、博士/硕士论文、会议论文、图书、专利、报纸、年鉴、图片、图像、标准、科技成果、政府文件、音像制品等。

ⅱ.维普资讯

维普资讯是我国最早进行数据库加工出版的单位之一，其数据库包括：中文科技期刊篇名数据库、中文科技期刊数据库（引文版）、外文科技期刊数据库、中文科技期刊数据库、中国科技经济新闻数据库、中国科学指标数据库、中文科技期刊评价报告、中国基础教育信息服务平台、维普-Google 学术搜索平台、维普考试资源系统、图书馆学科服务平台、文献共享服务平台、维普期刊资源整合服务平台、维普机构知识服务管理系统等系列产品。其中，中文科技期刊数据库是中国第一个中文科技期刊全文数据库。

ⅲ.万方数据库

万方数据库是由万方公司开发的，涵盖学术期刊、学位论文、会议论文、外文文献、学者、专利技术、中外标准、科技成果、图书、地方志、政策法规、机构、科技专家等的大型网络数据库。其中，万方会议论文是国内唯一的学术会议文献全文数据库。

ⅳ.超星发现系统

超星发现系统是超星公司推出的新一代图书馆资源解决方案，其宗旨在于方便读者快速、准确地在海量的学术信息中查找和获取所需的信息。它可以整合各院校中本校本馆内外的图书、期刊、报纸、学位论文、标准、专利等各类文献，实现图书馆电子资源的目录级管理，帮助用户更快更准确地在海量资源中找到所需，并通过引文分析、分面筛选、可视化图谱等手段，为读者从整体上掌握学术发展趋势，发现高价值学术文献，提供便捷、高效而权威的学习、研究工具。

ⅴ. SCI 科学引文索引数据库

SCI 科学引文索引数据库（Web of Science-Science Citation Index Expanded）是 SCI 的 Web 版，美国科学情报研究所推出的其网络版数据库 Web of Science。Web of Science 包括三大引文数据库，其中 Science Citation Index Expanded 是 Web of Science 的重要一部分，其记录包括论文与引文（参考文献）。

ⅵ. ACS Publications 美国化学会期刊全文数据库

美国化学会（American Chemical Society，ACS）成立于 1876 年，现已成为世界上最大的科技学会。ACS 全文电子期刊数据库提供了该学会出版的 37 种期刊电子版、化学工程新闻快报电子版。ACS 数据库内容全面，其网络版用户可以在正式纸质期刊出版以前查到最新文章，并具有附加免费服务、增强的图形功能和强大的引用链接服务的特色。

ⅶ. RSC Publishing 英国皇家化学学会期刊全文数据库

英国皇家化学学会（Royal Society of Chemistry，RSC）成立于 1841 年，是一个国际权威的学术机构，是化学信息的一个主要传播机构和出版商。该学会一年组织几百个化学会议，出版的 36 种期刊及 4 个文摘数据库一向是化学领域的核心期刊和权威性数据库。其出版的期刊是化学领域的核心期刊，大部分被 SCI 收录，属于被引频次较高的期刊。使用者还可以通过 RSC 网站获得化学领域相关资源，如最新的化学研究进展、研讨会信息等。

ⅷ. SpringerLink 施普林格出版社全文数据库

SpringerLink 是居全球领先地位的、高质量的科学技术和医学类全文数据库，该数据库包括了各类期刊、丛书、图书、参考工具书以及回溯文档。

② 化学化工类部分重要期刊及网址

《化学学报》，http：//sioc-journal.cn/Jwk_hxxb/CN/0567-7351/home.shtml。

《化学通报》，http：//www.hxtb.org。

《分析化学》，http：//www.analchem.cn/。

《无机化学学报》，http：//www.wjhxxb.cn/wjhxxbcn/ch/index.aspx。

《高等学校化学学报》，http：//www.cjcu.jlu.cn。

《物理化学学报》，http：//www.whxb.pku.edu.cn/CN/1000-6818/home.shtml。

《有机化学》，http：//sioc-journal.cn/Jwk_yjhx/CN/0253-2786/home.shtml。

《应用化学》，http：//yyhx.ciac.jl.cn/CN/1000-0518/home.shtml。

《化工学报》，http：//hgxb.cip.com.cn/CN/0438-1157/home.shtml。

《化学进展》，http：//manu56.magtech.com.cn/progchem/CN/1005-281X/home.shtml。

《化工进展》，http：//hgjz.cip.com.cn/CN/1000-6613/home.shtml。

《催化学报》，http：//www.dicp.cas.cn/cylm/xsqk/。

《分子催化》，http：//www.jmcchina.org/ch/index.aspx。

《环境科学》，http：//www.hjkx.ac.cn/ch/index.aspx。

《环境化学》，http：//hjhx.rcees.ac.cn/。

《环境工程学报》，http：//www.cjee.ac.cn/。

《中国化学》（Chinese Journal of Chemistry），http：//www.sioc.ac.cn/publication/Chin.J.Chem。

《中国化学快报》（Chinese Chemical Letters），http：//zghxkb.periodicals.net.cn/gyjs.asp。

《美国化学会志》(Journal of the American Chemical Society), http://pubs.acs.org/journal/jacsat。

《德国应用化学》(Angewandte Chemie International Edition), http://onlinelibrary.wiley.com/journal/10.1002/(ISSN)1521-3773。

《自然化学》(Nature Chemisty), http://www.nature.com/nchem/index.html。

《英国化学会志》(Journal of the Chemical Society), http://www.rsc.org。

《化学通讯》(Chemical Communications), http://www.rsc.org/Publishing/Journal/cc/index.asp。

《加拿大化学杂志》(Canadian Journal of Chemistry/Journal Canandian de Chimie), http://www.en.wikipedia.org。

《化学快报》(Chemistry Letters), http://www.csj.jp/journals/chem-lett/index.html。

(3) 专利

专利是一种保护技术发明私有的法律,凡个人或团体有发明创造都可以向国家申请发明创造的专利。中国专利可通过中国专利技术网(http://www.zlfm.com)主页的"专利检索"入口进行检索。还可以通过中国专利信息网(http://www.patent.com.cn)检索,在主页点击专利检索栏目,注册并登录,即进入检索页面。可在网站 http://www.drugfuture.com/cnpat/cn_patent.aspjinx 下载。美国专利可通过 http://www.uspto.gov/进入美国专利商标局网站,然后点 Search,进入美国专利数据库检索界面进行检索,在检索到专利号之后,通过登录网页 http://www.drugfuture.com/uspat/us_patent.asp 进行全文下载。欧洲专利可在 http://ep.espacenet.com 网站检索,通过网址 http://www.drugfuture.com/eppat/patent.asp 进行下载。

(4) Web 资源

随着信息技术的发展、人们思维方式和沟通交流方式的改变,一些 Web 资源平台应运而生。如 Google 学术搜索(网址: http://scholar.google.com/)、维基百科(网址: http://www.wikipedia.org/)、PubMed 搜寻引擎(网址: http://www.ncbi.nlm.nih.gov/pubmed)、小木虫学术科研论坛(网址: http://emuch.net/bbs)、PLoS Journal(科学公共图书馆期刊,网址: http://www.plos.org/)。除此之外还有中国精品课程、中国大学慕课等开放共享课程平台。这些平台是科研工作者进行知识学习、学术资源获取与经验分享交流的平台,对促进科学研究的发展有推动和促进作用。

参考资料

[1] 薄洋, 李睿. 浅析化学实验教学的目的及其绿色化发展 [J]. 世纪桥, 2010 (3): 132, 134.

[2] 李斌, 刘文彬, 林仕桑, 等. 基于大学生创新性实验平台对大学生团队合作精神的培养研究 [J]. 教育教学论坛, 2016, (22): 118-119.

[3] 李丽. Origin 软件在氯化铵生成焓测定实验中的应用 [J]. 中国教育技术装备, 2021, (11): 115-116.

第 2 章 化学实验基本操作技能

2.1 化学实验普通仪器介绍

化学实验常用仪器介绍见表 2-1。

表 2-1 化学实验常用仪器

仪器		用途与规格	注意事项
试管	普通试管 离心试管	• 试管分为普通试管和离心试管。用外径(mm)×管长(mm)表示。离心试管分有刻度和无刻度,以容积(mL)表示 • 试管可以作为化学反应的容器,用量少,便于操作和观察 • 离心试管可以用作少量沉淀与溶液的辨认和分离	• 普通试管可以直接加热,加热前试管外要擦干,加热用试管夹,并不断移动试管使其均匀受热,管口不能对着人,加热固体时管口略向下,加热液体时液体不超过容积的 1/3 • 作反应容器时,反应液体不超过容积的 1/2,反应加热时,要振荡试管使溶液混合均匀 • 离心试管不能直接加热,只能水浴加热
试管架与试管夹	试管架 试管夹	• 试管架可用木材、塑料和金属制成,用于盛放试管 • 试管夹有木质、钢质、铜质等,形状也不同,在加热试管时用于夹持试管	• 洗净的试管应倒插在试管架上 • 试管夹应防止烧损和锈蚀
烧杯		• 其规格以容积(mL)表示 • 用作反应器,配制、蒸发、浓缩溶液等	• 加热前应将外壁擦干 • 用火焰给烧杯加热时要垫上石棉网 • 溶解或加热时,液体不得超过容积的 2/3

续表

仪器	用途与规格	注意事项
量筒和量杯	• 量筒以容积大小表示,如 10 mL 量筒 • 量筒和量杯都用于量取液体的体积,其准确度不高	• 不能加热 • 不能用作反应容器,不能在量筒中配制溶液 • 不可量取热的液体 • 读数时,视线应与弯月面的最低点保持水平
容量瓶	• 分无色和棕色,其大小用容积(mL)表示 • 用于定量稀释或配制准确浓度的溶液	• 不能加热,不能在烘箱中烘干 • 不能在其中溶解固体 • 瓶塞与瓶是配套的,不能互换
吸量管和移液管	• 以所量的最大容积表示,如 25 mL 移液管,有大肚移液管(无分度吸管)和刻度吸管(有分度吸管) • 用于准确量取一定体积的液体	• 不能加热 • 自然晾干,不能烘干 • 是一种量出式仪器,只能用它来测量它放出溶液的体积
移液枪	• 不同规格的移液枪配套使用不同大小的枪头,不同生产厂家生产的形状也略有不同 • 常用于准确量取少量或微量液体	• 根据使用频率应定期用肥皂水清洗或用 60% 的异丙醇消毒,再用蒸馏水清洗并晾干 • 避免放在温度较高处,以防变形致漏液或不准 • 当吸嘴有液体时切勿将其水平或倒置放置,以防液体流入活塞室,腐蚀活塞
洗耳球	移液管和吸量管借助洗耳球定量抽取液体	使用时防止溶液吸入球内
移液管架	• 由木质、塑料和有机玻璃制作,形状多样,以圆盘和梯形居多 • 用于放置、晾干移液管和吸量管	圆盘式移液管架,移液管应竖放于其上,梯形应横放

续表

仪器		用途与规格	注意事项
滴定管	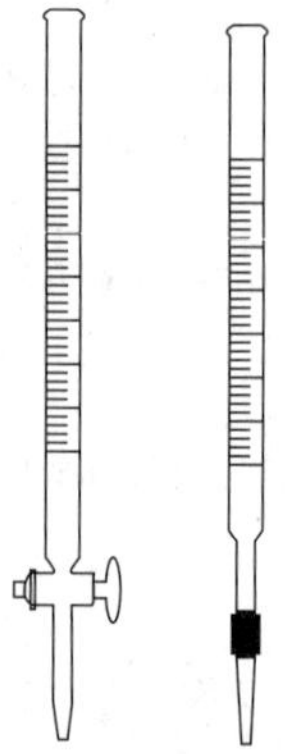 酸式滴定管 碱式滴定管	• 滴定管分为普通滴定管和微量滴定管，又分为酸式滴定管、碱式滴定管和酸碱通用型滴定管，颜色有无色和棕色 • 滴定管以最大容积表示，如 50 mL 滴定管 • 滴定管可以精确到 0.01 mL，滴定管在容量分析中准确读取滴定剂的体积，也可以量取准确体积的溶液	• 滴定管要洗涤干净，不挂水珠，全管不得留有气泡 • 用后立即洗净，洗净后不得烘干，应按下图放置于滴定台的蝴蝶夹上 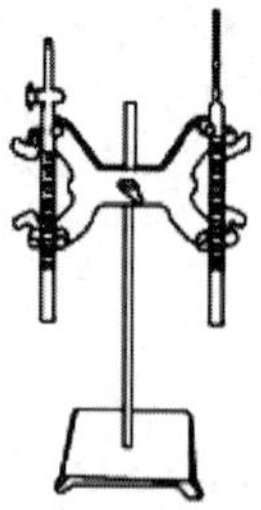
锥形瓶	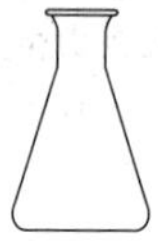	• 大小用容积(mL)表示，形状有细颈、宽颈等 • 一般在滴定实验中作反应容器，也可用于普通实验，作反应容器	• 加热时要垫石棉网，一般不直接加热 • 应将外壁擦干再加热
碘量瓶	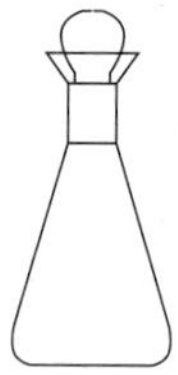	• 大小用容积(mL)表示 • 用于碘量分析	• 不要擦伤塞子和瓶口边缘的磨砂部分
洗瓶和滴管	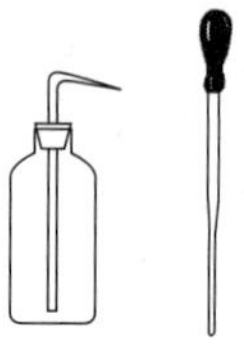 洗瓶 滴管	• 洗瓶用于盛装纯水，洗涤容器内壁和沉淀用 • 滴管由尖嘴玻璃管和橡皮胶头组成；用于吸取和滴加少量溶液；也可用于分离沉淀时吸取上层清液	• 洗瓶不能装自来水，洗瓶不能加热；不能靠近火源 • 滴管在使用时溶液不得吸进胶头
试剂瓶	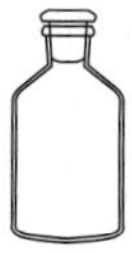 细口瓶 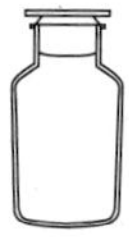 广口瓶 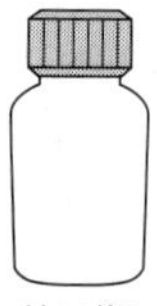 丝口瓶	• 试剂瓶按瓶颈大小可分为广口瓶和细口瓶，广口瓶用于盛放固体试剂，细口瓶用于盛放液体试剂。又分磨口和不磨口。其颜色有无色和棕色两种，棕色试剂瓶用于盛装需避光保存的试剂。丝口瓶主要用于液体取样，也可用于盛装液体 • 其规格较多，常用的有 250 mL、500 mL 和 1000 mL	• 不能直接加热 • 瓶盖不能互换 • 盛放碱液时需要用橡皮塞 • 对有磨口塞的试剂瓶不用时应洗净并在磨口处垫上纸条，以防止玻璃磨口黏结
滴瓶	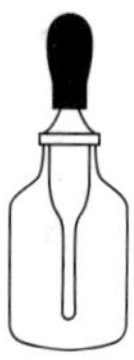	• 有无色和棕色，大小以容积(mL)表示 • 滴瓶用于盛放少量液体药品	• 滴瓶不能长期盛放碱液 • 滴瓶上方的滴管与滴瓶配套使用，不用水冲洗

仪器	用途与规格	注意事项
下口瓶	• 其大小以容积表示,如 2500 mL、20000 mL 等 • 用于盛放纯水或溶液,可从下口放出	• 瓶塞和瓶颈处的小孔使用时对准,不用时不能对准 • 经常检查放水口是否漏水
比色管	• 其外形与普通试管类似,比普通试管多一条精确的刻度线,并配有橡皮塞或玻璃塞,管壁较薄,常见的规格有 10 mL、25 mL、50 mL • 用于目视比色分析	• 不能加热,轻拿轻放 • 同一比色实验中使用同一规格的比色管;比色时光照条件相同 • 不能用硬毛刷刷洗
蒸发皿	• 蒸发皿多为瓷质,也有玻璃、石英或金属等,其大小以容积表示,如 100 mL、150 mL 等 • 用于蒸发浓缩液体;作反应容器、灼烧固体用	• 瓷蒸发皿可直接用火加热 • 不能骤热、骤冷
表面皿	• 用直径(cm)表示 • 盖在蒸发皿或者烧杯上,以免灰尘落入或溶液溅出	• 不能加热 • 作盖用时,其直径应比被盖容器略大,凹面朝上
培养皿	• 主要由玻璃或塑料制成 • 用于微生物或细胞培养	• 在清洗及拿放时应小心谨慎、轻拿轻放 • 使用完毕的培养皿最好及时清洗干净,存放在安全、固定的位置,防止损坏
坩埚、泥三角和坩埚钳	• 坩埚主要有瓷坩埚、金属坩埚、石英坩埚和石墨坩埚几大类,其规格常见的是 10~100 mL,主要用于灼烧固体物质,作反应器 • 泥三角是灼烧时放置坩埚的工具 • 坩埚钳用于加热时夹取物品	• 坩埚加热时不能骤冷,需用坩埚钳取下放在石棉网上 • 坩埚钳夹取热坩埚时,应将钳尖预热,以免坩埚因局部冷却而破裂,用后钳尖向上放在桌面或石棉网上 • 泥三角一般与三脚架配合使用,不能猛烈撞击,以免损坏瓷管
漏斗	• 漏斗分为长颈漏斗和短颈漏斗,以口径大小表示,如 6 cm 长颈漏斗 • 用于过滤沉淀或加溶液 • 长颈漏斗特别适用于定量分析中的过滤	• 不能加热 • 过滤时,漏斗的尖端紧靠容器壁

续表

仪器	用途与规格	注意事项
分液漏斗 （梨形 球形）	• 分为梨形和球形，大小用容积（mL）表示 • 用于放反应体系滴加较多的液体时用，萃取时用于分离互不相溶的液体	• 不能加热，漏斗塞不能互换 • 活塞应用细绳系于漏斗颈上，或套以橡皮圈，防止滑出摔碎
砂芯漏斗 （坩埚式 漏斗式）	• 砂芯漏斗是耐酸玻璃过滤仪器，由优良硬质高硼玻璃制成。有 40、60、75、100 等几种容积（mL），按其烧结的多孔滤板的孔径，一般分为 6 级（$G_1 \sim G_6$） • 砂芯漏斗一般与抽滤瓶配套用于减压过滤晶体或沉淀	• 不能用火直接加热 • 新购的过滤仪器需用酸溶液进行抽滤，并用蒸馏水冲洗干净，烘干后使用 • 烘干温度以 150℃ 为宜，最高不超过 500℃。烘干中途不要开烘箱，待降至室温再打开，以防炸裂 • 使用后滤板上附着沉淀物时，可用蒸馏水冲净，必要时可选用适当的洗涤液先做处理，再以蒸馏水冲净，烘干
布氏漏斗和抽滤瓶 （抽滤瓶 布氏漏斗）	• 抽滤瓶质地为玻璃，较厚，能承受一定压力，以容积（mL）表示 • 布氏漏斗质地为瓷，规格用直径（mm）表示 • 布氏漏斗和抽滤瓶配套用于减压过滤晶体或沉淀	• 不能用火直接加热 • 根据抽滤瓶口的大小选择橡皮塞，塞子深入瓶颈部分为塞子本身长度的 1/3～2/3，根据漏斗颈的大小选择钻孔器在塞子上钻孔，使塞孔与漏斗颈紧密吻合
干燥器 （普通干燥器 真空干燥器）	• 有普通干燥器和真空干燥器，其规格以口径大小表示 • 用于干燥或保存干燥物品 • 内放变色硅胶或无水氯化钙等干燥剂	• 不能用来保存潮湿的器皿或沉淀，高温物体稍冷后放入，干燥剂不能放得过多 • 搬移时用双手拿着干燥器和盖子的沿口，用大拇指按住盖子的沿口，禁止单手搬移 • 打开或盖上盖子时要使盖子向平面滑动，而不能向上拔或向下压 • 真空干燥器取出样品时，先手动旋开阀门，释放真空，再取出
称量瓶 （矮型 高型）	• 用于化学分析中准确称量一定量的固体药品。分为矮型（扁型）和高型两种 • 其规格按容积（mL）或以外径（mm）×高（mm）表示	• 不能直接加热 • 称量瓶的盖子是磨口配套的，不得丢失 • 使用前应洗净烘干 • 不用时应洗净并在磨口处垫一张纸条
点滴板	• 质地为瓷质，有白色和黑色，分十二凹穴、九凹穴等 • 用于点滴反应，尤其是显色反应，试剂用量少，现象明显	• 不能加热 • 不能用于含氢氟酸或浓碱的反应
药匙	由瓷、骨、不锈钢和塑料制。用于取固体试剂，取少量固体时用小的一端	洗净擦干后才能取用试剂。药匙的选择应以取到试剂后能放进容器口为宜

2.2 常用玻璃仪器的洗涤与干燥

2.2.1 玻璃仪器的洗涤

化学实验中，常需要用到各种玻璃仪器，为了保证实验结果的准确性，所用的仪器要有一定的洁净度。这些玻璃仪器的洗涤方法要根据实验的要求、仪器的形状和污染物的性质进行选择，常用的洗涤方法如下。

（1）用水刷洗

直接用水和毛刷刷洗，可除去仪器上的尘土、可溶物质及部分易刷落下来的不溶物质。

（2）去污剂洗涤

若有油污或有机物等沾污时，可先用毛刷蘸取少量的洗衣粉、洗洁精、肥皂水等洗涤剂进行刷洗，再用自来水冲洗干净。注意：用于量取试剂的定量容器不能用洗涤剂刷洗，以免划伤量器。对于磨口玻璃仪器，应注意保护磨口。

（3）用特殊洗涤液洗

几种常用的洗涤液如表2-2所示。

① 铬酸洗液清洗

仪器严重沾污或所用仪器口径很小，不宜用刷子刷洗时，可以用铬酸饱和溶液洗涤，利用其强的氧化性，将油污或有机物清洗干净。清洗时往仪器内加入少量洗液，使仪器倾斜并慢慢转动，让仪器内壁润湿，稍停一会，然后把洗液倒回原瓶，浸泡一段时间，再用自来水冲洗。铬酸洗液吸水性很强，应将盖子盖严，以防止吸水，当洗液变为绿色时，即$K_2Cr_2O_7$被还原为Cr^{3+}不能再继续使用。

使用铬酸洗液时，应注意安全，防止溅到手上、脸上和身上，以防化学烧伤。第一次用少量水冲洗刚浸洗过的容器后，应倒在对应的废液缸中。

② 特殊试剂清洗

已知仪器上沾污物的组成时，可选用对应的特殊试剂洗涤，如仪器上沾有较多的二氧化锰，则可用酸性硫酸亚铁洗涤。

表 2-2 几种常用洗涤液

洗涤液及配制方法	去污对象	使用方法
铬酸洗液（酸性）：称取 20 g 研细的重铬酸钾溶于 40 mL 水中，慢慢加入 360 mL 浓硫酸	用于去除少量油污	将待洗仪器先用自来水冲洗一遍，将附着在仪器上的水控尽，然后用适量的洗液浸泡，再清洗，加热效果更好
盐酸洗液：浓盐酸或盐酸与水 1:1（体积比）混合	用于洗去碱性物质及大多数无机残留	将待洗仪器先用自来水冲洗一遍，将附着在仪器上的水控尽，然后用适量的洗液浸泡，再清洗
碱性洗液：10%氢氧化钠水溶液或乙醇溶液	用于去除油污	一般采用长时间（24 h 以上）浸泡或浸煮；浸煮时必须戴防护眼镜
碘-碘化钾溶液：1 g 碘和 2 g 碘化钾溶于水，用水稀释至 100 mL	洗涤用过硝酸银滴定液后留下的黑褐色沾污物，也可用于擦洗沾过硝酸银的白瓷水槽	将待洗仪器先用自来水冲洗一遍，将附着在仪器上的水控尽，然后用适量的洗液浸泡，再清洗
有机溶剂：苯、乙醚、丙酮、二氯甲烷等	用于去除油污和可溶于该溶剂的有机物	使用时注意其毒性和可燃性
盐酸-乙醇溶液，盐酸与乙醇按 1:2（体积比）混合	主要用于被染色的比色皿和吸量管等的洗涤	将待洗仪器先用自来水冲洗一遍，将附着在仪器上的水控尽，然后用适量的洗液浸泡，再清洗

（4）超声清洗

超声清洗是利用超声波在液体中的空化作用、加速作用及直进流作用对液体和污物直接、间接的作用，使污物层被分散、乳化、剥离而达到清洗的目的。可先用自来水洗去可溶物、部分不溶物和灰尘，再进行超声清洗。采用超声波清洗，一般有两类清洗剂即化学溶剂和水，也可在清洗液中加入合适的洗涤剂进行组合清洗。其洗涤效果与清洗液介质、温度、超声频率、超声时间等因素有关。注意超声清洗的玻璃仪器不能有裂纹，超声时间不宜过长，以防超声破碎。

用各种洗涤液洗涤后的仪器必须先用自来水冲洗或荡洗数次，若器壁不挂水珠，只留下一层薄而均匀的水膜，则表示仪器已洗净。在定性和定量分析中还应用纯水荡洗两三次。在洗涤过程中遵循"少量多次"的原则。

2.2.2 玻璃仪器的干燥

不同的实验对仪器的干燥程度有不同的要求，一般定量分析中用的锥形瓶、烧杯等，洗净后即可使用，而有时需要对洗净的仪器进行干燥。常用的干燥方法有以下几种。

（1）晾干

不急用的仪器洗净后放在无尘干燥处自然晾干即可。

图 2-1 玻璃仪器气流烘干器

（2）烘干

将洗净的仪器沥干内部水分，倒置在烘箱隔板上，调节烘箱温度到 105℃，进行烘干。容量瓶等量具、量器不可放于烘箱烘干。

（3）热（冷）风吹干

急于干燥的仪器或者不适于放入烘箱的较大仪器可用吹干的办法。沥干水分后，将口朝下，插入玻璃仪器气流烘干器支架上，如图 2-1 所示，开启冷风或热风吹干。也可在沥干水分后的仪器内加入少量能与水互溶的易挥发有机溶剂（如无水乙醇），转动仪器使容器壁上的水与其混合，再倾出混合液并回收，然后放置或用电吹风将仪器吹干。带有刻度的量器不能用热风吹干。

2.3 化学试剂及其取用

2.3.1 化学试剂的分类

化学试剂是一类具有各种纯度标准，用于教学、科学研究、分析测试，并可作为某些新兴工业所需的功能材料和原料的精细化学品。化学试剂的种类很多，世界各国对化学试剂的分类和分级标准也各不相同。化学试剂可以按纯度、用途、化学组成、学科分类，也可以按政府监管与储存要求分类，还可以按企业经营习惯分类。按用途或纯度分类，有利于使用者选择试剂；按化学组成分类，有利于单物质的研究和化学合成，也有利生产、流通产品的品牌建立；按学科技类分类，有利于创新发展；按监管与储存要求分类，有利于安全监管与储存、运输管理。按企业经营习惯分类，便于同行交流交易，突出本企业特色。

（1）按线分类法可将化学试剂划分为三个层次：大类、中类和小类

按产品用途将化学试剂分为以下十个大类：

① 基础无机化学试剂；

② 基础有机化学试剂；

③ 高纯化学试剂；

④ 标准物质/标准样品和对照品（不包含生物化学标准物质/标准样品和对照品）；

⑤ 化学分析用化学试剂；

⑥ 仪器分析用化学试剂；

⑦ 生命科学用化学试剂（包含生物化学标准物质/标准样品和对照品）；

⑧ 同位素化学试剂；

⑨ 专用化学试剂；

⑩ 其他化学试剂。

每一大类按其不同特点和相互之间的内在联系，划分以下中类和小类：

① 基础无机化学试剂按单质或化合物结构分为8个中类78个小类；

② 基础有机化学试剂按化合物结构分为28个中类124个小类；

③ 高纯化学试剂按用途分为10个中类；

④ 标准物质/标准样品和对照品按用途分为3个中类24个小类；

⑤ 化学分析用化学试剂按用途分为6个中类9个小类；

⑥ 仪器分析用化学试剂按用途分为19个中类；

⑦ 生命科学用化学试剂按化合物结构、性质与用途相结合的方式分为8个中类18个小类；

⑧ 同位素化学试剂按用途分为2个中类14个小类；

⑨ 专用化学试剂按用途分为11个中类20个小类；

⑩ 将无法按上述划分的化学试剂列入其他化学试剂。

（2）化学试剂规格按纯度（杂质含量的多少）划分

共有高纯、光谱纯、基准、分光纯、优级纯、分析纯和化学纯7种。我国一般试剂的规格及适用范围见表2-3。

表2-3 一般试剂的规格及适用范围

试剂级别	中文名称	英文符号	标签颜色	适用范围
一级	优级纯	G.R.	绿色	精密分析实验
二级	分析纯	A.R.	红色	一般分析实验
三级	化学纯	C.P.	蓝色	一般化学实验
四级	实验试剂	L.R.	棕色或其他颜色	一般化学实验辅助试剂
	生化试剂、生物染色剂	B.R.	咖啡色、玫瑰色	生物化学及医用化学实验
	基准试剂	P.T.	深绿色	专门作为基准物用,可直接配制标准溶液

2.3.2 化学试剂的取用

（1）取用原则

① "三不"原则：不能用手直接接触化学试剂，不能把鼻孔凑到容器口去闻药品的气

味,不能尝任何化学试剂的味道。

② 节约原则:取用药品的量要根据实验要求来取,如果没有要求,取最少量(固体盖满试管底即可,液体 1~2 mL)。

③ 处理原则:用剩的药品要放到指定的容器内,不能放回原瓶,也不能随意丢弃,更不能带出实验室。取完之后,一定要将瓶塞盖严,放回原处。

(2) 液体试剂的取用

① 取少量液体

从滴瓶中取液体试剂时,应用滴瓶中的滴管,不要用其他滴管。先稍微提起滴瓶上的滴管,赶出滴管中的空气后再伸入溶液中吸取试剂。滴入试剂时,滴管要保持垂直悬于容器口上方,如图 2-2。滴管使用时不能伸入容器中或与器壁接触,否则会造成试剂污染,也不能将滴管横置或倒置,以免试剂流入胶头,加速胶头的老化和腐蚀。

若从未配滴管的试剂瓶中取少量液体试剂时,应用公用滴管,使用前保证滴管干燥、洁净。

② 取较多量液体

从试剂瓶中取液体试剂(倾注法)时,先取下瓶盖,倒放在桌上,标签应向着手心,拿起试剂瓶,将瓶口紧靠试管口边缘,缓缓地注入试剂,使液体沿壁下流,如图 2-3 所示。若往量筒中倒入试剂时,应左手持量筒,左手大拇指指示所示体积的刻度处,右手握住试剂瓶倾倒;若所用容器为烧杯,应用玻璃棒引流,如图 2-4 所示。倾注完毕,盖上瓶盖,标签向外,放回原处。用移液管取液体的操作参见 2.8 节。

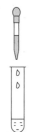 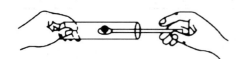 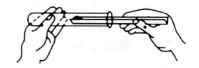

图 2-2 往试管中滴加液体　　图 2-3 液体试剂倒入试管　　图 2-4 液体试剂倒入烧杯

(3) 固体试剂的取用

① 块状药品的取用　块状药品一般用镊子夹取,放入平放的容器口以后,再把容器慢慢竖立起来,使药品缓缓地滑到容器的底部,以免打破容器。

② 粉状药品的取用　往试管(尤其是湿的试管)中加入固体粉末时,可将盛有固体试剂的药匙伸进试管适当深处,然后再将试管及药匙慢慢竖起,如图 2-5 所示,或将取出的固体放在对折的纸上,再按上述方法将固体试剂放入试管,如图 2-6 所示。

③ 取用一定质量的固体,具体操作方法见 2.4 节。

图 2-5 用药匙将固体加入试管　　图 2-6 用对折的纸将固体加入试管

2.4 物质的称量

称量是化学实验最基本的操作之一，常用的称量方法有直接称量法、固定质量称量法和差减称量法。

(1) 直接称量法

欲知一洁净、干燥的器皿或固体试样的质量时，调好天平零点后，将被称物直接放在天平盘上，从而获得该器皿或试样的质量，这种方法即为直接称量法。需注意的是该固体试样应不易潮解或升华。

称量纸的折叠　　固定质量称量法

(2) 固定质量称量法

固定质量称量法又叫加重法、增量法。该法适用于称量不易吸潮、在空气中能稳定存在的粉末状或小颗粒样品。如在做"硫酸铜的提纯"实验中，需称取 4 g 的粗硫酸铜，做"化学反应焓变的测定"实验中需称取 3 g 的锌粉，配制一定浓度的 $K_2Cr_2O_7$ 溶液时，需要称取 1.1285 g $K_2Cr_2O_7$ 基准试剂，可用该法称量。

先将一干燥、洁净的器皿（如小烧杯、表面皿等）或一称量纸（称量纸应先折叠）放在天平秤盘中心位置，按"去皮"键，此时天平读数归零，然后用拇指、中指及掌心拿稳药勺，伸向容器上方 1～2 cm 处，将药匙稍微倾斜，用食指轻轻敲击勺柄，让试样慢慢抖入容器内，使试样的质量与所规定的质量相等。

用分析天平称量时，应半开天平，用药匙慢慢加入试样。当离规定质量只差几毫克时，关上天平侧门，观察读数。若试样质量还不够所需质量，则再次打开侧门，再次加入少量试样后关上侧门进行读数。如此重复，直到所称取的试样质量与规定质量相等。

用托盘天平称量时，先将游码放在标尺左端零刻线处，调节平衡螺母，使得指针停在刻度盘中间位置或在中间位置左右摆动幅度大致相等。把被称物体放在左盘，用镊子向右盘加减砝码并调节游码在标尺上的位置，直到横梁恢复平衡，指针停止在刻度盘中间位置，此时，盘中砝码的总质量加上游码在标尺上所对应的刻度值，即为被称物体的质量，可精确到 0.1 g。当需要用容器或称量纸称量时，需要在左右两盘各放入一样的容器或称量纸，以扣除容器或称量纸的质量。

无论用哪种方法称量，若不慎多加了试样，可用药匙取出多余的试样（不能放回原瓶），直到合乎要求为止。操作时不能将试剂散落于天平盘等容器以外的地方，若不慎洒落，应小心收集并回收处理。

(3) 差减称量法

差减称量法又叫递减法、减重法、减量法，因称取试样的量为两次称量质量之差，所以称为差减法。主要用于称量一定质量范围的粉末状试样，特别是在称量过程中易吸水、氧化、挥发或易与 CO_2 反应的试样。在分析化学实验中，常用来称取待测样品或基准物，是最常用的一种称量法。

差减法常用的称量器是称量瓶。称量瓶为带有磨口塞的小玻璃瓶。试样装在瓶内，使用称量瓶时，不能直接用手拿取，应用洁净的纸条将其套住，再用手拿住纸条，以防手的温度高或沾有汗污等影响称量的准确度。

其操作方法是：用清洁的纸带套在称量瓶上，拿住纸带尾部，将其从干燥器中取出，把称量瓶放到电子天平托盘的正中位置，关上天平侧门，按"去皮"键清零（也可直接读出读

数 m_1 g），此时，天平读数为 0.0000 g。打开侧门，用原纸带将称量瓶从天平盘上取下，拿到接收器（如烧杯）的上方，另一只手用纸片包住瓶盖柄打开瓶盖，但瓶盖也不离开接收器上方，将瓶身慢慢倾斜。用瓶盖轻敲瓶口上部，使试样慢慢落入容器中。当倾出的试样接近所需要的质量时，一边继续用瓶盖敲瓶口边缘，一边逐渐将瓶身竖直，使粘在瓶口的试样落回称量瓶中（见图 2-7）。然后盖好瓶盖，把称量瓶放回天平盘，关好侧门，此时，显示的读数为试样质量的负值（若之前未清零，则此时读数 m_2 g，两次质量之差，m_2-m_1 就是试样的质量）。若倾出的试样量不够时，可重复上述操作（一般不超过 3 次），直至倾出的试样为所需的质量。如倾出的试样大大超过所需质量，则只能弃去重做。盛有试样的秤量瓶除放在秤盘上或用纸带拿在手中外，不得放在其他地方，以免沾污。

减重法称量操作

图 2-7　差减法称量

2.5　物质的溶解、固液分离、溶液的浓缩与结晶

2.5.1　溶解和熔融

把固体物质溶于水、酸或碱等溶剂中制成溶液称为溶解。可采取加热、搅拌等方法加速溶解。用玻璃棒搅拌时不要触及烧杯底部或杯壁。溶解时会产生气体的试样，应先用少量水将其润湿成糊状，用表面皿将烧杯盖好，然后用滴管将试剂自杯嘴逐滴加入，以防生成的气体将粉状的试样带出，溶解完毕，应用蒸馏水冲洗表面皿和烧杯内壁，冲洗时使水沿杯壁流下。需要加热溶解的试样，加热时要盖上表面皿，以防止溶液剧烈沸腾迸溅，溶解后也需要冲洗表面皿和烧杯内壁。

把固体物质和固体溶剂混合，在坩埚中置于高温下加热，让固体物质转化为可溶于水或酸的物质称为熔融。根据熔剂性质的不同，熔融法可分为酸熔法和碱熔法。酸熔法采用的酸性熔剂为钾（钠）的酸性硫酸盐、焦硫酸盐及酸性氟化物等，适合于分解碱性样品（如钛铁矿、镁砂等）。碱熔法采用的碱性熔剂为碱金属的碳酸盐、硼酸盐、氢氧化物及过氧化物等，适合于熔融酸性样品（如酸性矿渣、酸性炉渣和酸性难溶样品）。坩埚必须根据样品与熔剂性质及熔融温度选择，应防止容器组分进入试液，给后面的分析带来误差，也可防止容器被腐蚀。对于酸熔，一般使用玻璃容器，若用氢氟酸时，应采用聚四氟乙烯坩埚，但处理样品温度不能超过 250 ℃，若温度更高，则需使用铂坩埚。碳酸盐、硫酸盐、氟化物以及硼酸盐等样品，则应使用铂金坩埚。氧化物、氢氧化物以及过氧化物，宜用石墨坩埚和刚玉坩埚。

2.5.2　固液分离

（1）倾析法

倾析是一种根据沉降原理分离溶液中固体颗粒的方法，倾析法适用于相对密度较大或结晶颗粒较大的沉淀（或结晶）的分离。其操作是：待沉淀完全沉降后，用干净的玻璃棒引流，将上层清液慢慢地倾入另一容器中。如果需要洗涤沉淀，则另加适量溶剂搅拌均匀，静置沉降后再倾析，如此反复 3 次以上，将沉淀洗净。

(2) 过滤法

过滤是固液分离最常用的方法，影响过滤速度和分离效果的因素有溶液的黏度、温度、沉淀物的性质、过滤器孔径的大小等。常用的过滤方法有常压过滤、减压过滤及热过滤三种。

① 常压过滤

常压过滤适用于胶体沉淀或微细的晶体沉淀，其缺点是过滤速度较慢。常压过滤用滤纸和普通漏斗进行，滤纸按孔隙大小可分为快速、中速和慢速三种类型，应根据沉淀的性质选择滤纸的类型，如硫酸钡细晶形沉淀宜选用中速滤纸，$Fe_2O_3 \cdot nH_2O$ 为胶状沉淀，应选用快速滤纸。滤纸的大小以直径（cm）表示，应根据沉淀的多少和漏斗的大小选择滤纸的大小，一般要求沉淀的总体积不超过滤纸锥体高度的 1/3。

常压过滤

常压过滤操作如下。

准备：先将圆形的滤纸对折两次（暂不折死），展开成一圆锥体，圆锥体半边为一层，另外半边为三层，将三层滤纸一边下面的两层撕去一个小角，以便其内层滤纸贴紧漏斗，如图 2-8 所示。将滤纸放入漏斗中（三层的一边放在漏斗出口较短的一边），可适当改变折纸角度，调整圆锥体大小使之紧贴漏斗，用食指按住三层的一边，用洗瓶以少量水润湿，用洁净的玻璃棒轻压滤纸，使其紧贴漏斗，并赶走气泡。再加入蒸馏水，漏斗颈内能保留水柱而无气泡，说明漏斗准备完好。

    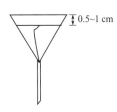

图 2-8　滤纸的折叠与安放

过滤：过滤前先把带沉淀的烧杯倾斜静置，如图 2-9 所示。过滤时，把漏斗放在漏斗架上，使漏斗尖端紧靠在容器的内壁，目的是消除空气阻力，加快过滤速度，避免溶液溅出。先将溶液沿玻璃棒于靠近三层滤纸处缓慢倾入漏斗中，漏斗中液面高度应低于滤纸 2～3 mm，如图 2-10 所示。若沉淀需要洗涤，可待溶液转移完后，在盛有沉淀的容器中加入少量洗涤剂，充分搅拌，静置，等沉淀下沉后再将上层溶液倒入漏斗，如此重复洗涤 2～3 次，最后把沉淀全部转移到滤纸上，可采用吹洗法（见图 2-11）。若沉淀为胶体，应加热破坏胶体，趁热过滤。

沉淀的洗涤：洗涤沉淀的目的在于将沉淀表面所吸附的杂质和残留的母液除去。洗涤剂用量以少量多次为原则，即每次螺旋形往下洗涤时（见图 2-12），洗涤剂量要少，便于尽快沥干，沥干后，再进行洗涤，如此反复，直到沉淀洗净。

为了加快过滤速度，可先将待过滤的固液混合物静置一段时间，使其中的沉淀尽量沉降，然后将上层清液过滤，待清液滤完以后再倒入沉淀过滤，这种过滤法叫倾析过滤法。其优点是前期可避免沉淀堵塞滤纸的小孔而减慢过滤速度。对于无定形沉淀（较小的沉淀）又不要滤液时，常用倾析法过滤，这样得到的沉淀较为干净，且速度快。

图 2-9　倾斜静置　　图 2-10　常压过滤装置　　图 2-11　吹洗沉淀　　图 2-12　沉淀的洗涤

② 减压过滤

减压过滤又叫抽滤，其优点是过滤速度快，沉淀抽得比较干，但不适合过滤颗粒太小的沉淀和胶体沉淀。减压过滤装置由真空泵、抽滤瓶和布氏漏斗组成，为了防止倒吸，可在真空泵和抽滤瓶中间加一个安全瓶，如图 2-13 所示。

减压过滤

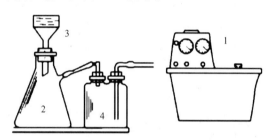

图 2-13　减压过滤装置
1—真空泵；2—抽滤瓶；3—布氏漏斗；4—安全瓶

减压过滤的操作如下。

准备：剪一张比漏斗内径略小的滤纸，滤纸的大小以能盖住布氏漏斗上的全部瓷孔为准，将滤纸平放在布氏漏斗内，用少量蒸馏水润湿，把漏斗插入单开胶皮塞中，并与抽滤瓶相连，并使得漏斗下端的斜口对着抽滤瓶的支管口，用橡皮管接上真空泵与抽滤瓶，打开真空泵开关，使滤纸紧贴漏斗底部。

抽滤：过滤时一般先转移溶液，再转移沉淀或晶体，溶液加入量不超过漏斗高度的 2/3。再用玻璃棒将容器内的沉淀或晶体转移至漏斗，若转移不干净，可加入少量母液或乙醇等溶剂，一边搅动一边倾倒，将其全部转移至滤纸上，继续抽滤。

沉淀的洗涤：若沉淀需要洗涤时，先拔下橡皮管，用滴管加入少量洗涤剂于沉淀上将其润湿，静置片刻，再将其抽干（判断是否抽干的方法：沉淀不沾玻璃棒；1~2 min 漏斗颈下端无液体滴落；用滤纸压在沉淀上，滤纸不湿）。过滤结束，先拔掉橡皮管，再关真空泵（注意顺序不能反，以防倒吸）。

取出沉淀：将漏斗从抽滤瓶上取下，倒扣在一张干净的滤纸上，用洗耳球将其吹下；或用玻璃棒掀起滤纸的一角，用镊子将滤纸连同沉淀一起取出。可将取出的沉淀放在两张滤纸中间，轻压滤纸，吸干其表面的水分。

转移滤液：将抽滤瓶支管朝上，从瓶口倒出滤液。注意，抽滤瓶的支管口只能用于连接橡皮管，不是滤液出口。

③ 热过滤

若溶液中的溶质在温度降低时易结晶析出，而不希望它在过滤过程中留在滤纸上，此时，可采取热过滤处理。热过滤装置如图 2-14 所示，其过滤方法有以下两种。

a. 少量热溶液过滤 选用颈短而粗的玻璃漏斗，放在烘箱中预热后使用。在漏斗中放入一多折折叠的滤纸，用热的溶剂润湿后，立即倒入溶液（不要直冲滤纸底部），用表面皿盖好漏斗，以减少溶剂挥发。其装置见图 2-14(a)。滤纸的折叠方法如图 2-15 所示。先将滤纸折成半圆，再折成圆的 1/4，以 1 和 3 对 4 折出 5 和 6，再以 1 对 6 折出 7，3 对 5 折出 8，再以 3 对 6，1 对 5 折出 9 和 10，最后在相邻两折痕之间，从相反方向再按顺序对折一次，再展开滤纸成两层扇面状；对开滤纸成菊花型，即完成。使用时，将折好的滤纸打开后翻转，放入漏斗中。注意：折叠时，滤纸心处不可折得太重，因为该处最容易破漏。

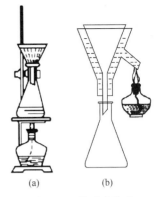

图 2-14 热过滤装置

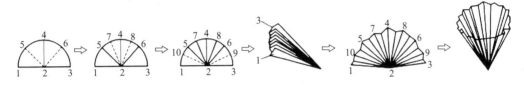

图 2-15 多折滤纸的折叠方法

b. 过滤较多量溶液 应选择保温漏斗（金属套内安装一个长颈玻璃漏斗），如图 2-14(b) 所示。使用时将热水（一般用沸水）倒入玻璃漏斗与金属套的夹层内，加热侧管（若溶剂易燃，过滤时务必将火熄灭）。漏斗中放入多折折叠滤纸，用少量热溶剂润湿滤纸，立即把热溶液分批倒入漏斗，不要倒得太满，也不要等滤完再倒。未倒完的溶液和保温漏斗用小火加热，保持微沸。热过滤一般不用玻璃棒引流，以免加速降温，接收溶液的容器内壁不要紧贴漏斗颈，以免滤液迅速冷却析出晶体沿壁向上堆积而堵塞漏斗下口。

若操作顺利，只会有少量结晶在滤纸上析出，可用少量热溶剂洗下，若结晶较多，可将滤纸取出，用刮刀刮回原瓶中，重新加热过滤。过滤完，将溶液加盖放置，自然冷却。

(3) 离心分离

离心分离主要用于半微量样品的沉淀分离。将溶液放入离心试管，加入沉淀剂，每加一滴都要混合均匀，沉淀完全后，放入离心机（注意要对称放置，参考离心机的使用），使沉淀离心沉降，去除离心管，在上层清液加一滴沉淀剂，如没有浑浊，说明沉淀已经完全。如需检查溶液的 pH 值，可用玻璃棒蘸取少量溶液滴在试纸上，观察。沉淀经过离心后，沉淀聚集于离心管的尖端，上层清液可用滴管吸出。操作时，先挤压滴管胶头，排出空气，将离心管倾斜，将滴管尖端伸入液面下，但不可触及沉淀，慢慢放松胶头，溶液则被吸出。

2.5.3 溶液的浓缩与结晶

(1) 蒸发和浓缩

当溶液很稀时，常采用加热的方法让溶剂蒸发，使溶液浓缩。蒸发浓缩一般在蒸发皿中进行，有时也可在烧杯中加热蒸发。蒸发皿不但可用水浴、蒸汽浴加热，还可用火直接加热,其加热方式由物质的热稳定性决定。蒸发浓缩的程度根据溶质溶解度的大小和结晶对浓度的要求而定,但不得蒸干。如果结晶时希望得到较大的晶体,溶液就不能浓缩得太浓和蒸发过快。

（2）结晶与重结晶

结晶是指当溶质超过其溶解度时,晶体从溶液中析出的过程。通常采用蒸发减少溶剂、改变溶剂或改变温度等方法,使溶液变成过饱和状态而析出结晶。

析出晶体颗粒的大小与条件有关。如果溶液浓度较高,溶质溶解度较小,冷却速度过快,并不断搅拌溶液,摩擦器壁,则析出的晶体就较小。若溶液浓度不高,投入一小粒晶体后,静置溶液,缓慢冷却（如放在温水中冷却）,即可得到较大的晶体。颗粒较大且均匀的晶体夹带的母液少,易于洗涤和分离,有利于提高产品的纯度。只有几颗大晶体时,母液中剩余溶质较多,损失大。因此,结晶颗粒大小适宜且粒度均匀最好。

重结晶是将晶体溶解进行再次结晶的过程,是用来纯化在室温下是固体化合物的一种常用方法。利用物质在溶剂中的溶解度随温度而改变的性质,把固体在较高温度下溶于适当溶剂制成饱和溶液,在较低温度下就会结晶析出。然后利用溶剂对被提纯物质和杂质的溶解度不同,使杂质在热过滤时或冷却后留在母液中与结晶分离,从而达到提纯的目的。

2.6 重量分析中沉淀的干燥与灼烧

2.6.1 坩埚的准备

沉淀的干燥和灼烧要在坩埚内进行。先将坩埚洗净拭干后,用马弗炉或煤气灯灼烧至恒重,注意灼烧空坩埚应与灼烧沉淀的条件相同。第一次灼烧 30 min 后,停止加热,稍冷却（红热退去再冷却 1 min 左右）,用热坩埚钳夹取放入干燥器内冷却 45～50 min,然后称量,第二次灼烧 15 min,冷却（每次冷却时间相同）,直至两次称量质量相差不超过 0.2 mg,即为恒重。恒重的坩埚放在干燥器中备用。

2.6.2 沉淀的包裹

用玻璃棒从滤纸的三层处,小心将滤纸与漏斗拨开,将滤纸和沉淀取出。若是晶形沉淀,体积一般较小,可按图 2-16(a) 的方法包裹沉淀。沉淀包好后,放入已恒重的坩埚中,滤纸层数较多的一面朝上。若是无定形沉淀,由于沉淀较多,将滤纸的边缘向内折,把圆锥体敞口封上,如图 2-16(b) 所示。再用玻璃棒轻轻转动滤纸包,以便擦净漏斗内壁可能沾有的沉淀。然后将滤纸包用手转移到已恒重的坩埚内,且滤纸层数较多的面向上。

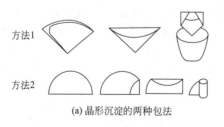

图 2-16 沉淀的包裹

2.6.3 沉淀的干燥与灼烧

沉淀的干燥与灼烧一般在煤气灯或电炉中进行。在煤气灯上进行时，先将装有沉淀的坩埚放在泥三角上，坩埚底部枕在泥三角的一边，坩埚口朝泥三角的顶角，如图 2-17 所示。将坩埚盖盖在坩埚上，如图 2-18 所示。调好煤气灯，使滤纸和沉淀迅速干燥。用反射焰，即用小火加热坩埚盖的中部，如图 2-18(b) 所示。这时热空气流反射到坩埚内部将其烘干。

滤纸和沉淀干燥后，此时滤纸只是被干燥，并没有变黑，将煤气灯逐渐移到坩埚底部，使火焰逐渐加大，炭化滤纸，如图 2-18(a) 所示，炭化时，如果着火，应立即移去火焰，加盖密闭坩埚，不能吹或者搧，以免损失沉淀。继续加热至全部炭化，呈灰白色。应随时用坩埚钳夹住坩埚使其转动，以加快灰化，但不要使坩埚中的沉淀翻动，以免损失沉淀。沉淀的烘干和灰化也可在电炉上进行，但温度不能太高，坩埚直立，坩埚盖不能盖严，其余操作与注意事项相同。

沉淀和滤纸灰化后，将坩埚转移到马弗炉中，根据沉淀性质设置温度，盖上坩埚盖（稍移开一点）。灼烧一定时间，取出坩埚，移到炉口，至红色消退后，再将坩埚从炉口拿出放在洁净的瓷板上。待坩埚稍冷后，用坩埚钳将坩埚移至干燥器中，盖上干燥器的盖子，中间需开启干燥器盖 1~2 次，以防干燥器内空气过热将盖子掀起打破。待冷却至室温（一般 30 min 左右），称量。再次灼烧至恒重。注意每次灼烧、冷却、称量的条件要一致。

恒重是指两次灼烧后，称得的质量差不超过 0.2 mg，一般情况下，质量差值对不同沉淀形式应有不同的要求。坩埚和沉淀进行恒重操作时，每次应注意放置相同的冷却时间、相同的称重时间，尽可能保持各种操作的一致性。

有些沉淀在烘干时就能得到所需组成，不需要灼烧。对热稳定性差的沉淀，也不用在坩埚中灼烧，用微孔玻璃坩埚烘干至恒重即可。微孔玻璃坩埚要放在表面皿上，再放入烘箱中烘干。根据沉淀的性质确定干燥的温度，一般第一次烘干约 2 h，第二次 45~60 min。如此，重复烘干、冷却，称量至恒重。

图 2-17 坩埚在泥三角上的位置

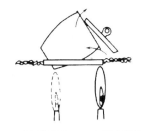

(a) 滤纸的炭化　(b) 沉淀的烘干

图 2-18 滤纸的炭化与沉淀的烘干

2.7 实验室加热与冷却技术

2.7.1 常用的加热器具

（1）酒精灯

酒精灯由灯罩、灯芯和灯体三部分组成，其加热温度一般在 400~500 ℃，其外焰温度最高。酒精灯适用于温度不太高的实验，应用火柴或打火机点燃，不能用已点燃的酒精灯直接点燃其他酒精灯,否则可能因灯内酒精外洒而引起烧伤或火灾。熄灭灯焰时用灯罩盖灭,不能用嘴吹灭,熄灭后,把灯罩提起来通一通气,以防下次使用时打不开灯罩。添加酒精时要先将灯熄灭,然后拿出灯芯,添加酒精,酒精的量不超过酒精灯容积的 2/3 为宜。酒精灯不用时,需将灯罩盖好,以免酒精挥发。

(2) 酒精喷灯

酒精喷灯为实验室加强热用仪器,有座式和挂式两种,如图 2-19,其火焰温度可达 700~1000 ℃左右,常用于玻璃仪器的加工。使用前,在预热盘中注入酒精并点燃,以加热铜质灯管。待盘中酒精即将燃完时,开启开关,这时酒精在灯管内受热汽化,与来自气孔的空气混合,用火柴在管口点燃即可得到高温火焰。调节开关阀门可以控制火焰的大小。用毕,旋紧开关,熄灭灯焰,同时关好酒精储罐开关。注意,在开启开关、点燃管口气体以前,必须充分灼热灯管,否则酒精不能全部汽化,液态酒精由管口喷出,形成"火雨",甚至引起火灾。挂式喷灯如果不使用时,必须将储罐的开关关好,以免酒精漏失,甚至发生事故。

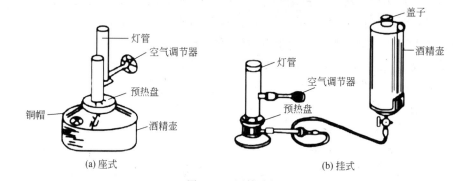

图 2-19 酒精喷灯

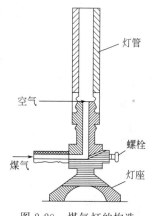

图 2-20 煤气灯的构造

(3) 煤气灯

煤气灯样式较多,但构造原理基本相同,如图 2-20 所示,主要由灯座和金属灯管两部分组成。在灯管上,可以看见灯座的煤气入口和空气入口。使用时,把灯管向下旋以关闭空气入口,再把螺栓向外旋以开放煤气入口。慢慢打开煤气管阀门,点燃灯管口的煤气,然后把灯管向上旋导入空气,使煤气燃烧完全,形成蓝色火焰。若煤气燃烧不完全,火焰为黄色,火焰温度不高,应增大空气进入量。若空气过多,则会产生"侵入"火焰,使火焰缩入管内,煤气在管内空气入口处燃烧,而管口火焰消失或变为一条细长的绿色火焰,同时煤气灯管发出"嘶嘶"的声音,可闻到煤气的臭味,灯管被烧得很热。此时应立即关闭煤气管阀门,待灯管冷却后,关闭空气入口,重新点燃使用。注意:煤气是易燃、有毒的气体,煤气灯用毕,必须随手关闭煤气管阀门,以免产生意外事故。

(4) 电加热器

实验室常用电炉(图 2-21)、电加热套(图 2-22)、管式炉、马弗炉和烘箱(图 2-23)等仪器进行加热。其温度高低可以通过一定装置来控制。在具体使用时应参考相关仪器的使用说明书。

图 2-21 电炉

图 2-22 电加热套

图 2-23 烘箱

2.7.2 加热方法

(1) 液体加热

液体采用什么方式加热,取决于液体的性质和盛放液体的器皿,以及液体量的大小和所需的加热程度。

① 直接加热

直接加热法适用于高温下不分解的固体或纯液体。一般把装有液体的器皿放在石棉网上,用酒精灯、煤气灯、电炉、电加热套等直接加热。试管中的液体一般应直接放在火焰上加热,如图 2-24。应注意的是,一般用试管夹夹在试管长度的 3/4 处,加热时,管口向上,略微倾斜,管口不得对着他人或自己,以防液体暴沸冲出,发生意外。加热时,应使试管受热均匀,先由液体的中上部开始,慢慢下移,然后不时上下移动,不要集中加热某一部位,避免引起暴沸。试管中液体不能超过试管容积的 1/3。

② 间接加热

一些受热易分解以及需要比较严格控制加热温度的液体可选择间接加热。实验室常用的间接加热方式有水浴、蒸汽浴、油浴、砂浴、微波辐射等。水浴或蒸汽浴的温度不超过 100 ℃,加热器皿可用铜质或铝质锅,也可用烧杯。用油代替水浴中的水即为油浴,常用的油浴介质有石蜡油、硅油、甘油等。砂浴是一个铺有细沙的铁盘。油浴和砂浴的温度都高于 100 ℃。微波加热技术应用于化学实验室中样品的加热,消

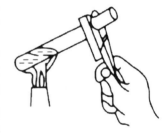
图 2-24 加热试管

解,有效成分的提取,无机、有机物的反应等,可大大加快进程。微波加热用于干燥从水溶液中析出的固体物质时也非常方便快捷。

(2) 固体加热

① 试管中加热

加热少量固体时,可用试管直接加热,注意管口要略向下倾斜,以免反应产生的水或固体表面湿存水预热变成蒸汽,到管口又凝成水珠,水滴回流至管底,使试管炸裂。

② 蒸发皿中加热

当加热较多的固体时,可将固体放在蒸发皿中加热,加热时应充分搅动,使得固体受热均匀。

③ 坩埚中灼烧

当固体需要高温加热时,可将固体放在坩埚中灼烧。先用小火烘烤坩埚,使其受热均匀,然后再加大火焰灼烧(使用方法可参考 2.6 中沉淀的干燥与灼烧)。

2.7.3 冷却技术

放热反应产生的热量，常使反应温度迅速提高，如控制不当往往会引起反应物的挥发，还可能引起副反应，甚至爆炸。有些反应，其中间体不稳定，必须在低温下进行，如重氮化反应。有时为了降低物质的溶解度，反应也需要在低于室温的条件下进行，如重结晶等。在这些情况下，常需要冷却。

常用的冷却技术有自然冷却、用吹风冷却或用流水冷却，除此之外，还可以将盛有反应物的容器浸入冷水中。当需要在室温以下的温度中进行时，常用的冷却剂是冰或冰与水的混合物，后者的冷却效果比单用冰好。

若需要将反应混合物的温度冷却到 0 ℃ 以下，可用碎冰和无机盐的混合物作冷却剂。用盐作冷却剂时，应将盐研细，然后和碎冰按一定的比例混合，以达到最低温度。表 2-4 列出了常用冷却剂及其达到的最低温度。除此之外，干冰与二氯乙烯、干冰与乙醇、干冰与丙酮的混合物最低温度分别可达 −60 ℃、−72 ℃、−78 ℃，液态 N_2 的温度可达 −190 ℃。

表 2-4　常用冷却剂及其达到的最低温度

盐类	100 份碎冰中盐的质量分数	t/℃
NH_4Cl	35	−15
$NaNO_3$	50	−18
NaCl	33	−21
$CaCl_2 \cdot 6H_2O$	100	−20
	125	−40
	150	−49
	41	−9

为了保持冷却剂的效力，常把干冰或它的溶液及液氨盛放在保温瓶（杜瓦瓶）或其他绝热比较好的容器中，上口用铝箔覆盖，降低其挥发的速度。

应当注意的是，温度若低于 −39 ℃ 时，则不能使用水银温度计。因为低于此温度时，水银会凝固。对于较低的温度，常常使用内装有机液体的低温温度计，如甲苯可达 −90 ℃，正戊烷可达 −130 ℃。向液体内加入少许颜料以便于读数，但由于有机液体传热差和黏度大，这种温度计达到平衡的时间较长。

2.8　液体体积的量度及溶液的配制

2.8.1　液体体积的量度

（1）量筒与量杯

量筒和量杯都是外壁有容积刻度的准确度不高的一种量器。量筒主要用玻璃，少数（特别是大型的）用透明塑料制造，是量度液体体积的仪器。量筒分为量出式和量入式两种，量出式在基础化学实验中普遍使用。量入式有磨口塞子，其用途和用法与容量瓶相似，其精度介于容量瓶和量出式量筒之间，在实验中用得不多。量杯为圆锥形，其精度不及筒形量筒。量筒和量杯都不能用作精密测量液体的体积，只能用于测量液体的大致体积。

市售量筒常用的有 10 mL、25 mL、50 mL、100 mL、250 mL、500 mL、1000 mL 等，可根据需要来选用。量取液体时，视线需要与液体的凹液面的最低处相平，读取弯月面底部的刻度。

量筒（杯）不能加热，不能放入高温液体，不能用来配制溶液，也不能用来作反应容器。玻璃量筒易倾倒而损坏，用时应放在桌面当中，用后放在平稳之处。

（2）移液管和吸量管

移液管和吸量管的使用

移液管和吸量管是一种量出式玻璃仪器，用来准确移取一定量溶液的量器。移液管只用来测量它所放出溶液的体积，它是一根两端细小中间膨大的细长玻璃管，膨大部分标有它的容积和标定时的温度，其下端为尖嘴状，上端管颈处刻有一环形标线。吸量管是一种直线形的带分刻度的移液管，管上标有最大容量。常用的移液管和吸量管有 5 mL、10 mL、25 mL、50 mL 等规格。移液管和吸量管所移取的体积通常可准确到 0.1 mL。移液管（吸量管）读数时，保留到 0.01 mL。

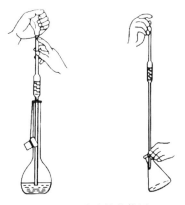

使用时，根据所移溶液的体积和要求选择合适规格的移液管，在滴定分析中准确移取溶液一般使用移液管，反应需控制试液加入量时一般使用吸量管。其使用方法如下。

① 检查仪器

使用前应先检查移液管的管口和尖嘴有无破损，若有破损则不能使用。

② 洗涤

先用自来水淋洗后，用铬酸洗涤液浸泡，操作方法如下：用右手拿移液管或吸量管上端合适位置，食指靠近管上口，中指和无名指张开握住移液管外侧，拇指在中指和无名指中间位置握在移液管内侧，小指自然放松；左手拿

图 2-25　移液管的使用

洗耳球，持握拳式，将洗耳球握在掌中，尖口向下，握紧洗耳球，排出球内空气，将洗耳球尖口插入在移液管（吸量管）上口，注意不能漏气。慢慢松开左手手指，将洗涤液慢慢吸入管内，直至刻度线以上 3~4 cm，移开洗耳球，迅速用右手食指堵住移液管（吸量管）上口，等待片刻后，将洗涤液放回原瓶。并用自来水冲洗移液管（吸量管）内、外壁至不挂水珠，再用蒸馏水洗涤 3 次，擦干水备用。

③ 移取溶液

用滤纸将清洗过的移液管尖端内外的水分吸干。摇匀待吸溶液，并插入待吸溶液中，当吸至移液管容量的 1/3 时，立即用右手食指按住管口，取出，横持并转动移液管，使溶液流遍全管内壁，将溶液从下端尖口处排入废液杯内。如此操作，润洗 3 次后即可吸取溶液。将用待吸液润洗过的移液管插入待吸液面下 1~2 cm 处，用洗耳球按上述操作方法吸取溶液（注意移液管插入溶液不能太深，并要边吸边往下插入，始终保持此深度），如图 2-25。当管内液面上升至标线以上 3~4 cm 处时，迅速用右手食指堵住管口（此时若溶液下落至标准线以下，应重新吸取），将移液管提出液面，并使管尖端接触待吸液容器内壁片刻后提起（在移动移液管或吸量管时，应将移液管或吸量管保持垂直，不能倾斜）。

④ 调节液面

左手另取一干净小烧杯，将移液管管尖紧靠小烧杯内壁，小烧杯保持倾斜，使移液管保持垂直，刻度线和视线保持水平（左手不能接触移液管）。稍稍松开食指（可微微转动移液

管或吸量管），使管内溶液慢慢从下口流出，液面降低至刻度线时，按紧右手食指，停顿片刻，再按上法将溶液的弯月面底线放至与标线上缘相切为止，立即用食指压紧管口。将尖口处紧靠烧杯内壁，向烧杯口移动少许，去掉尖口处的液滴。将移液管或吸量管小心移至承接溶液的容器中。

⑤ 放出溶液

将移液管或吸量管直立，接收器倾斜（30°～45°），管下端紧靠接收器内壁，如图 2-25，放开食指，让溶液沿接收器内壁流下，管内溶液流完后，保持放液状态停留 15 s 左右，移走移液管（残留在管尖内壁处的少量溶液，不可用外力强使其流出，因校准移液管或吸量管时，已考虑了尖端内壁处保留溶液的体积。除非在管身上标有"吹"字的，可用洗耳球吹出）。

⑥ 清洗仪器

洗净移液管，放置在移液管架上。

⑦ 注意事项

移液管（吸量管）不应在烘箱中烘干；移液管（吸量管）不能移取太热或太冷的溶液；同一实验中应尽可能使用同一支移液管；移液管使用完毕，应立即用自来水及蒸馏水冲洗干净，置于移液管架上；移液管和容量瓶常配合使用，因此在使用前常作两者的相对体积校准；在使用吸量管时，为了减少测量误差，每次都应从最上面刻度（0 刻度）处为起始点，往下放出所需体积的溶液，而不是需要多少体积就吸取多少体积。

（3）移液器

图 2-26 移液器

移液器又称移液枪，是一种用于定量转移液体的器具（见图 2-26）。在进行分析测试方面的研究时，一般采用移液器移取少量或微量的液体。移液器根据原理可分为气体活塞式移液器和外置活塞式移液器。气体活塞式移液器主要用于标准移液，外置活塞式移液器主要用于处理易挥发、易腐蚀及黏稠等特殊液体。移液器的正确使用方法及其一些细节操作，是很多人都会忽略的。在移液器的量程调节时，如果要从大体积调为小体积，则按照正常的调节方法，逆时针旋转旋钮即可；但如果要从小体积调为大体积，则可先顺时针旋转刻度旋钮至超过设定体积刻度，再回调至设定体积，这样可以保证量取的最高精确度。在该过程中，千万不要将按钮旋出量程，否则会卡住内部机械装置而使移液枪损坏。

移液之前，要保证移液器、枪头和液体处于相同温度。吸取液体时，移液器保持竖直状态，将枪头插入液面下 2～3 mm。在吸液之前，可以先吸放几次液体以润湿吸液嘴（尤其是吸取黏稠或密度与水不同的液体时）。这时可以采取两种移液方法：一是前进移液法，用大拇指将按钮按下至第一停点，然后慢慢松开按钮回原点，接着将按钮按至第一停点排出液体，稍停片刻继续按按钮至第二停点吹出残余的液体，最后松开按钮。二是反向移液法，此法一般用于转移高黏液体、生物活性液体、易起泡液体或极微量的液体，其原理就是先吸入多于设定体积的液体，转移液体的时候不用吹出残余的液体。先按下按钮至第二停点，慢慢松开按钮至原点。接着将按钮按至第一停点排出设定体积的液体，继续保持按住按钮位于第一停点（千万别再往下按），取下有残留液体的枪头，弃之。使用完毕，可以将其竖直挂在移液枪架上。

滴定管的使用

（4）滴定管

滴定管是滴定分析法所用的主要量器，可分为两种：一种是酸式滴定管，另一种是碱式滴定管。酸式滴定管的下端有玻璃活塞,可装入酸性或氧化性溶液,不能装入碱性溶液,因为碱性溶液可使活塞与活塞套黏合,难以转动。碱式滴定管用来盛放碱性溶液,它的下端连接一橡皮管,橡皮管内放有玻璃珠,以控制溶液流出,橡皮管下端再接有一尖嘴玻璃管。凡是能与橡皮管起反应的溶液,如高锰酸钾溶液、含碘溶液等,都不能装入碱式滴定管中。滴定管的使用方法如下:

① 两检

一是检查滴定管是否破损;二是检查滴定管是否漏水,如是酸式滴定管,还要检查玻璃塞旋转是否灵活。

② 三洗

滴定管在使用前必须洗净。一洗:当没有明显污染时,可以直接用自来水冲洗。如果其内壁沾有油脂性污物,则可用肥皂液、合成洗涤液或碳酸钠溶液润洗,必要时把洗涤液先加热,并浸泡一段时间。所有洗涤剂在洗涤容器后,都要倒回原来盛装的瓶中。铬酸洗液因其具有很强的氧化能力,而对玻璃的腐蚀作用极小,但考虑到六价铬对人体有害,不要多用。无论用肥皂液、洗液等都需要用自来水充分洗涤。二洗:用蒸馏水淌洗 3 次,每次用 10~15 mL 蒸馏水。三洗:用欲装入的溶液最后润洗 3 次,每次用 10~15 mL 溶液,以保证装入的溶液与试剂瓶中的溶液浓度一致。

③ 装溶液

装入溶液之前先将试剂瓶中的溶液摇匀,装液前,先把活塞完全关好。然后左手拿住滴定管,滴定管可以稍微倾斜以便接收溶液,右手拿住试剂瓶往滴定管中倒溶液。小瓶可以手握瓶肚(瓶签向手心)拿起来慢慢倒入,大瓶可以放在桌上,手拿瓶颈使瓶倾斜,让溶液慢慢倾入滴定管中,直到溶液充满零刻度以上为止。注意装液时,一定要用试剂瓶直接装入,绝不能借助于其他仪器(如滴管、漏斗、烧杯等)进行。若标准溶液在容量瓶中,则由容量瓶直接装入。

④ 排气

即排除滴定管下端的气泡。将溶液加入滴定管后,应检查活塞下端或橡皮管内有无气泡。如有气泡,酸式滴定管可以迅速转动活塞,使溶液以最大流量急速流出,以排除空气泡。碱式滴定管先将滴定管倾斜,将橡皮管向上弯曲,并使滴定管嘴向上,然后捏挤玻璃珠上部,让溶液从尖嘴处以线状喷出,使气泡随之排出,见图 2-27。橡皮管内气泡是否排出橡皮管可对光照着检查一下。排除气泡后,调节液面在 0.00 mL 刻度,或在 0.00 mL 刻度以下处(最好不超过 1.00 mL),并记下初读数。

图 2-27 碱式滴定管排气泡

⑤ 滴定管的读数

手拿滴定管上端无溶液处使滴定管自然下垂,并将滴定管下端悬挂的液滴除去后,眼睛与液面在同一水平面上,进行读数,要求读准至小数点后两位。读数方法如下:普通滴定管装无色溶液或浅色溶液时,读取弯月面下缘最低点处;溶液颜色太深,无法观察下缘时,应从液面最上缘读数。读取时,视线和刻度应在同一水平面上,如图 2-28,最好面向光亮处,滴定管的读数是自上而下的,应该读到小数点后第二位(即要求估读到±0.01 mL),在装好溶液或放出溶液后,都必须等待 1~2 min,使溶液完全从器壁上流下后再读数。为了便于读数,可采用读数卡。读数卡是用涂有黑色的长方形(约 3 cm×1.5 cm)的白纸制成的。

读数卡放在滴定管背后,使黑色部分在弯月面下约 1 mm 处,即可看到弯月面的反射层成为黑色,然后读此黑色弯月面下缘的最低点。溶液颜色深而读取最上缘时,就可以用白纸作为读数卡。

⑥ 滴定操作

使用酸式滴定管滴定时左手控制活塞,大拇指在前,食指和中指在后,手指略微弯曲,轻轻向内扣住活塞柄,注意手心不要顶住活塞小端,以免将活塞顶出,造成漏液。右手持锥形瓶,使瓶底向同一方向做圆周运动,如图 2-29 所示。

使用碱式滴定管时,左手拇指在前,食指在后,握住橡皮管中的玻璃珠左边中上部位处,向外侧捏挤橡皮管,使橡皮管和玻璃珠间形成一条缝隙,溶液即可流出,如图 2-29 所示。但注意不能捏挤玻璃珠下方的橡皮管,否则会造成空气进入形成气泡。

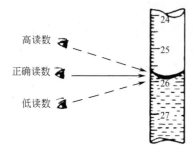

图 2-28 滴定管读数

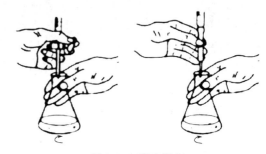

图 2-29 滴定操作

容量瓶的使用

(5) 容量瓶

容量瓶是一种细颈梨形平底玻璃瓶,带有磨口玻璃塞,颈上有标线,表示在所指温度下液体凹液面与容量瓶颈部的标线相切时,溶液体积恰好与瓶上标注的体积相等。容量瓶上标有:温度、容量、刻度线。容量瓶有多种规格,小的有 5 mL、25 mL、50 mL、100 mL,大的有 250 mL、500 mL、1000 mL、2000 mL 等。它主要用于直接法配制标准溶液、准确稀释溶液以及制备样品溶液。

在使用容量瓶之前,要先进行以下两项检查:容量瓶容积与所要求的是否一致;检查瓶塞是否严密,不漏水。

容量瓶查漏操作:加水至标线附近,盖好瓶塞后,左手食指按住塞子,其余手指拿住瓶颈标线以上部分,右手指尖托住瓶底,将瓶倒立 2 min,如不漏水,将瓶直立,转动瓶塞 180°,再倒立 2 min,如不漏可使用(容量瓶的瓶塞和瓶子是配套的,使用过程中,为防止瓶塞沾污或弄混,可用橡皮筋或细绳将瓶塞系在瓶颈上,也可在操作时用一手的食指和中指夹瓶塞的扁头,当操作结束后随手将瓶盖盖上)。

使用容量瓶配制溶液的操作如图 2-30 所示。

① 使用前检查瓶塞处是否漏水。

② 把准确称量好的固体溶质置于小烧杯中,用少量溶剂溶解。然后把溶液沿玻璃棒转移到容量瓶中。转移时,将玻璃棒伸入容量瓶内,使其下端靠在瓶颈内壁,烧杯嘴紧靠玻璃棒,使溶液沿玻璃棒和容量瓶内壁流入。溶液全部转移后,将玻璃棒向上提起,并沿烧杯嘴放回烧杯中。然后用洗瓶中的纯水吹洗玻璃棒和烧杯内壁,将洗涤液也全部转移至容量瓶中。如此重复洗涤多次(不低于 3 次)后,直接稀释至容量瓶容积的 3/4 左右时,将容量瓶

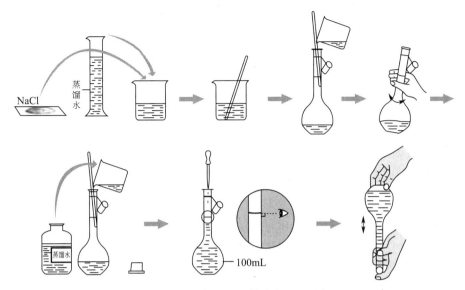

图 2-30 用容量瓶配制溶液过程示意

拿起,按水平方向旋转几圈(不能盖上塞子,也不能倒转),使溶液初步混匀。

③ 把容量瓶平放在桌面上,慢慢加水至标线以下 1~2 cm 左右时,等待 1~2 min,使附在瓶颈的溶液流下。用胶头滴管小心滴加纯水至弯月面(凹液面)下缘与标线正好相切。

④ 盖紧瓶塞,一手捏住瓶颈上端,食指压住瓶塞,一手托住瓶底,将容量瓶倒转,使气泡上升到顶,轻轻振荡,再倒转回来,仍使气泡上升到顶。如此反复约 15 次,将溶液混匀(由于瓶塞附近部分溶液此时可能未完全混匀,为此可将瓶塞打开,使瓶塞附近的溶液流下,重新塞好塞子,再倒转 2~3 次,使溶液全部混匀)。

注意事项:假如固体是经过加热溶解的,则溶液需冷却至室温后才能转移到容量瓶。

容量瓶也可用于稀释溶液,如果要将一种已知准确浓度的浓溶液稀释为另一个准确浓度的稀溶液,则用吸量管吸取一定体积的浓溶液,放入适当容积的容量瓶中,然后按照上述方法稀释至标线摇匀即可。

2.8.2 溶液的配制

配制溶液时,首先根据实验的精度要求,选用不同纯度等级的试剂,再根据配制溶液的浓度与量计算出试剂的用量。若对溶液的浓度准确性要求不高,可用台秤、量筒、烧杯等低准确度的仪器配制。若实验对溶液浓度的准确度要求较高,如定量分析实验中需用的标准溶液,若溶质为基准物质(分子式相同、纯度高、稳定),则应用分析天平、移液管、容量瓶等高准确度的仪器来直接配制。若用来配制标准溶液的相应的试剂不能符合基准物必备的条件,如:NaOH 易吸收空气中的 CO_2 和水分,纯度不高;浓 HCl 易挥发,其准确含量难以确定;$KMnO_4$、$Na_2S_2O_3$ 等不易提纯,且见光易分解,在空气中不稳定等。这些物质的溶液可用间接法配制,即先用台秤、量筒、烧杯等仪器配制接近所需浓度的溶液,再用基准物质(或另一种物质的标准溶液)来测定其准确浓度。这种确定其准确浓度的操作称为标定。

配制饱和溶液时,所需试剂量应稍多于计算量,加热使其溶解,再冷却并结晶析出后再用。

易水解的物质，应先用相应的酸溶液溶解或碱溶液溶解，以抑制其水解。如配制 $CuSO_4$、$FeCl_3$ 溶液时，可先用一定量的 H_2SO_4 或 HCl 溶解。易氧化的盐溶液，不仅需要酸化溶液，还需加入相应的纯金属，使溶液稳定，如 $FeCl_2$、$SnCl_2$ 溶液，需分别加入金属铁和金属锡。配制好的溶液应盛装在试剂瓶或滴瓶中，见光易分解的溶液（如 $KMnO_4$、KI、$AgNO_3$），应存放在棕色瓶中。摇匀后贴上标签，标明溶液的名称、浓度、配制时间。大量使用的溶液，可先配制出比预定浓度约大 10 倍的储备液，用时再稀释。

2.9 气体的发生、净化、干燥和收集

（1）气体的发生

实验室中常用启普发生器来使液体与固体在常温下作用产生气体。启普发生器是一种实验室常用的气体发生装置，是荷兰科学家启普发明，并以他的名字命名。启普发生器是用普通玻璃制成，构造见图 2-31。它由球形漏斗、容器和导气管三部分组成。适用于块状固体与液体在常温下反应制取气体，如氢气、硫化氢等。

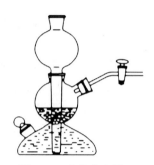

图 2-31　启普发生器

块状固体在反应中很快溶解或变成粉末时，不能用启普发生器。如果生成的气体难溶于反应液时，可以使用。如二氧化碳可溶于水，但难溶于盐酸，故用石灰石与盐酸反应制二氧化碳时可用启普发生器。启普发生器不能用于加热。

① 气密性检查

使用前应先检查装置的气密性。其方法是：开启旋塞，向球形漏斗中加水。当水充满容器下部的半球体时，关闭旋塞。继续加水，使水上升到长颈漏斗中。静置片刻，若水面不下降，则说明装置气密性良好，反之则说明装置漏气。漏气处可能是容器上气体出口处的橡皮塞、导气管上的旋塞或长颈漏斗与容器接触的磨口处。如漏气，应塞紧橡皮塞或在磨口处涂上一薄层凡士林。

② 实验具体操作

固体试剂由容器上的气体出口加入，加固体前应在容器的球体中加入一定量的玻璃棉或放入橡胶垫圈，以防固体掉入半球体中。加固体的量不得超过球体容积的 1/3。液体试剂从长颈漏斗口注入，注液方法与上述注水方法相同。液体的量以反应时刚刚浸没固体，液面不高过导气管的橡胶塞为宜。

使用时，打开导气管上的旋塞，长颈漏斗中的液体进入容器与固体反应，气体的流速可用旋塞调节。停止使用时，关闭旋塞，容器中的气体压力增大，将液体压回长颈漏斗，使液体和固体脱离，反应停止。为保证安全，可在球形漏斗口加安全漏斗，防止气体压力过大时炸裂容器。

③ 特点

符合"随开随用、随关随停"的原则。能节约药品，控制反应的发生和停止，可随时向装置中添加液体药品。

注意事项：

ⅰ. 块状固体与液体的混合物在常温下反应制备气体，可用启普发生器制备，当制取气体的量不多时，也可采用简易装置。

ⅱ. 简易装置中长颈漏斗的下口应伸入液面以下，否则起不到液封作用而无法使用。

ⅲ. 加入块状固体药品的大小要适宜。
ⅳ. 加入液体的量要适当。
ⅴ. 最初使用时应待容器内原有的空气排净后，再收集气体。
ⅵ. 在导管口点燃氢气或其他可燃性气体时，必须先检验纯度。

在实验室中，使用气体钢瓶来储存气体，如氧气、氮气、氢气、二氧化碳等钢瓶。使用时通过减压阀来控制气体的流量。

（2）气体的收集

根据气体在水中的溶解度及气体密度大小不同，收集气体的方法如下。

① 在水中溶解度很小的气体（如氢气、氧气、氮气等），可用排水集气法收集如图 2-32 中（a）、（b）。

② 易溶于水而比空气重的气体（如二氧化碳等），可用图 2-32 中（c）的排气集气法收集。

③ 易溶于水而比空气轻的气体（如氨气等），可用图 2-32 中（d）的排气集气法收集。

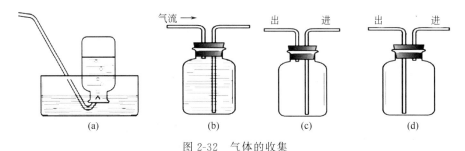

图 2-32 气体的收集

（3）气体的除杂和干燥

① 气体的除杂

气体的除杂一般是指除去水蒸气以外的杂质。关于气体的除杂应掌握以下两点。

除杂原则：不损失主体气体，即被净化的气体不能与除杂试剂发生化学反应；不引入新的杂质气体；在密闭装置内进行；常先除去易除的气体杂质。

选择除杂试剂的依据：利用主体气体和杂质气体性质的差异，如溶解性、酸碱性、氧化性、还原性、可燃性等。液体除杂试剂用洗气瓶，固体除杂试剂用干燥管。

② 常见气体的净化

常见气体的净化见表 2-5。

表 2-5 常见气体的净化

气体	所含杂质	净化剂	净化装置
O_2	Cl_2	氢氧化钠溶液	
H_2	H_2S	硫酸铜溶液	
CO_2	HCl	饱和碳酸氢钠溶液	
CO_2	SO_2	饱和碳酸氢钠溶液	
Cl_2	HCl	饱和食盐水	
SO_2	HCl	饱和亚硫酸氢钠溶液	
CH_4	C_2H_4	溴水	

续表

气体	所含杂质	净化剂	净化装置
CO	CO_2 或者 H_2O	碱石灰(氧化钙)	或
N_2	O_2	灼热的铜网	
CO_2	CO	灼热的氧化铜	

③ 气体的干燥

气体的干燥是指除去气体中所含的水蒸气，实质上也属于除杂范畴（是一种特定的除杂过程）。气体干燥的关键是选择干燥剂，并根据干燥剂的状态选择干燥装置，常用的装置有洗气瓶、干燥管等。

（4）常用气体干燥剂

常用气体干燥剂见表 2-6。

表 2-6 常用气体干燥剂

类型	酸性干燥剂	碱性干燥	中性干燥剂
常用试剂	浓硫酸(具有强氧化性)、P_2O_5	碱石灰(CaO)	无水 $CaCl_2$

2.10 温度的测量与控制

温度是用来描述体系冷热程度的物理量，是一切物质固有的性质，准确地测量一个体系的温度，是科研和生产实践中一项十分重要的技术。

2.10.1 温标

温度的表示法称为温标。确立一种温标要包括选择测量仪器、确定固定点和划分温度值三个方面，常用的温标主要有以下几种。

（1）摄氏温标

摄氏温标是将压力为 101.325 kPa 时水的冰点（水被空气饱和）定为 0 ℃，沸点定为 100 ℃。在两个点之间分为 100 等份，每一等份为 1 ℃。符号为 t，单位为℃。它是非国际单位制。

（2）华氏温标

华氏温标是以 101.325 kPa 下水的冰点为 32 ℉，沸点为 212 ℉ 为两定点，两点之间分为 180 等份来确定的。符号是 t_F，单位为℉，它是非国际单位。华氏温标与摄氏温标的换算关系为：$t_F(℉)=32+1.8t(℃)$。摄氏/华氏温度计如图 2-33 所示。

（3）热力学温标

热力学温标也叫开尔文温标或绝对温标，由开尔文根据卡诺循环提出，是与测温物质本质无关的、理想的、科学的温标。以热力学零度（0 K）为最低温度，规定水的三相点的温度为 273.16 K，1 K 定义为水三相点热力学温度的 1/273.16。符号为 T，单位符号是 K，因而水的三相点即以 273.16 K 表示。热力学温标与摄氏温标的刻度间隔是一样的，摄氏度为表示摄氏温度时代替开的一个专门名称。而水的三相点温度为 0.01 ℃。因此热力学温度 T 与人们惯用的摄氏温度 t 的关系是：$T(K)=273.15+t(℃)$。

（4）国际实用温标

国际实用温标是以一些可复现的平衡态（定义固定点）的温度指定值，以及在这些固定点上分度的标准内插仪器作为基础的。固定点之间的温度，由内插公式确定。定义固定点是一些纯物质的相平衡态。原则上任何物质随温度发生连续而单调变化的属性，都可以作为测温性质而用来测量温度。但实验证明，取不同物质的不同物理属性作为温度性质所定的温标是不完全一致的，因而它们的温度性质随温度的变化并非严格线性。国际实用温标于 1927 年开始采用后，规定一些基本定点和参考点，定点之间的温度可用内插法求得（如水的三相点温度为 273.16 K，水的沸点为 373.16 K）。

图 2-33　摄氏/华氏温度计

2.10.2　温度的测量

使用测温仪表对物体的温度进行定量的测量。测量温度时，总是选择一种在一定温度范围内随温度变化的物理量作为温度的标志，根据所依据的物理定律，由该物理量的数值显示被测物体的温度。目前，温度测量的方法已达数十种之多。根据温度测量所依据的物理定律和所选择作为温度标志的物理量，测量方法可以归纳成下列几类。

（1）膨胀测温法

膨胀测温法采用几何量（体积、长度）作为温度的标志。最常见的是利用液体的体积变化来指示温度的玻璃液体温度计。还有双金属温度计和定压气体温度计等。

玻璃液体温度计由温泡、玻璃毛细管和刻度标尺等组成。从结构上可分三种：棒式温度计的标尺直接刻在厚壁毛细管上；内标式温度计的标尺封在玻璃套管中；外标式温度计的标尺则固定在玻璃毛细管之外。温泡和毛细管中装有某种液体。最常用的液体为汞、酒精和甲苯等。温度变化时毛细管内液面直接指示出温度。

精密温度计几乎都采用汞作测温媒质。玻璃汞温度计的测量范围为 −30～600 ℃；用汞铊合金代替汞，测温下限可延伸到 −60 ℃；某些有机液体的测温下限可低达 −150 ℃。这类温度计的主要缺点是：测温范围较小；玻璃有热滞现象（玻璃膨胀后不易恢复原状）；露出液柱要进行温度修正等。

双金属温度计把两种线胀系数不同的金属组合在一起，一端固定，当温度变化时，因两种金属的伸长率不同，另一端产生位移，带动指针偏转以指示温度。工业用双金属温度计由测温杆（包括感温元件和保护管）和表盘（包括指针、刻度盘和玻璃护面）组成。测温范围为 −80～600 ℃。它适用于工业上精度要求不高时的温度测量。

定压气体温度计对一定质量的气体保持其压强不变，采用体积作为温度的标志。它只用于测量热力学温度（见热力学温标），很少用于实际的温度测量。

（2）压力测温法

压力测温法采用压强作为温度的标志。属于这一类的温度计有工业用压力表式温度计、定容式气体温度计和低温下的蒸气压温度计三种。

压力表式温度计的密闭系统由温泡、连接毛细管和压力计弹簧组成,在密闭系统中充有某种媒质。当温泡受热时,其中所加的压力由毛细管传到压力计弹簧。弹簧的弹性形变使指针偏转以指示温度。温泡中的工作媒质有三种:气体、蒸气和液体。气体媒质温度计如用氮气作媒质,最高可测到 500~550 ℃;用氢气作媒质,最低可测到 -120 ℃。蒸气媒质温度计常用某些低沸点的液体如氯乙烷、氯甲烷、乙醚作媒质。温泡的一部分容积中放这种液体,其余部分中充满它们的饱和蒸气。液体媒质一般用水银。这类温度计适用于工业上测量精度要求不高的温度测量。

定容气体温度计保持一定质量某种气体的体积不变,用其压强变化来指示温度。这种温度计通常由温泡、连接毛细管、隔离室和精密压力计等组成。它是测量热力学温度的主要手段。1968 年国际实用温标的大多数定义固定点的指定值都是根据这种温度计的测定结果来确定的。它在温标的建立和研究中起着重要的作用,而很少用于一般测量。

蒸气压温度计用于低温测量。它是根据化学纯物质的饱和蒸气压与温度有确定关系的原理来测定温度的一种温度计。它由温泡、连接毛细管和精密气压计等组成,工作媒质有氧、氮、氖、氢和氦。充氧的温度计使用范围为 54.361~94 K,氮为 63~84 K,氖为 24.6~40 K,氢为 13.81~30 K,氦为 0.2~5.2 K。蒸气压温度计的测温精度高,装置较为复杂,但比气体温度计简单,在测温学实验中常用作标准温度计。

(3) 电学测温法

电学测温法采用某些随温度变化的电学量作为温度的标志,属于这一类的温度计主要有热电偶温度计、电阻温度计和半导体热敏电阻温度计。

热电偶温度计是一种在工业上使用极广泛的测温仪器。热电偶由两种不同材料的金属丝组成。两种丝材的一端焊接在一起,形成工作端,置于被测温度处;另一端称为自由端,与测量仪表相连,形成一个封闭回路。当工作端与自由端的温度不同时,回路中就会出现热电动势。当自由端温度固定时(如 0 ℃),热电偶产生的电动势就由工作端的温度决定。热电偶的种类有数十种之多。有的热电偶能测高达 3000 ℃ 的高温,有的热电偶能测量接近热力学零度的低温。

电阻温度计根据导体电阻随温度的变化规律来测量温度。最常用的电阻温度计都采用金属丝绕制成的感温元件。主要有铂电阻温度计和铜电阻温度计。低温下还使用铑铁、碳和锗电阻温度计。

精密铂电阻温度计目前是测量准确度最高的温度计,最高准确度可达万分之一摄氏度。在 -273.34~630.74 ℃ 范围内,它是复现国际实用温标的基准温度计。中国还广泛使用一等和二等标准铂电阻温度计来传递温标,用它作标准来检定水银温度计和其他类型温度计。

半导体热敏电阻温度计利用半导体器件的电阻随温度变化的规律来测定温度,其灵敏度很高。主要用于低精度测量。

(4) 磁学测温法

磁学测温法根据顺磁物质的磁化率与温度的关系(见顺磁性)来测量温度。磁温度计主要用于低温范围,在超低温(小于 1 K)测量中,是一种重要的测温手段。

(5) 声学测温法

声学测温法采用声速作为温度标志,根据理想气体中声速的二次方与开尔文温度成正比的原理来测量温度。通常用声干涉仪来测量声速,这种仪表称为声学温度计。主要用于低温下热力学温度的测定。

(6) 频率测温法

频率测温法采用频率作为温度标志,根据某些物体的固有频率随温度变化的原理来测量温度,这种温度计叫频率温度计。在各种物理量的测量中,频率(时间)的测量准确度最高(相对误差可小到 1×10^{-3})。近些年来频率温度计受到人们的重视,发展很快。石英晶体温度计的分辨率可小到万分之一摄氏度或更小,还可以数字化,故得到广泛使用。此外,核磁四极共振温度计也是以频率作为温度标志的温度计。

2.10.3 温度的控制

温度控制是以温度作为被控变量的开环或闭环控制系统。其控制方法诸如温度闭环控制,具有流量前馈的温度闭环控制,温度为主参数、流量为副参数的串级控制等,它以控制温度场中温度分布为目标。

2.11 密度的测量方法

物质密度指单位体积的质量,是物质的特性之一。根据物质密度的特性,可用于鉴别组成物体的材料,判别物体中所含各种物质的成分,计算很难称量的物体质量、形状比较复杂物体的体积、液体内部压强和浮力、判定物体内部是实心还是空心等。密度的测量常用以下几种方法。

(1) 天平量筒法——常规法

实验原理:$\rho=\dfrac{m}{V}$。

实验器材:天平(含砝码)、量筒、烧杯、滴管、线、水、石块。

实验步骤:

① 调节好天平,测出石块的质量 m;

② 在量筒中倒入适量的水,测出水的体积 V_1;

③ 将石块用细线拴好,放在盛有水的量筒中,(排水法)测出总体积 V_2。

实验结果:$\rho=\dfrac{m}{V}=\dfrac{m}{V_2-V_1}$。

(2) 等体积法

实验器材:天平(含砝码)、刻度尺、烧杯、适量的水、足量的牛奶、细线。

实验步骤:

① 用调节好的天平,测出空烧杯的质量 m_0;

② 将适量的水倒入烧杯中,用天平测出烧杯和水的总质量 m_1,用刻度尺量出水面达到的高度 h(或用细线标出水面的位置);

③ 将水倒出,在烧杯中倒入牛奶,使其液面达到 h 处(或达到细线标出的位置),用天平测出烧杯和牛奶的总质量 m_2。

实验结果:

因为水和牛奶的体积相等,$V_{牛}=V_{水}$,所以 $m_{牛}/\rho_{牛}=m_{水}/\rho_{水}$,则

$$\rho_{牛}=\dfrac{m_{牛}}{m_{水}}\rho_{水}=\dfrac{m_2-m_0}{m_1-m_0}\rho_{水}$$

(3) 等质量法

实验器材：天平、刻度尺、两个相同的烧杯、适量的水、足量的牛奶、滴管。

实验步骤：

① 调节天平，将两个相同的烧杯分别放在天平的左右盘上；

② 将适量的水和牛奶分别倒入两个烧杯中，直至天平再次平衡为止；

③ 用刻度尺分别测量出烧杯中水面达到的高度 $h_水$ 和牛奶液面达到的高度 $h_牛$。

实验结果：因为水和牛奶的质量相等，则有 $m_水 = m_牛$

$$\rho_牛 = \frac{h_水}{h_牛} \rho_水$$

(4) 利用浮力测密度

① 浮力法——天平

实验器材：天平、金属块、水、细绳。

实验步骤：

ⅰ. 往烧杯装满水，放在天平上称出质量为 m_1；

ⅱ. 将金属块轻轻放入水中，溢出部分水，再将烧杯放在天平上称出质量为 m_2；

ⅲ. 将金属块取出，把烧杯放在天平上称出烧杯和剩下水的质量 m_3。

实验结果：$\rho = \dfrac{m_2 - m_3}{m_1 - m_3} \rho_水$

② 浮力法——量筒

实验器材：木块、水、细针、量筒。

实验步骤：

ⅰ. 往量筒中注入适量水，读出体积为 V_1；

ⅱ. 将木块放入水中，漂浮，静止后读出体积 V_2；

ⅲ. 用细针插入木块，将木块完全浸入水中，读出体积为 V_3。

实验结果：$\rho = \dfrac{V_2 - V_1}{V_3 - V_1} \rho_水$

③ 等浮力法

实验器材：刻度尺、粗细均匀的细木棒、一段金属丝、烧杯、水、牛奶。

实验步骤：

ⅰ. 将一段金属丝绕在木棒的一端，制成"密度计"，用刻度尺测出其长度 L；

ⅱ. 将"密度计"放入盛有水的烧杯中，使其漂浮在水中，用刻度尺测出"密度计"露出水面的高度 $h_水$；

ⅲ. 将"密度计"放入盛有牛奶的烧杯中，使其漂浮在牛奶中，用刻度尺测出"密度计"露出牛奶液面的高度 $h_牛$。

实验结论：因为"密度计"在水中和在牛奶中，均处于漂浮状态。因此"密度计"在水中和在牛奶中受到的浮力都等于"密度计"的重力。"密度计"的重力不变，所以两次浮力相等。即 $F_牛 = F_水$，根据阿基米德原理可以推导出牛奶的密度：

$$\rho_牛 = \frac{L - h_水}{L - h_牛} \rho_水$$

(5) 利用压强测密度

① 等压强法

实验器材：刻度尺、两端开口的直玻璃管（一端扎有橡皮膜）、烧杯（无刻度）、适量的水、足量的牛奶、细线。

实验步骤：

ⅰ.烧杯中倒入适量的水；

ⅱ.将适量的牛奶倒入直玻璃管中，让扎有橡皮膜的一端放在水平桌面上，如图 2-34 中 (a)，用刻度尺测出牛奶的高度 $h_{牛}$；

ⅲ.将直玻璃管缓缓放入装有水的烧杯中，观察橡皮膜的凹陷程度，直到橡皮膜呈水平状态时为止。用刻度尺测出橡皮膜到水面的高度 $h_{水}$，如图 2-34(b)。

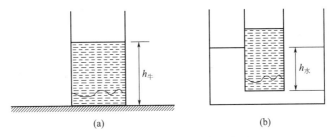

图 2-34　等压强法测密度示意图

实验结果：当橡皮膜呈水平状态时，牛奶对橡皮膜向下的压强等于水对橡皮膜向上的压强。即 $p_{牛}=p_{水}$，有 $\rho_{牛}gh_{牛}=\rho_{水}gh_{水}$。

牛奶的密度：$\rho_{牛}=\dfrac{h_{水}}{h_{牛}}\rho_{水}$

② U 形管法

实验器材：U 形管、水、待测液体、刻度尺。

实验步骤：

ⅰ.将适量水倒入 U 形管中；

ⅱ.将待测液体从 U 形管的一个管口沿管壁缓慢注入；

ⅲ.用刻度尺测出管中水的高度 $h_{水}$ 和待测液体的高度 $h_{液}$，如图 2-35。

计算表达：$\rho_{液}=\dfrac{h_{水}}{h_{液}}\rho_{水}$

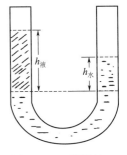

图 2-35　U 形管法测密度示意图

注意，用此种方法的条件是：待测液体不溶于水，待测液体的密度小于水的密度。

2.12　试纸与滤纸

2.12.1　化学试纸的种类以及使用方法

试纸是指用化学药品浸渍过的、可通过其颜色变化检验液体或气体中某些物质存在的一类纸。

(1) 试纸的种类及性能

化学实验常用的有红色石蕊试纸、蓝色石蕊试纸、pH 试纸、淀粉-碘化钾试纸和醋酸铅试纸等。

① 石蕊（红色、蓝色）试纸

用来定性查验气体或溶液的酸碱性。pH<5 的溶液或酸性气体能使蓝色石蕊试纸变红色；pH>8 的溶液或碱性气体能使红色石蕊试纸变蓝色。

② pH 试纸

用来粗略测量溶液 pH 大小（或酸碱性强弱）。pH 试纸碰到酸碱性强弱不同的溶液时，显示出不一样的颜色，可与标准比色卡比较确立溶液的 pH 值。

巧记颜色：赤（pH=1 或 2）、橙（pH=3 或 4）、黄（pH=5 或 6）、绿（pH=7 或 8）、青（pH=9 或 10）、蓝（pH=11 或 12）、紫（pH=13 或 14）。

③ 淀粉-碘化钾试纸

用来定性地查验氧化性物质的存在。遇较强的氧化剂时，被氧化成碘，碘与淀粉作用而使试纸显示蓝色。能氧化碘化钾的常见氧化性气体有：氯气、氟气、溴蒸气、二氧化氮等。

④ 醋酸铅试纸

用来定性地查验硫化氢气体和含硫离子的溶液。遇气体或溶液时因生成黑色的 PbS 而使试纸变黑色。

⑤ 品红试纸

用来定性查验某些漂白性物质的存在，有漂白性物质时会褪色（变白）。

⑥ 酚酞试纸

湿润的酚酞试纸遇氨气变红，因此酚酞试纸的主要作用是检测氨气的存在。

(2) 试纸的使用方法（通用方法）

① 查验溶液的性质

取一小块试纸在表面皿或玻璃片上，用蘸有待测液的玻璃棒或胶头滴管点于试纸的中部，察看颜色的变化，判断溶液的性质。

② 查验气体的性质

先用蒸馏水把试纸湿润，沾在玻璃棒的一端，用玻璃棒把试纸凑近气体，察看颜色的变化，判断气体的性质。

③ 注意事项

ⅰ.试纸不能直接伸入溶液中。

ⅱ.试纸不能接触试管口、瓶口、导管口等。

ⅲ.测定溶液的 pH 时，试纸不能预先用蒸馏水湿润，由于湿润试纸相当于稀释被查验的溶液，这会致使测量不准确。

ⅳ.拿出试纸后，应将盛放试纸的容器盖严，以免被实验室的一些气体沾污。

2.12.2 化学滤纸的种类以及使用方法

滤纸由棉质纤维组成，按不同的用途而使用不同的方法制作。由于其材质是纤维制成品，因此它的表面有无数小孔可供液体粒子通过，而体积较大的固体粒子则不能通过。这种性质容许混合在一起的液态及固态物质分离。

（1）定量分析滤纸

定量分析滤纸在制造过程中，纸浆经过盐酸和氢氟酸处理，并经过蒸馏水洗涤，将纸纤维中大部分杂质除去，所以灼烧后残留灰分很少，对分析结果几乎不产生影响，适于作精密定量分析。目前国内生产的定量分析滤纸，分快速、中速和慢速三类，在滤纸盒上分别用白带（快速）、蓝带（中速）和红带（慢速）为标志分类。滤纸的外形有圆形和方形两种，圆形定量滤纸的规格按直径分有 $d9$ cm、$d11$ cm、$d12.5$ cm、$d15$ cm 和 $d18$ cm 数种。方形定量滤纸的有 60 cm×60 cm 和 30 cm×30 cm 等。

（2）定性分析滤纸

定性分析滤纸一般残留灰分较多，仅供一般的定性分析和用于过滤沉淀用，不能用于重量分析。定性分析滤纸的类型、规格与定量分析滤纸基本相同，表示快速、中速和慢速滤纸类型是在包装盒上印有快速、中速和慢速字样。

（3）色谱定性分析滤纸

色谱定性分析滤纸主要是在纸色谱分析法中用作载体，进行待测物的定性分离。色谱定性分析滤纸有 1 号和 3 号两种，每种又分为快速、中速和慢速三种。

（4）定量滤纸和定性滤纸用途的区别

① 定性滤纸用于定性化学分析和相应的过滤分离，定量滤纸用于定量化学分析中重量法分析试验和相应的分析试验。

② 定量滤纸主要用于过滤后需要灰化称量的分析实验，其每张滤纸灰化后的灰分质量是个定值。定性滤纸则用于一般过滤。

③ 定量滤纸和定性滤纸灰化后产生灰分的量不同，定性滤纸不超过 0.13%，定量滤纸不超过 0.0009%。无灰滤纸是一种定量滤纸，其灰分小于 0.1 mg，这个质量在分析天平上可忽略不计。

参考资料

[1] 张天星.略谈化学实验中玻璃仪器的洗涤 [J].中国教育发展研究杂志, 2010（4）：189-190.
[2] 刘征宙, 顾小焱.化学试剂分类简述 [J].化学试剂, 2015, 37（10），957-960.
[3] 乔如林.浓缩液蒸发结晶实验研究 [J].甘肃科技, 2015（13）：31-32.
[4] 姜绍南.配制亚铁离子溶液的思考 [J].化学教与学, 2021（20）：93.
[5] 吴立敏, 薛民杰.气体体积置换法骨架密度测量的影响因素 [J].中国粉体技术, 2021（5）：70-76.

第3章 常用仪器及使用方法

3.1 电子分析天平

3.1.1 电子分析天平简介

电子分析天平是目前最新一代的天平,有下皿式和上皿式两种,目前使用较广泛的是上皿式电子天平。它是根据电磁力补偿工作原理,使物体在重力场中实现力矩的平衡或通过电磁力矩的调节,使物体在重力场中实现力矩的平衡,整个称量过程均由微处理器进行计算和调控。当秤盘上加载后,即接通了补偿线圈的电流,计算器就开始计算冲击脉冲,达到平衡后,显示屏上即自动显示出载荷的质量值。电子天平的特点是:通过操作者触摸按键可自动调零、自动校准、扣除皮重、数字显示、输出打印等功能,同时其质量轻、体积小、操作十分简便,称量速度也很快。

市面上电子分析天平型号繁多,主要区别在外观和面板上,功能和使用方法则大同小异,大多数电子分析天平的面板上仅设有几个键供称量时使用,若要进行其他设置,则需进入菜单后再操作。

这里主要介绍 FA1204b 型电子分析天平,其外形如图 3-1 所示。

图 3-1 FA1204b 型电子分析天平

3.1.2 仪器操作步骤

① 检查 称量前要检查天平是否处于正常状态,如是否水平、箱内是否清洁等。

② 调水平 水平调整地脚螺栓,使水平仪内空气泡位于圆环中央。

③ 开机 先接通电源,按下 [ON/OFF] 键,直至全屏自检。

④ 预热 天平在初次接通电源或长时间断电再开机时,至少需要 30 min 的预热时间,否则天平不能达到所需的工作温度。因此,在通常情况下,实验室电子天平不要经常切断电源。

⑤ 校准 首次使用天平必须进行校准(参考仪器说明书),按校准键 [CAL],天平将

显示所需校正砝码的质量（如 100 g），放上 100 g 标准砝码直至出现 100.0 g，校正结束，取下标准砝码。

⑥ 零点显示　零点显示（0.0000 g）稳定后即可进行称量。

⑦ 称量　天平不载重时的平衡点为零点，观察液晶屏上的读数是否为 0.0000 g，如不是，即按下除皮键［TARE］，除皮清零。打开天平侧门，把试样放在秤盘中央，关闭天平侧门即可读数。

⑧ 关机　称量完毕，记下数据后将重物取出，按下［ON/OFF］键，断开电源。若天平在短期内还要使用，应将开关键关至待机状态，使天平保持保温状态，可延长天平使用寿命。

3.1.3　注意事项

① 称量前检查天平是否水平，框罩内外是否清洁。
② 清洁天平内部时，必须在天平处于关机状态下进行，以免损坏天平。
③ 开关天平两边侧门时，动作要轻、缓（不发出碰击响声）。
④ 不得超载称量。
⑤ 称量物的温度必须与天平温度相同，有腐蚀性或者吸湿的物质需放在密闭容器中称量。
⑥ 读数时需关好侧门。
⑦ 称量完毕，天平复位后，应该清洁框罩内外，盖上天平罩，并作使用记录。长时间不使用时，应切断天平电源。

3.2　酸度计

3.2.1　酸度计简介

酸度计的型号很多，这里介绍 pHS-3C 型酸度计。该酸度计是精密数字显示酸度计，它采用了 3 位半十进制 LED 数字显示，可用于测定水溶液的 pH 值和电位（mV）值。此外，还可配上离子选择性电极，测出该电极的电极电位。

pHS-3C 型酸度计是以玻璃电极为指示电极，饱和甘汞电极为参比电极，与被测溶液组成原电池：Ag｜AgCl｜内缓冲溶液｜内水化层｜玻璃膜｜外水化层｜被测溶液｜饱和甘汞电极，其电池电动势的表达式为

$$E = K + \frac{2.303RT}{F}\text{pH}$$

式中，K 为常数。当被测溶液 pH 值发生变化时，电池电动势 E 也将随之变化。在一定温度范围内，E 与 pH 呈线性关系。为了方便操作，现在酸度计上使用的主要是将以上两种电极组合而成的复合电极。

pHS-3C 型酸度计的外形及后面板如图 3-2 和图 3-3 所示。

图 3-2　pHS-3C 型酸度计外形

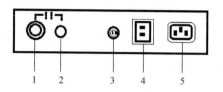

图 3-3　pHS-3C 型酸度计仪器后面板
1—测量电极插座；2—参比电极接口；
3—保险丝；4—电源开关；5—电源插座

3.2.2　仪器操作步骤

（1）开机前的准备

① 将多功能电极架插入多功能电极架插座中，并将 pH 复合电极安装在电极架上。

② 将 pH 复合电极下端的电极保护套拔下，并且拉下电极上端的橡皮套使其露出上端小孔。

③ 用蒸馏水清洗电极，用滤纸吸干电极表面的水。

（2）标定

仪器使用前首先要标定，一般情况下，仪器在连续使用时，每天要标定一次。

① 在测量电极插座处拔掉 Q9 短路插头，并插入 pH 复合电极。

② 如不用复合电极，则在测量电极插座处插入玻璃电极插头，参比电极接入参比电极接口。

③ 打开电源开关，通电预热仪器约 30 min。

④ 按"pH/mV"按钮，仪器进入 pH 测量状态。

⑤ 按"温度"按钮，温度指示灯亮，调到溶液的温度，按"确认"键，仪器回到 pH 测量状态。

⑥ 将蒸馏水洗过的电极插入 pH=6.86 的标准缓冲溶液中，待读数稳定后，按"定位"键（此时 pH 指示灯慢闪烁，表明仪器在定位标定状态），使读数为该溶液当时温度下的 pH 值，按"确认"键，仪器回到 pH 测量状态，pH 指示灯停止闪烁。

⑦ 把用蒸馏水洗过的电极插入 pH=4.00（或 pH=9.18）的标准缓冲溶液中，待读数稳定后，按"斜率"键（此时 pH 指示灯快闪烁，表明仪器在斜率标定状态），使读数为该溶液当时温度下的 pH 值，按"确认"键，仪器回到 pH 测量状态，pH 指示灯停止闪烁。

⑧ 用蒸馏水清洗电极，用滤纸吸干电极表面的水，即可测定待测溶液的 pH 值。

（3）测定 pH 值

经标定的仪器，即可用来测量被测溶液，被测溶液与标定溶液的温度是否相同，所引起的测量步骤也有所不同，具体步骤如下：

① 被测溶液与定位溶液温度相同时　用蒸馏水清洗电极头部，再用被测溶液清洗一次；

把电极浸入被测溶液中，用玻璃棒搅拌溶液，使溶液均匀，在显示屏上读出溶液的 pH 值。

② 被测溶液与定位溶液温度不同时　用蒸馏水清洗电极头部，再用被测溶液清洗一次；用温度计测出被测溶液的温度值；按"温度"键，使仪器显示为被测溶液的温度值，按"确认"键。

把电极插入被测溶液中，用玻璃棒搅拌溶液，使溶液均匀，在显示屏上读出溶液的 pH 值。

（4）测定电极电位（mV 值）

① 把离子选择性电极（或金属电极）和参比电极夹在电极架上；
② 用蒸馏水清洗电极头部，再用被测溶液清洗一次；
③ 把离子电极的插头插入测量电极插座处；
④ 把参比电极插入仪器后面的参比电极接口处；
⑤ 把两种电极插在被测溶液中，将溶液搅拌均匀后，即可在显示屏上读出该离子选择性电极的电极电位值，还可以自动显示出极性；
⑥ 如果被测信号超出仪器的测量范围，或测量端开路时，显示屏会不亮，作超载报警。

3.2.3 注意事项

① 第一次使用的 pH 电极或长期停用的 pH 电极，在使用前必须在 $3\ mol·L^{-1}$ 氯化钾溶液中浸泡 24 h。

② 如果在标定过程中操作失误或按键错误而使仪器测量不正常，可关闭电源，然后按住"确认"键再开启电源，使仪器恢复初始状态，然后重新标定。

③ 经标定后"定位"键与"斜率"键不能再按，如果触动此键，此时，仪器指示灯闪烁，请不要按"确认"键，而应按"pH/mV"键，使仪器重新进入 pH 测量即可，而无须再进行标定。

④ 标定的缓冲溶液一般第一次用 pH=6.86 的溶液，第二次用接近被测溶液 pH 值的缓冲溶液，如被测溶液为酸性时，应选 pH=4.00 的缓冲溶液，如被测溶液为碱性时，应选 pH=9.18 的缓冲溶液。

⑤ 使用金属电极测量电极电位时，若电极插头不为 Q9 插头，则可以用带夹子的 Q9 插头，Q9 插头接入测量电极插座处，夹子与金属电极导线相接，或用电极转换器，电极转换器的一头接测量电极插座处，金属电极与转换器接续器相连接。参比电极接入参比电极接口处。

⑥ 测量时，电极的引入导线应保持静止，否则会引起测量不稳定。仪器不用时，应将 Q9 短路插头插入插座，防止灰尘及水汽侵入。

3.3　电位滴定仪

用来观察和测量电位的变化以确定滴定分析终点并进行定量分析的仪器称为电位滴定仪。常用的型号为 ZD-2 型自动电位滴定仪。该仪器是由 ZD-2 型自动电位滴定计和 ZD-1 型滴定装置配套组成，前者可以单独用作酸度计或毫伏计。当两种装置配套进行滴定时，首先需要确定终点电位，然后在滴定计上预设终点，用电位信号控制滴定剂的流速。当电极电位与预设终点电位差为零或极性相反时,自动停止滴定。由滴定管上读出滴定剂的消耗体积,便可计算出待测组分的含量。当进行滴定时,被测溶液中离子浓度发生变化,浸出溶液中的一对电极两端的电位差 E 即发生变化,这个渐变的电位经调制放大器放大以后送回取样回路,在其中电极系统所测得的直流信号 e 与按照滴定终点预先设定的电位相比较,其差值进入 e-t 转换器。e-t 转换器是一开关电路,将该差值成比例地转换成短路脉冲,使电磁阀吸通。当距终点较远时,由于 e 和终点电位差较大,电磁阀吸通时间长,滴定速度快;当接近终点时,差值逐渐减小,电磁阀吸通时间短,滴液流速减慢。仪器内设有防止到达终点出现过漏现象的电子延迟电路,以提高准确性。

ZD-2 型自动电位滴定仪的结构示意图和外形如图 3-4 和图 3-5 所示。

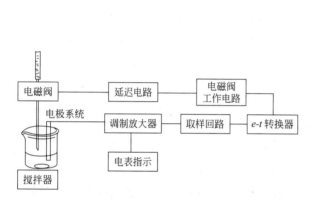

图 3-4　ZD-2 型自动电位滴定仪的结构示意图

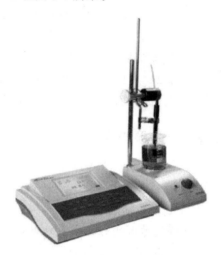

图 3-5　ZD-2 型自动电位滴定仪

电位滴定仪的操作步骤如下。

① 准备工作　连接好仪器,装入滴定剂。注意毛细管出口高度比指示电极略高一些。

② 仪器的校正　(a) pH 滴定校正:选择开关置于 pH 测量档,温度补偿器旋到被测溶液实际温度,小烧杯中倒入标准缓冲溶液,放入搅拌子,浸入电极,开启搅拌。按下读数开关,旋转校正调节器使 pH 值恰好为校正温度下缓冲溶液的 pH 值,再次按下读数开关使指针退回 pH 值为 7。换另一种缓冲溶液校正。(b) mV 滴定校正:选择开关置于 mV 测量档,拧松电极插座的小螺丝,按下读数开关,根据测量范围旋转校正调节器使指针在 ±700mV 或 0mV 处。

③ 滴定　将选择开关置于"终点"处,旋转终点调节器预设好终点 pH 值或电位值,将选择开关置于"pH 滴定"或"mV 滴定"处。根据滴定的性质和电极的连接情况,将极性开关置于"+"或"-"处。按下滴定开始键约 2 s,终点指示灯亮,滴定指示灯时亮时暗,滴定自动进行,滴定速度可由预控制调节器调节。当指针指到终点值时,滴定指示灯灭,随即终点指示灯也熄灭,滴定结束,读取滴定剂的体积读数。放开读数开关,取出电极,关闭电源和滴定活塞,旋松电磁阀的支头螺丝,按要求处理并保存电极。

电位滴定仪使用注意事项:(a) 仪器经校正后,不得再旋转校正调节器,否则应重新校正。(b) 测量时,电极的引入导线应保持静止,否则会引起测量不稳定。(c) 滴定前最好先用标准溶液(滴定剂)将电磁阀橡皮管冲洗数次。(d) 到达终点后,不可以按"滴定开始"

按钮,否则仪器又将开始滴定。

3.4 电导率仪

3.4.1 电导率仪简介

目前常用电导率仪对电解质溶液的电导进行测量。其特点是测量范围广、快速直读、操作方便,若配接自动电位计后,还可对电导的测量进行自动记录。电导率仪的类型很多,基本原理大致相同,这里以DDS-11A型电导率仪为例简述其测量原理。

测量电解质溶液的电导有平衡电桥及电阻分压法,图3-6为电阻分压法测定电导率的原理图。由振荡器输出的不随R_x改变而改变的交流电压U,则在分压电阻R_m两端的电压降为U_m:

$$U_m = \frac{UR_m}{R_m + R_x} = \frac{UR_m}{R_m + \dfrac{Q}{\kappa}}$$

式中,R_x为液体电阻;R_m为分压电阻;当U、R_m和Q为常数时,电导率κ的变化必将引起U_m的变化,所以测量U_m的大小,即可得电导率κ的数值。

电导率仪主要由电导池、测量电源、测量电路及指示器等部分组成,高精度的仪器还配有温度计电容补偿电路,图3-7为DDS-11A型电导率仪的外形图。

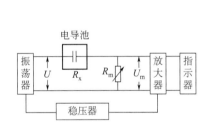

图3-6 电阻分压电导率仪工作原理

图3-7 DDS-11A型电导率仪

3.4.2 仪器操作步骤(DDS-11A型)

(1) 不采用温度补偿法

① 选择电极。对电导很小的溶液用光亮电极,电导中等的用铂黑电极,电导很高的用U形电极。

② 将电导电极连接在电导率仪上,接通电源,打开仪器开关,将温度旋钮调节到基准温度25 ℃(每次校正都需将温度旋钮调节至基准温度25 ℃)。

③ 选择适当的量程挡,将电导电极插入被测溶液中,将"校正/测量"开关拨到"校正"位置,调节"常数"旋钮至电极常数值,例如:电极常数值为1.10,则将显示值调节至1.100。

④ 然后将"校正/测量"开关拨到"测量"位置,将清洁电极插入被测液中,仪器显示该被测液在溶液温度下的电导率。仪器读数值×"量程"即是溶液的电导率值,当溶液电导

率值超过该挡量程时，仪器将溢出，此时拨动"量程"开关。

（2）温度补偿法

① 常数校正。调节温度补偿旋钮，使其指示的温度值与溶液温度值相同，将"校正/测量"开关拨到"校正"位置，调节"常数校正"旋钮至电极常数值。

② 操作方法同①中情况一样，这时仪器显示被测液电导率为该液体标准温度（25 ℃）时的电导率。

3.4.3 注意事项

① 当"量程"开关由低周切换到高周，或从高周切换到低周时，仪器需重新校正。

② 如果溶液的电导率值超过 19990 $\mu S \cdot cm^{-1}$，此时须换成常数为 10 的电极，操作方法同上，只要将测量结果×10 即可。

③ 测量时使用的频率为固定式，量程固定了，工作频率就随之固定，×1、×10 为低周，$\times 10^2$、$\times 10^3$、$\times 10^4$ 为高周。

④ 一般情况下，液体电导率是指该液体介质在标准温度（25 ℃）时的电导率，当介质温度不为 25 ℃，其液体电导率会有一个变量。为等效消除这个变量，仪器设置了温度补偿功能。不采用温度补偿时，测的液体电导率为该液体在其测量时液体温度下的电导率；采用温度补偿时，测得液体电导率已换算为该液体 25 ℃下时的电导率值。在高精度测量时，尽量不用温度补偿，而采用测量后查表求得液体在 25 ℃时的电导率，或将被测液恒温在 25 ℃测量。

3.5 离心机

3.5.1 离心机简介

将装有等量试液的离心管对称放置在转头四周的孔内，电动机直接带动离心转头高速旋转，产生相对离心力使试液分离。相对离心力的大小与试样所处的位置至轴心的水平距离和转速有关。

TDL-40B 低速台式离心机和 80-2 型电动离心机的外形如图 3-8 和图 3-9 所示。

图 3-8 TDL-40B 低速台式离心机

图 3-9 80-2 型电动离心机

3.5.2 仪器操作步骤（TDL-40B 型）

① 使用前先检查面板上的旋钮是否在规定的位置上，即电源在关的位置上，调速和定

时旋钮在零的位置上。

② 每支离心试管中装上等量的样品，并对称地放入水平架上，以免由于重量不均，机器在运转中产生震动。若只有一个样品需要离心，则应在其对称的位置放上装有相同重量自来水的离心管，以保持平衡。

③ 确保已拧紧螺母，盖好塑料盖门，打开电源开关，此时数码管显示闪烁的"0000"，表示仪器已经接通电源。

④ 如需调整运行时间和速度，可按"选择"键，使相应的指示灯亮，用"上""下""左"键相结合调整参数至需要的值，并按确认键。

⑤ 按"开启"键启动仪器。仪器运行过程中数码管显示转速，当需要查看其他参数时，可按"选择"键，使该参数对应的指示灯亮，数码管即显示该参数值。当仪器运行完所设定时间后自行停机，停机过程中数码管闪烁显示转速，属正常。

3.5.3 注意事项

① 为了确保安全和离心效果，仪器必须放置在坚固水平的台面上，工程塑料盖门上不得放置任何物品。

② 仪器启动后有不正常噪声或震动，应马上切断电源，查明原因。每次停机后再开机的时间间隔不得少于 5 min。

③ 离心管中样品装入量不能超过其容积的 2/3。

④ 离心机在运转时，不得移动离心机。

⑤ 必须待离心机完全静止后方可打开盖子，切记不要在运行过程中将上方盖子打开，以防止离心管从管套中飞出造成伤害。

3.6 可见分光光度计

3.6.1 可见分光光度计简介

V1800型可见分光光度计操作方法

可见分光光度计的工作原理为：由光源发射出的复合光经单色器后输出选定波长的单色光，该单色光通过装有待测溶液的吸收池时，被部分吸收，透过光由检测器转变为电信号，然后被放大，并由读数装置显示出与待测组分相对应的吸光度或透光率值（见图 3-10）。

光源 → 单色器 → 吸收池 → 检测系统

图 3-10 可见分光光度计结构框图

72 型可见分光光度计是我国早年生产的分光光度计之一。其光源由磁饱和稳压器和白炽灯组成，能够提供 400～700 nm 范围内的单色光，检测器为硒光电池，产生的光电流直接由检流计检出。

V-1800 型可见分光光度计采用了 128×64 位点阵液晶显示器，可直接显示标准曲线及其方程、动力学测试曲线，还具有宽大的样品室和薄膜按键等。

723 型和 V-1800 型可见分光光度计外形如图 3-11 和图 3-12 所示。

图 3-11　723 型可见分光光度计　　　　图 3-12　V-1800 型可见分光光度计

3.6.2　仪器操作步骤

① 打开主机电源，系统进入自检状态（此时样品仓不要放样品，不要打开样品盖）。
② 自检完成后，仪器进入预热状态，预热时间至少 20 min。
③ 待预热完成后，选择"光度测量"按"ENTER"进入设置界面。
④ 按"Goto λ"输入测定波长，按"ENTER"进入。
⑤ 按"SET"，选择"吸光度"，按"ENTER"确认，按"RETURN"返回。
⑥ 按"START/STOP"进入测量状态。
⑦ 将参比溶液置于光路中，按"ZERO"校零。
⑧ 拉动拉杆，将样品置于光路中，读数稳定后，读出其吸光度值。
⑨ 重复步骤⑧，测量其他样品吸光度。
⑩ 测量完成后，从样品室内取出比色皿，清洗晾干后装入比色皿盒。
⑪ 关闭主机电源。

3.6.3　注意事项

① 仪器应保存在干燥、无尘的环境中。
② 仪器通电后如未测定时，必须打开暗盒盖或置入遮光体，断开光路，防止检测器产生疲劳效应。
③ 操作过程中应小心谨慎，防止液体洒落到仪器上腐蚀和损害仪器。
④ 手拿比色皿时，只能拿其毛玻璃面，切勿触摸透光面，以免沾污磨损透光面。
⑤ 测定试样吸光度时，最好按由稀到浓的顺序进行，并先将比色皿用试液润洗 2~3 次，然后倒入待测液，液面高度为比色皿高度的 3/4 即可。然后用吸水纸轻轻擦拭比色皿外壁的液体，再将比色皿整齐地放到比色皿座的左边或右边，用卡子卡紧。
⑥ 若在测试过程中，需要改换测试波长，则需重新进行吸光度调零和透光率调 100%。
⑦ 参比溶液和待测溶液的比色皿必须为同一规格且为同一厂家生产，不可随意配置使用；比色皿易碎，使用时小心打坏。
⑧ 测定完毕，应用水将比色皿冲洗干净，拭干备用。若被有机物沾污，可用盐酸-乙醇（1:2）浸泡，再用水冲洗干净。亦可用洗洁剂浸泡或用铬酸洗液淌洗，然后再用自来水冲洗。切忌用硬毛刷刷洗比色皿，以免损伤透光面。此外，比色皿不能用强碱性洗液浸泡。
⑨ 若电源电压波动较大，应加接一台电子交流稳压器。

3.7 浊度仪

3.7.1 浊度仪简介

浊度仪（浊度计）可用于测量悬浮于水（或透明液体）中不溶性颗粒物质所产生的光的散射或衰减程度，并能定量表征这些悬浮颗粒物质的含量。浊度仪广泛用于水厂、食品、化工、冶金、环保及制药行业等部门，是常用的实验室仪器。浊度仪采用 90°散射光原理，如图 3-13 所示。光源发出的平行光束通过溶液时，一部分被吸收和散射，另一部分透过溶液。因此与入射光成 90°方向的散射光强度符合雷莱公式：

$$I_s = \frac{KNV^2}{\lambda} \times I_0$$

式中　I_0——入射光强度；

　　　I_s——散射光强度；

　　　N——单位溶液微粒数；

　　　V——微粒体积；

　　　λ——入射光波长；

　　　K——系数。

在入射光恒定的条件下，在一定浊度范围内，散射光强度与溶液的浊度成正比。

上式可表示为：$\frac{I_s}{I_0} = K'N$（K'为常数）。

根据这一公式，可以通过测量水样中微粒的散射光强度来测量水样的浊度。

SGZ-1A 型浊度仪如图 3-14 所示。

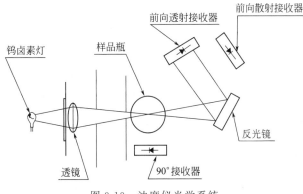

图 3-13　浊度仪光学系统

图 3-14　SGZ-1A 型浊度仪

3.7.2 仪器操作步骤

① 打开电源开关（在仪器的后方），将仪器预热 30 min 左右。

② 调零。将零浊度水倒入样品瓶中，液面距瓶口约 1.5 cm，在盖紧瓶盖前允许足够的时间让气体逸出（不能将瓶盖拧得过紧）。在样品瓶插入测量池之前应先用擦镜纸将其擦净，样品瓶需保证无指纹、油污、脏物，特别是光通过的区域。将样品瓶放入测量池内，检查样品瓶的箭头标识是否与测量池面的凹口吻合后，按调零键，大约 10 s 后浊度值显示为 0.00，完成浊度仪调零。

③ 浊度测量。把被测样品装入样品瓶中，放入测量池，盖好遮光罩，这时显示读数即是被测样品的浊度值，单位为 NTU 浊度单位；读数后立即取出样杯，等待下一个样品的测量或关机。

④ 浊度仪的校正。若发觉仪器的真实值与测量值偏差≥5%或两次定期校正间隔时间超过六个月，则应该用零浊度水调零后，把 4 NTU 标准溶液装入样品瓶，放入仪器调节"分度"旋钮，使显示为 4.00。把 40 NTU 标准溶液装入样品瓶，放入仪器，调节"线性"旋钮，使显示为 40.00。反复将 4 NTU、40NTU 标准品放入仪器，核实读数仍旧是 4.00 和 40.00 为止。

⑤ 以上各项操作中，当样品瓶放入仪器时，注意样品瓶上的标记对准仪器上的突出标记。

3.7.3 注意事项

（1）Formazine 标准溶液（浊度为 400 NTU）的配制

准确称取 1.000 g 硫酸肼，溶于零浊度水，并转入 100 mL 容量瓶中，稀释至刻度，摇匀，过滤后备用（用 0.2 μm 孔径的微孔滤膜过滤，下同）。

准确称取 10.00 g 六亚甲基四胺，溶于零浊度水，并转入 100 mL 容量瓶中，稀释至刻度，摇匀，过滤后备用。

准确移取上述两种溶液各 5.00 mL 于 100 mL 容量瓶中，摇匀，该容量瓶放置在（25±1）℃的恒温箱或恒温水浴中，静置 24 h，加入零浊度水稀释至刻度，摇匀后使用，根据 ISO 7027 规定，该悬浮液的浊度值定为 400 NTU，但配制后该值变动较大，为增加配制的一致性，可考虑配制多组、多瓶 Formazine 标准溶液。浊度值的变化只有在证明其稳定性良好时方可使用（使用期间量值的变化不超过配制值的±3%）。400 NTU 标准物质需存放在冰箱的冷藏室（4～8℃）内保存。已稀释至低浊度值的标准溶液不稳定，不宜保存，应随用随配。

（2）零浊度水

将蒸馏水（或电渗析水、离子交换水）用孔径为 0.1 μm（或 0.2 μm）的微孔滤膜反复过滤两次以上，所得滤液即为检定用的零浊度水，该水贮存于清洁的、并用该水冲洗后的玻璃瓶中。零浊度水用于浊度计的零点调整和 Formazine 标准溶液的稀释。

（3）在测定样品过程中，如所测样品高于量程范围，则利用零浊度水稀释后进行测量。

参考资料

[1] 林锦明.化学实验室工作手册［M］.上海：第二军医大学出版社，2016.
[2] 上海佑科仪器仪表有限公司.PHS-3C 型 pH 计说明书.

第4章 基础实验

实验一 硫酸铜的提纯

硫酸铜的提纯

一、预习要求

1. 复习教材中关于分步沉淀的内容。
2. 复习常压过滤、减压过滤操作。
3. 分析本次实验中安全、环保、健康注意事项（本实验涉及的试剂、仪器安全、人身防护措施、废弃物处理知识等）。

二、实验目的

1. 熟练掌握常压过滤、减压过滤、加热溶解、结晶和溶液转移的操作。
2. 掌握提纯硫酸铜的原理和方法。

三、实验原理

粗硫酸铜中含有不溶性及可溶性杂质。不溶性杂质可通过过滤除去，可溶性杂质是 Fe^{2+}、Fe^{3+} 等。用氧化法把 Fe^{2+}（使用 H_2O_2）转化为 Fe^{3+}，其反应式为：$2Fe^{2+} + H_2O_2 + 2H^+ \rightleftharpoons 2Fe^{3+} + 2H_2O$，然后调节溶液的 pH 值至 3.5～4.0，使 Fe^{3+} 水解为 $Fe(OH)_3$ 沉淀，然后与不溶性杂质一同过滤除去。滤液酸化后（pH=1～2），经蒸发、浓缩至饱和，当热的饱和溶液冷却时，五水硫酸铜结晶析出，而其他少量可溶性杂质仍留在溶液（母液）中，经过滤可与硫酸铜分离。

四、仪器、试剂及材料

仪器：台秤，布氏漏斗，真空泵，吸滤瓶，量筒，烧杯，玻璃棒，铁架台，铁圈，漏斗，蒸发皿，表面皿，酒精灯，石棉网。

试剂：H_2O_2（3%），NaOH（2 mol·L^{-1}），粗硫酸铜（s），H_2SO_4（1 mol·L^{-1}），$NH_3·H_2O$（1 mol·L^{-1}、6 mol·L^{-1}），HCl（2 mol·L^{-1}）、KSCN（1 mol·L^{-1}）。

材料：滤纸，广泛 pH 试纸，精密 pH 试纸（0.5～5.0）。

五、实验步骤

1. 粗硫酸铜的提纯

（1）初步提纯

用台秤称取粗硫酸铜 4 g 于洁净的烧杯中，加 20 mL 纯水，用玻璃棒搅拌促使硫酸铜溶解，若溶解不完全，可加热或加入 2～3 滴 1 mol·L^{-1} 的 H_2SO_4，促进其溶解。

在不断搅拌的条件下，加入 2 mL 3% H_2O_2，使 Fe^{2+} 转变为 Fe^{3+}。在加热和不断搅拌的条件下，逐滴加入 1 mol·L^{-1} H_2SO_4 或 0.5～1.0 mol·L^{-1} NaOH 溶液（用 2 mol·L^{-1} NaOH 稀释）调节 pH≈4.0，用精密 pH 试纸检测，使 Fe^{3+} 水解成 $Fe(OH)_3$ 沉淀，继续加热至 $Fe(OH)_3$ 沉淀沉积到烧杯底部。

用倾析法常压过滤，分离出 $Fe(OH)_3$ 和不溶性杂质，将滤液转移到洁净的蒸发皿中，用少量蒸馏水淋洗烧杯及玻璃棒，洗涤液全部转入蒸发皿中。

（2）蒸发和结晶

在（1）所得的滤液中滴加 H_2SO_4（1 mol·L^{-1}）酸化，调节 pH 值至 1～2，用小火加热蒸发至饱和（液面出现一层晶膜时），停止加热，切不可蒸干，静置，自然冷却至室温，使五水硫酸铜充分结晶（可加入一粒纯五水硫酸铜作为晶种）。

减压过滤出五水硫酸铜，分离其他少量杂质。取出晶体，把它夹在两张滤纸之间，吸干表面水分。

称量，记录，回收产品。

2. 产品纯度检验

在台秤上称取 0.5 g 粗硫酸铜和提纯后的硫酸铜晶体，分别倒入 2 个小烧杯中，用 10 mL 纯水溶解，滴加 1 mL 1 mol·L^{-1} H_2SO_4 酸化，再加入 10 滴 3% H_2O_2 氧化，加热煮沸，使 Fe^{2+} 全部转变为 Fe^{3+}。

待溶液冷却后，分别滴加 6 mol·L^{-1} $NH_3·H_2O$ 至生成的蓝色沉淀全部溶解，溶液呈深蓝色，常压过滤，在取出的滤纸上滴加 1 mol·L^{-1} $NH_3·H_2O$ 至蓝色褪去。此时，$Fe(OH)_3$ 沉淀留在滤纸上。

用滴管滴加 1 mL 2 mol·L^{-1} HCl 溶液至滤纸上，溶解 $Fe(OH)_3$ 沉淀。然后在溶解液中加入 2 滴 1 mol·L^{-1} KSCN 溶液，根据红色的深浅，评定提纯后硫酸铜的纯度。

六、数据记录与处理

1. 记录粗硫酸铜及精制后硫酸铜的质量，并计算其回收率。
2. 分析影响产品回收率高低的因素。
3. 记录产品纯度检验的实验现象与结论。

七、课后思考与拓展

1. 思考题

① 粗硫酸铜中杂质 Fe^{2+} 为什么要氧化为 Fe^{3+} 后再沉淀？为什么选择 H_2O_2 为氧化剂？

② 除去 Fe^{3+} 时，为什么要调节 pH 值为 4 左右？pH 值太大或太小有什么影响？若有浅蓝色沉淀析出，是什么原因？

③ 为什么滤液要用 H_2SO_4 调节 pH 值至 1～2 后才加热蒸发至饱和？怎么知道达到了饱和？

④ 粗硫酸铜中的可溶性杂质是如何除去的？

⑤ 用重结晶法提纯硫酸铜，在蒸发滤液时，为什么加热不可过猛？为什么不可将滤液蒸干？

⑥ 常压过滤速度慢，减压过滤速度快，为什么过滤 $Fe(OH)_3$ 用常压过滤，而五水硫酸

铜晶体可以用减压过滤？

⑦ 为了避免提纯过程中硫酸铜的损失，实验过程中应注意哪些问题？

2. 趣味拓展

做个心形硫酸铜晶体，表达一下你炽热的心吧。

实验步骤：将漆包线上缠上棉线，完成心形的形状。在水中加入一定量的硫酸铜固体，加热并不断搅拌，等到杯底没有硫酸铜后再加入硫酸铜，直至杯底留有少量硫酸铜无法溶解，制得硫酸铜过饱和溶液。把棉线浸到硫酸铜过饱和溶液中，取出，冷风吹干，结晶，再放入硫酸铜过饱和溶液中培养 2～3 天，制得产品。图 4-1 为学生部分产品照片。

图 4-1 学生部分产品

3. 阅读与参考资料

[1] 郑泽华.硫酸铜的提纯方法探究 [J].环球市场信息导报，2018（25）：123.

[2] 张析，王进龙.粗品硫酸铜提纯工艺研究 [J].甘肃冶金，2013，35（5）：63-65.

[3] 禹耀萍.粗硫酸铜提纯实验中增大硫酸铜结晶颗粒的方法 [J].怀化学院学报，2003，22（2）：99-100.

实验二　粗食盐的提纯

一、预习要求

1. 复习教材中关于分步沉淀的内容。

2. 复习常压过滤、减压过滤操作。

3. 分析本次实验中安全、环保、健康注意事项（本实验涉及的试剂、仪器安全、人身防护措施、废弃物处理知识等）。

二、实验目的

1. 进一步熟练常压过滤、减压过滤、加热溶解、结晶和溶液转移的操作。

2. 掌握提纯食盐的原理和方法。

3. 学习食盐中 SO_4^{2-}、Ca^{2+}、Mg^{2+} 的定性检验方法。

三、实验原理

食盐不仅是日常生活中必不可少的调味品，更是关系到国计民生的重要物质之一，化学试剂或医用 NaCl 都是以粗食盐为原料提纯的。我国是全球原盐产能和产量较大的国家，2019 年全国原盐产量达到 6270.8 万吨，在原盐产量中，有 1000 多万吨用于食盐的制备。我国盐资源非常丰富，不仅蕴藏着海盐、湖盐、井盐、矿盐等诸多品种，而且盐资源的分布也十分广泛，主要形成了东部的海盐区、西部的湖盐区及中部的井矿盐区，目前原盐产业结构中，海盐、湖盐和井矿盐的占比分别为 42.8%、46.1% 和 11.1%。我国的海岸线漫长，其中位于渤海沿岸的长芦盐场是我国海盐产量较大的盐场。除了颇具规模的海盐生产外，我国井矿盐的储量也相当可观，其中四川省是我国井矿盐储量最多、产量最大的重要基地。与此同时，青海省的湖盐储量也是较多的，其中以柴达木盆地最为丰富，因此，柴达木盆地被赋予"盐的世界"的美称。

粗食盐中含有泥沙等不溶性杂质和 Ca^{2+}、Mg^{2+}、K^+、SO_4^{2-} 等可溶性杂质。不溶性杂质用过滤除去，可溶性杂质中，Ca^{2+}、Mg^{2+}、SO_4^{2-} 通过加入沉淀剂转化为难溶沉淀，再与不溶性杂质一起过滤除去。最后通过蒸发、重结晶除去 K^+ 等其他可溶性杂质。有关离子方程式如下：

$$Ba^{2+} + SO_4^{2-} = BaSO_4 \downarrow$$
$$Ca^{2+} + CO_3^{2-} = CaCO_3 \downarrow$$
$$Mg^{2+} + 2OH^- = Mg(OH)_2 \downarrow$$
$$Ba^{2+} + CO_3^{2-} = BaCO_3 \downarrow$$

四、仪器、试剂及材料

仪器：台秤，布氏漏斗，吸滤瓶，真空泵，烧杯，玻璃棒，量筒，铁架台，铁圈，漏斗，蒸发皿，表面皿，酒精灯，石棉网等。

试剂：粗食盐(s)，$BaCl_2$（1 mol·L^{-1}），NaOH（2 mol·L^{-1}），Na_2CO_3（1 mol·L^{-1}），HCl（2 mol·L^{-1}），$(NH_4)_2C_2O_4$（0.5 mol·L^{-1}），镁试剂。

材料：滤纸，广泛 pH 试纸，精密 pH 试纸（0.5～5.0）。

五、实验步骤

1. 粗食盐的提纯

（1）初步提纯

称取 5.0 g 粗盐于烧杯，加入 20 mL 纯水。

搅拌、加热使其溶解，至溶液沸腾时边搅拌边加入 1～2 mL 1 mol·L^{-1} $BaCl_2$ 溶液至沉淀完全。可将烧杯静置，待沉淀下降后，沿杯壁在上层清液中加 1～2 滴 1 mol·L^{-1} $BaCl_2$ 溶液，如果不出现浑浊，表示已除尽。继续加热煮沸数分钟，使 $BaSO_4$ 的颗粒长大易于沉降和过滤。

滤液中边搅拌边加入 Na_2CO_3 和 NaOH 溶液至 pH≈11，加热至沸，静置。取清液加几滴 Na_2CO_3 溶液，检验有无沉淀生成，若出现浑浊，表示 Ba^{2+} 等阳离子未除尽，需在原溶液中继续加 Na_2CO_3 溶液，直至除尽。减压过滤，弃去沉淀。

（2）蒸发和结晶

将上述滤液倒入蒸发皿中，加入 HCl 至 pH 为 2～3。

加热蒸发，不断搅拌至稠状，冷却至室温，减压过滤，尽量将晶体抽干。将晶体从布氏漏斗中取出，放回蒸发皿中，用小火加热烘干，烘干过程中应不断用玻璃棒搅动，以免结块，烘至 NaCl 晶体不粘玻璃棒。

称量，计算产率，回收产品。

2. 产品纯度检验

在台秤上称取 0.5 g 粗食盐和提纯后的食盐晶体于 2 个小烧杯中，用 5 mL 纯水溶解。将两种澄清溶液分别盛于 3 支小试管中，分成三组，检验其纯度。

（1）SO_4^{2-} 的检验

加入 2 滴 1 mol·L^{-1} $BaCl_2$ 溶液，观察有无白色的 $BaSO_4$ 沉淀生成。

(2) Ca^{2+} 的检验

加入 2 滴 0.5 mol·L^{-1} $(NH_4)_2C_2O_4$ 溶液,稍等片刻,观察有无白色的 CaC_2O_4 沉淀生成。

(3) Mg^{2+} 的检验

加入 2~3 滴 2 mol·L^{-1} NaOH 溶液,使溶液呈碱性,再加入几滴镁试剂,如有蓝色沉淀产生,表示有 Mg^{2+} 存在。

六、数据记录与处理

1. 记录粗食盐及精制后食盐的质量,并计算其回收率。
2. 分析影响产品回收率高低的因素。
3. 记录产品纯度检验的实验现象与结论。

七、课后思考与拓展

1. 思考题

① "粗食盐的提纯"与"硫酸铜的提纯"两个实验有何区别。

② 怎样除去实验过程中过量的沉淀剂 $BaCl_2$、NaOH 和 Na_2CO_3?

③ 加入 20 mL 水溶解 5 g 粗食盐的依据是什么?加水过多或过少有什么影响?

④ 粗食盐提纯中除去 CO_3^{2-} 需要控制 pH 值范围为多少?

2. 能力拓展

设计实验方案检验加碘食盐中的碘元素。

3. 阅读与参考资料

[1] 师景双,于艳艳,任雪梅,等.我国食盐行业现状及盐业体制改革分析[J].中国调味品,2020,45(11):195-197.

[2] 刘志红,余燕艳.以粗盐为原料提纯氯化钠的问题探讨[J].化学教育,2015(4):68-70.

[3] 岳超,王峰,袁堃,等.快速计算食用盐中氯化钠结果方法的建立[J].中国调味品,2021,46(2):116-117.

实验三 化学反应焓变的测定

化学反应焓变的测定

一、预习要求

1. 复习教材中关于化学反应焓变的内容。
2. 复习称量、溶液的配制、移液等操作。学习 Origin 作图软件的使用,学会数据的线性拟合。
3. 分析本次实验中安全、环保、健康注意事项(本实验涉及的试剂、仪器安全、人身防护措施、废弃物处理知识等)。

二、实验目的

1. 学习用简易量热计测定化学反应焓变的原理和方法。
2. 了解简易量热计的构造。

3.学会用 Origin 软件简单处理实验数据。

三、实验原理

化学反应在恒温恒压下的反应热效应叫作恒压热效应 Q_p，而反应体系的焓变 ΔH 与 Q_p 在数值上相等，即 $\Delta H = Q_p$，因此恒温恒压下化学反应的反应热用 ΔH 表示，对于放热反应 ΔH 为"－"，对于吸热反应 ΔH 为"＋"。

本实验测定锌和硫酸铜溶液置换反应的焓变：

$$Zn + CuSO_4 == ZnSO_4 + Cu$$

在 298.15 K 时，反应的标准摩尔反应焓变可由标准摩尔生成焓计算得到，即：

$$\Delta_r H_m^\ominus (298.15 \text{ K}) = \sum \nu_B \Delta_f H_{m,B}^\ominus (298.15 \text{ K}) = -217 \text{kJ} \cdot \text{mol}^{-1}$$

反应焓变也可以通过实验测定，测量方法很多，本实验采用保温杯和温度计作为简易量热计（图 4-2）来测量。化学反应在量热计中进行时，放出（或吸收）的热量会引起量热计和反应物质的温度升高（或降低）。对于放热反应：

$$\Delta_r H_m = -(cm\Delta T + C_p \Delta T)/n$$

式中　c——比热容，由于是稀溶液，用纯水的数据近似代替，取 4.184 kJ·kg^{-1}·K^{-1}；

m——溶液的质量，kg；

ΔT——反应前后溶液温度变化值，K；

C_p——量热计的定压热容，kJ·K^{-1}；

n——被测物质的物质的量，mol。

量热计的热容是使量热计温度升高 1 K 所需要的热量。确定量热计热容的方法是：在量热计中加入一定质量 m、温度为 T_1 的冷水，再加入相同质量、温度为 T_2 的热水，测定混合后水的最高温度 T_3。热水失热＝冷水得热＋量热计得热，得：

$$C_p = \frac{4.184m(T_2 - T_3) - 4.184m(T_3 - T_1)}{T_3 - T_1}$$

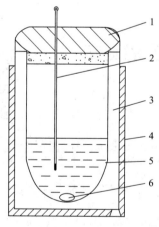

图 4-2　保温杯式简易量热装置

1—保温杯盖；2—温度计；3—真空隔热层；
4—隔热外壳；5—反应溶液；6—磁力搅拌子

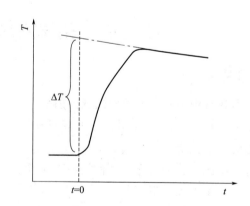

图 4-3　温度-时间曲线

由于实验所用简易量热计不是完全绝热，反应后在温度上升的时间内，量热计会与环境发生热交换，为了校正由此带来的温度偏差，需用测得的温度为纵坐标，以时间为横坐标（见图4-3），按虚线外推到开始反应的时间，求出温度变化最大值 ΔT。用此外推法的值能较直观地反映出由反应热引起的真实温度变化。

四、仪器、试剂及材料

仪器：分析天平，台秤，磁力搅拌器，磁力搅拌子，玻璃棒，烧杯，容量瓶(250 mL)，移液管(50 mL)，量筒(100 mL)，恒温水浴锅，洗耳球，简易量热计（保温杯和1/10 K 温度计），秒表。

试剂：$CuSO_4$(s，分析纯)，锌粉（化学纯）。

材料：滤纸。

五、实验步骤

1. 量热计热容的测定

用量筒量取 50.0 mL 纯水于量热计中，盖上盖子，放入磁力搅拌子，开启磁力搅拌器，每隔20 s 记录一次温度，待系统达到热平衡（5～10 min），记录温度 T_1（精确到 0.1 ℃）。取 50.0 mL 纯水于烧杯，水浴锅加热到比 T_1 高 30 ℃，温度恒定后，测量温度 T_2。迅速将热水倒入量热计，盖好盖子，继续搅拌立即记录温度，每隔 20 s 记录一次温度，直到温度上升到最高点，再测 3 min。取出磁力搅拌子。

2. 化学反应焓变的测定

(1) 0.2 mol·L^{-1} 硫酸铜的配制

准确称取一定量 $CuSO_4·5H_2O$ 于洁净的烧杯中，加入纯水溶解。将完全溶解的溶液转移至 250 mL 容量瓶中定容，摇匀备用。

(2) 化学反应焓变的测定

① 用台秤称取 3 g 锌粉待用。

② 用滤纸片将洗净的保温杯中残留的水滴吸干，然后准确移取 100.00 mL $CuSO_4$ 溶液到已经洗净擦干的保温杯中，放入磁力搅拌子，盖好插有温度计的瓶塞，调节温度计的高度，使温度计的球泡全部浸入溶液中，但又不与杯底接触。

③ 开启磁力搅拌器，立即记录温度，并每隔 20 s 测定一次温度，直至 $CuSO_4$ 溶液与保温杯传热达到平衡，继续每隔 20 s 测定一次温度，再测 2 min。

④ 迅速向保温杯中加 3 g 锌粉，立即盖好盖子，继续搅拌，让锌粉与 $CuSO_4$ 溶液充分混匀并反应，并每隔 20 s 记录一次温度。当温度上升到最高点后再继续测定 3 min。测完后取出磁力搅拌子，将废液倒入回收桶。

注意：本实验也可用"化学反应热测定综合实验装置"进行，如图4-4 所示，其操作方法如下：移取 100.00 mL 所配制的硫酸铜溶液于反应器，将磁力搅拌子放入反应器。用台秤称取 3 g 锌粉于样品杯，将反应器放入反应器放置槽。开启电源，预热 5 min。将温度传感器插入溶液中，开启搅拌，并记录起始时间。温度稳定后，按下推杆加入锌粉，并记录加入时间。数据上升到最高点以后，继续测定 3 min，关闭搅拌，记录结束时间。按"菜单"键进入打印界面，按左、右键将光标移到起始或结束时间，按上下键修改时间。选择时间"间隔"，如"12 s"，将光标移动到"打印"，按"确认"键。取出磁力搅拌子，将废液倒入回收桶，并将反应器清洗干净。

图 4-4 化学反应热测定综合实验装置

六、数据记录与处理

1. 反应温度随时间的变化

（1）量热计热容的测定

时间/s									
冷水温度/℃									
时间/s									
热水温度/℃									
时间/s									
混合后温度/℃									

（2）化学反应焓变的测定

时间/s									
硫酸铜初始温度/℃									
时间/s									
混合后温度/℃									

2. 以时间 t 为横坐标、温度 T 为纵坐标对上述数据分别用 Origin 软件作图，用外推法求得热水和冷水混合后的温度 T_3 和锌粉与 $CuSO_4$ 溶液反应的温度变化 ΔT。

3. 计算反应焓变，并与理论值比较，计算相对误差，分析产生误差的原因。

七、课后思考与拓展

1. 思考题

① 分析实验测定的反应焓变与 $\Delta_r H_m^\ominus$（理论值）的差别，分析原因。

② 为什么温度上升到最高值后还要继续测 3 min？

③ 实验中为何以 $CuSO_4$ 的物质的量计算摩尔反应焓变？

④ 为什么锌粉用台秤称取，而 $CuSO_4$ 溶液在配制时要用分析天平称取，移取时用移液管量取？

⑤ 为什么量热计要保持干燥、洁净？

2.能力拓展

查阅文献，总结化学反应焓变的测量方法有哪些？适用范围是什么？

3.阅读与参考资料

[1] 魏徵，晏欣，李红霞，等."化学反应摩尔焓变的测定"实验优化[J].实验科学与技术，2013，11（3）：55-57.

[2] 刘梅，王怡，赵书朵，等.基于单片机的化学反应焓变测量系统研究[J].化学工程与装备，2018（6）：1-2，5.

实验四　氯化铵生成焓的测定

一、预习要求

1.复习教材中关于物质生成焓与盖斯定律相关内容。

2.学习 Origin 等相关作图软件的使用。

3.分析本次实验中安全、环保、健康注意事项（本实验涉及的试剂、仪器安全、人身防护措施、废弃物处理知识等）。

二、实验目的

1.学习用简易量热计测定物质生成焓的原理和方法。

2.了解简易量热计的构造。

3.学会用 Origin 软件简单处理实验数据。

三、实验原理

热力学标准状态下由稳定单质生成 1 mol 化合物时的反应焓变称为该化合物的标准摩尔生成焓。标准摩尔生成焓一般可通过测定有关反应的焓变并应用盖斯定律间接求得。

本实验先用简易量热计（见图 4-2）分别测定 $NH_4Cl(s)$ 的溶解热和 $NH_3(aq)$ 与 $HCl(aq)$ 反应的中和热，再利用 $NH_3(aq)$ 和 $HCl(aq)$ 的标准摩尔生成焓数据，通过盖斯定律计算 $NH_4Cl(s)$ 的标准摩尔生成焓。

即：
$$NH_3(aq) + HCl(aq) = NH_4Cl(aq)$$

$$\Delta_f H_m^{\ominus}[NH_4Cl(s)] = \Delta_f H_m^{\ominus}[NH_3(aq)] + \Delta_f H_m^{\ominus}[HCl(aq)] + \Delta_r H_m^{\ominus}(中和) - \Delta_r H_m^{\ominus}(溶解)$$

溶解热和中和热的测量方法参见实验三。

四、仪器、试剂及材料

仪器：台秤，玻璃棒，烧杯，量筒（100 mL），恒温水浴锅，简易量热计（保温杯和1/10 K 温度计），秒表，磁力搅拌器，磁力搅拌子。

试剂：NH_4Cl（s，分析纯），$NH_3 \cdot H_2O$（1.5 mol·L^{-1}），HCl（1.5 mol·L^{-1}）。

材料：滤纸。

五、实验步骤

1.量热计热容的测定

参见实验三。

2.盐酸和氨水中和热的测定

用量筒量取 50.0 mL 1.5 mol·L^{-1} HCl 于干燥、洁净的量热计中,放入磁力搅拌子,盖上盖子,开启磁力搅拌器,每隔 20 s 记录一次温度,记录 5 min。取 50.0 mL 1.5 mol·L^{-1} NH$_3$·H$_2$O 迅速倒入量热计中,立即盖上盖子,立即记录温度,每隔 20 s 记录一次温度,直到温度上升到最高点,再测 3 min。停止搅拌,取出磁力搅拌子,将废液倒入废液桶。

3.溶解热的测定

用量筒量取 100.0 mL 纯水于干燥,洁净的量热计中,放入磁力搅拌器,盖上盖子,开启磁力搅拌器,每隔 20 s 记录一次温度,记录 3 min。称取 4.0 g NH$_4$Cl,迅速加入量热计,立即盖上盖子,立即记录温度,并每隔 20 s 记录一次温度,直到温度下降到最低点,再测 3 min。停止搅拌,取出磁力搅拌子,将废液倒入废液桶。

注意:本实验也可用"化学反应热测定综合实验装置"进行,其操作方法如下:开启电源,预热仪器。将搅拌子及 HCl 溶液加入反应器,将温度传感器插入溶液中,开启搅拌,并记录起始时间,温度稳定后,加入氨水,并记录加入时间,数据上升到最高点以后,继续测定 3 min,关闭搅拌,记录结束时间。按"菜单"键进入打印界面,按"左""右"键将光标移到起始或结束时间,按"上""下"键修改时间。修改时间"间隔",如"12"s。将光标移动到"打印",按"确认"键,等待打印数据。取出磁力搅拌子,将废液倒入废液桶,并将反应器清洗干净。测量热容及溶解热的方法与此类似。

六、数据记录与处理

实验中的 NH$_4$Cl 溶液浓度很小,作为近似处理可以假定:溶液的体积为 100 mL;中和反应热只能使水和量热计的温度升高;NH$_4$Cl 溶解时吸热,只能使水和量热计温度下降。

1.反应温度随时间的变化

参考"化学反应焓变的测定"实验,自行设计表格,包括:量热计热容的测定、盐酸和氨水中和热的测定及 NH$_4$Cl 溶解热的测定。

2.以时间 t 为横坐标、温度 T 为纵坐标对上述数据用 Origin 软件作图,用外推法求得热水和冷水混合后的温度 T_3、盐酸和氨水中和反应的温度变化 $\Delta T_{中和}$ 以及 NH$_4$Cl 溶解的温度变化 $\Delta T_{溶解}$。

3.计算量热计热容、中和热、溶解热,并由这些数据计算 NH$_4$Cl 的生成焓,并对照查表得到的数据计算相对误差,分析产生误差的原因。

已知:NH$_3$(aq) 和 HCl(aq) 的标准摩尔生成焓为 -80.29 kJ·mol^{-1} 和 -167.159 kJ·mol^{-1}。

七、课后思考与拓展

1.思考题

① 分析实验产生误差的原因可能是什么?

② 为什么放热反应的温度-时间曲线的后半段逐渐下降,而吸热反应则相反?

③ 怎样利用盖斯定律计算 NH$_3$(aq) 的生成焓和 HCl(aq) 的生成焓?

④ 实验中若有少量氯化铵附在量热计器壁上,对实验结果有何影响?操作上如何避免?

2.阅读与参考资料

[1] 杨春,成文玉,王庆伦,等.氯化铵和硫酸铵生成焓与晶格能测定 [J].实验技术与管理,2013,

[2] 赵令豪，杨帆，余姗姗，等.两种形貌的纳米 ZnO 标准摩尔生成焓的测定 [J].北京石油化工学院学报，2014（1）：1-4.

实验五　化学反应速率、反应级数和活化能的测定

一、预习要求

1. 复习化学反应速率相关理论知识。
2. 学习 Origin 等相关作图软件的使用。
3. 分析本次实验中安全、环保、健康注意事项（本实验涉及的试剂、仪器安全、人身防护措施、废弃物处理知识等）。

化学反应速率、反应级数和活化能的测定

二、实验目的

1. 了解浓度、温度对反应速率的影响。
2. 测定过二硫酸铵与碘化钾反应的平均反应速率、反应级数和活化能。

三、基本原理

在水溶液中，过二硫酸铵与碘化钾发生如下反应：

$$(NH_4)_2S_2O_8 + 3KI = (NH_4)_2SO_4 + K_2SO_4 + KI_3$$

反应的离子方程式为：$S_2O_8^{2-} + 3I^- = 2SO_4^{2-} + I_3^-$　　（1）

该反应的平均反应速率与反应物物质的量浓度的关系可用下式表示：

$$v = \frac{-\Delta c(S_2O_8^{2-})}{\Delta t} \approx kc(S_2O_8^{2-})^m c(I^-)^n$$

式中，$\Delta c(S_2O_8^{2-})$ 为 $S_2O_8^{2-}$ 在 Δt 时间内物质的量浓度的改变值；$c(S_2O_8^{2-})$、$c(I^-)$ 分别为两种离子初始物质的量浓度，$mol \cdot L^{-1}$；k 为反应速率常数；m 和 n 为反应级数。

为了能够测定 $\Delta c(S_2O_8^{2-})$，在混合 $(NH_4)_2S_2O_8$ 和 KI 溶液时，同时加入一定体积的已知浓度的 $Na_2S_2O_3$ 溶液和作为指示剂的淀粉溶液，这样在反应（1）进行的同时，也进行如下的反应：

$$2S_2O_3^{2-} + I_3^- = S_4O_6^{2-} + 3I^-　　（2）$$

反应（2）进行得非常快，几乎瞬间完成，而反应（1）却慢得多，所以由反应（1）生成的 I_3^- 立即与 $S_2O_3^{2-}$ 作用生成无色的 $S_4O_6^{2-}$ 和 I^-。因此，在反应开始阶段，看不到碘与淀粉作用而产生的特有的蓝色，但是一旦 $Na_2S_2O_3$ 耗尽，反应（1）继续生成的微量的 I_3^- 立即使淀粉溶液显示蓝色，所以蓝色的出现就标志着反应（2）的完成。

从反应方程式（1）、（2）的计量关系可以看出，$S_2O_8^{2-}$ 物质的量浓度减少的量等于 $S_2O_3^{2-}$ 物质的量浓度减少量的一半，即

$$\Delta c(S_2O_8^{2-}) = \frac{\Delta c(S_2O_3^{2-})}{2}$$

由于 $S_2O_3^{2-}$ 在溶液显示蓝色时已全部耗尽，所以 $\Delta c(S_2O_8^{2-})$ 实际上就是反应开始时

$Na_2S_2O_3$ 的初始物质的量浓度。因此只要记下从反应开始到溶液出现蓝色所需要的时间,就可以求算反应(1)的平均反应速率:

$$\frac{-\Delta c(S_2O_8^{2-})}{\Delta t}=\frac{-\Delta c(S_2O_3^{2-})}{2\Delta t}=\frac{-c(Na_2S_2O_3)}{2\Delta t}$$

在固定 $\Delta c(S_2O_3^{2-})$、改变 $c(S_2O_8^{2-})$ 和 $c(I^-)$ 的条件下进行一系列实验,测得不同条件下的反应速率,就能根据 $v=kc(S_2O_8^{2-})^m c(I^-)^n$ 的关系推出反应的反应级数。

$$v_1=kc(S_2O_8^{2-})_1^m c(I^-)_1^n, \quad v_2=kc(S_2O_8^{2-})_2^m c(I^-)_1^n$$
$$v_3=kc(S_2O_8^{2-})_3^m c(I^-)_1^n, \quad v_4=kc(S_2O_8^{2-})_1^m c(I^-)_4^n$$
$$v_5=kc(S_2O_8^{2-})_1^m c(I^-)_5^n$$

由 v_1、v_2 可以求出 m 值;同理由 v_4、v_5 可以求出 n 值。

把 m、n 代入任一速率方程可进一步求出反应常数 k 为:

$$k=\frac{v}{c(S_2O_8^{2-})^m c(I^-)^n}$$

根据阿伦尼乌斯公式,反应速率常数 k 与反应温度 T 有如下关系:

$$\lg k=\frac{-E_a}{2.303RT}+\lg A$$

式中,E_a 为反应的活化能;R 为气体常数;T 为热力学温度。因此,只要测得不同温度时的 k 值,以 $\lg k$ 对 $1/T$ 作图可得一直线,由直线的斜率可求得反应的活化能 E_a,即:斜率 $=-E_a/(2.303R)$。

四、仪器、试剂及材料

仪器:恒温水浴锅,锥形瓶(250 mL,4个),量筒(10 mL 两只,25 mL 四只),秒表,温度计(0~100 ℃)。

试剂:KI(0.20 mol·L^{-1}),$(NH_4)_2S_2O_8$(0.20 mol·L^{-1}),$Na_2S_2O_3$(0.010 mol·L^{-1}),KNO_3(0.20 mol·L^{-1}),$(NH_4)_2SO_4$(0.20 mol·L^{-1}),淀粉(质量分数为0.2%)。

材料:冰。

五、实验步骤

1. 浓度对反应速率的影响

室温下按表4-1中编号1的用量分别量取 KI、淀粉、$Na_2S_2O_3$ 溶液于250 mL 锥形瓶中并摇匀。再量取 $(NH_4)_2S_2O_8$ 溶液,迅速加到上述同一锥形瓶中,同时按动秒表,并不断摇动锥形瓶,观察溶液,刚一出现蓝色,立即停止计时。记录反应时间。

表 4-1 各试剂用量

	实验编号	1	2	3	4	5
试剂用量/mL	0.20 mol·L^{-1} KI	20	20	20	10	5
	0.2%淀粉溶液	4	4	4	4	4
	0.010 mol·L^{-1} $Na_2S_2O_3$	8	8	8	8	8
	0.20 mol·L^{-1} KNO_3	—	—	—	10	15
	0.20 mol·L^{-1} $(NH_4)_2SO_4$	—	10	15	—	—
	0.20 mol·L^{-1} $(NH_4)_2S_2O_8$	20	10	5	20	20

用同样方法对编号 2~5 进行实验。为了使溶液的离子强度和总体积保持不变，在实验编号 2~5 中所减少的 KI 或 $(NH_4)_2S_2O_8$ 的量分别用 KNO_3 和 $(NH_4)_2SO_4$ 溶液补充。

2. 温度对反应速率的影响

按表 4-1 中实验编号 5 的用量分别加 KI、淀粉、$Na_2S_2O_3$ 和 KNO_3 溶液于 250 mL 锥形瓶中并摇匀，在另一个 250 mL 锥形瓶中加入 $(NH_4)_2S_2O_8$ 溶液。利用恒温水浴锅，将两个锥形瓶中的溶液温度控制在高于室温 10 K 条件下，把装有 $(NH_4)_2S_2O_8$ 溶液的锥形瓶迅速倒入另一个锥形瓶中，并在水浴锅中不断摇动，观察溶液的颜色变化，刚一出现蓝色，立即停止计时。记录反应时间和温度。然后，在高于室温 20 K、30 K 左右的条件下，重复上述实验。

六、数据记录与处理

1. 浓度对反应速率的影响——求反应级数、速率常数

将相关数据记录于表 4-2 中。

表 4-2 KI 与 $(NH_4)_2S_2O_8$ 浓度对反应速率的影响

实验编号		1	2	3	4	5
起始浓度 /mol·L^{-1}	$(NH_4)_2S_2O_8$					
	KI					
	$Na_2S_2O_3$					
反应时间 Δt/s						
$\Delta c(S_2O_3^{2-})$/mol·L^{-1}						
反应的平均速率						
速率常数 k						
反应级数		$m=$	$n=$	反应总级数 $m+n=$		

2. 温度对反应速度的影响

将相关数据记录于表 4-3 中。

表 4-3 温度对反应速率的影响

实验编号	反应温度 T/K	$1/T$	反应时间 t/s	速率常数 k	$\lg k$
5	室温				
6	室温+10 K				
7	室温+20 K				
8	室温+30 K				

以 $\lg k$ 为纵坐标，$1/T$ 为横坐标作图可得一直线，由直线的斜率可以求出反应的活化能 E_a。

3. 根据实验结果讨论浓度、温度对反应速率及速率常数的影响。

七、课后思考与拓展

1. 思考题

① 在向 KI、淀粉和 $Na_2S_2O_3$ 混合溶液中加入 $(NH_4)_2S_2O_8$ 时，为什么必须越快

越好？

② 在加入 $(NH_4)_2S_2O_8$ 时，先计时后搅拌或者先搅拌后计时，对实验结果有什么影响？

③ 若不用 $(NH_4)_2S_2O_8$ 而用 KI 的浓度变化来表示反应速率，反应速率常数 k 是否一样？为什么？

2. 能力拓展

本实验方法的现象明显，重复性好，对理解基本化学原理及数据的表达与处理能力起到了较好的作用。但也存在一些问题，如过二硫酸铵容易分解，过二硫酸铵（$0.20\ mol \cdot L^{-1}$）溶液在低温时易出现结晶现象，实验结果误差较大；另外试剂用量过大，浪费严重，不仅给后续的废水处理造成压力，也增加了实验室工作人员的工作量。针对这些问题，化学工作者进行了许多改进，可用过二硫酸钾替代过二硫酸铵，实现微型化和绿色化。请查阅资料，了解该实验实现微型化和绿色化的方法和具体措施。

3. 阅读与参考资料

[1] 马伟，张持，李倩，等.反应活化能与反应级数的测定［J］.化工高等教育，2015（4）：63-66.

[2] 王星凯，李一兵，张忠林，等.硫代硫酸钠硫化废酸中铜离子反应行为的研究［J］.太原理工大学学报，2022，（1）：27-35.

[3] 白林，徐飞，马千凤，等.过二硫酸盐与碘化物反应速率和活化能测定实验的拓展研究［J］.甘肃高师学报，2016（9）：1-4.

实验六　离子交换法测定硫酸钙的溶度积

一、预习要求

1. 复习难溶电解质的溶解度、溶度积的相关知识。

2. 复习滴定操作的相关知识。

3. 分析本次实验中安全、环保、健康注意事项（本实验涉及的试剂、仪器安全、人身防护措施、废弃物处理知识等）。

二、实验目的

1. 了解用离子交换法测定难溶电解质的溶解度和溶度积的原理和方法。

2. 了解离子交换树脂的一般使用方法。

3. 进一步练习酸碱滴定操作。

三、实验原理

常用的离子交换树脂是人工合成的固态、球状高分子聚合物，含有活性基团，并能与其他物质的离子进行选择性的离子交换反应。含有酸性基团而能与其他物质交换阳离子的称为阳离子交换树脂。含有碱性基团而能与其他物质交换阴离子的称为阴离子交换树脂。本实验用强酸型阳离子交换树脂（用 RSO_3H 表示）交换硫酸钙饱和溶液中的 Ca^{2+}。其交换反应为：

$$2R\text{-}SO_3H + Ca^{2+} \rightleftharpoons (R\text{-}SO_3)_2Ca + 2H^+$$

由于 $CaSO_4$ 是微溶盐，其溶解部分除 Ca^{2+} 和 SO_4^{2-} 外，还有离子对形式的 $Ca^{2+}SO_4^{2-}$ 存在于水溶液中，饱和溶液中存在着离子对和简单离子间的平衡：

$$Ca^{2+}SO_4^{2-}(aq) \rightleftharpoons Ca^{2+}(aq) + SO_4^{2-}(aq) \tag{1}$$

当溶液流经离子交换树脂时，由于 Ca^{2+} 被交换，平衡向右移动，$Ca^{2+}SO_4^{2-}$ 解离，结果全部的钙离子被交换为 H^+，因此流出液应是硫酸溶液。用已知浓度的氢氧化钠溶液滴定全部酸性流出液，即可求得流出液的 $c(H^+)$，从而可计算出 $CaSO_4$ 的摩尔溶解度 S（用 $mol·L^{-1}$ 表示）：

$$S = c(Ca^{2+}) + c(Ca^{2+}SO_4^{2-}) = \frac{c(H^+)}{2} \tag{2}$$

从溶解度计算 $CaSO_4$ 溶度积 $K_{sp}^{\ominus}$ 的方法如下：

设饱和 $CaSO_4$ 溶液中 $c(Ca^{2+}) = c$，则：$c(SO_4^{2-}) = c$

由式（2）得：$c(Ca^{2+}SO_4^{2-}) = S - c$

从式（1）可写出：$K_d^{\ominus} = \dfrac{c(Ca^{2+})c(SO_4^{2-})}{c(Ca^{2+}SO_4^{2-})}$

式中，$K_d^{\ominus}$ 称为离子对解离常数。对 $CaSO_4$ 来说，25 ℃时：$K_d^{\ominus} = 5.2 \times 10^{-3}$。

因此，$\dfrac{c(Ca^{2+})c(SO_4^{2-})}{c(Ca^{2+}SO_4^{2-})} = \dfrac{c^2}{S-c} = 5.2 \times 10^{-3}$

$$c^2 + 5.2 \times 10^{-3} c - 5.2 \times 10^{-3} S = 0$$

$$c = \frac{-5.2 \times 10^{-3} \pm \sqrt{2.7 \times 10^{-5} + 2.08 \times 10^{-2} S}}{2} \tag{3}$$

按溶度积定义即可计算出 $K_{sp}^{\ominus}$：

$$K_{sp}^{\ominus} = c(Ca^{2+})c(SO_4^{2-}) = c^2 \tag{4}$$

四、仪器、试剂及材料

仪器：移液管（25 mL），离子交换柱，洗耳球，碱式滴定管（50 mL），锥形瓶（250 mL），表面皿，量筒（100 mL）。

试剂：新过滤的 $CaSO_4$ 饱和溶液，强酸型阳离子交换树脂（732 型），氢氧化钠标准溶液（0.05 $mol·L^{-1}$），溴百里酚蓝（0.01%）。

材料：pH 试纸。

五、实验步骤

1. $CaSO_4$ 饱和溶液的制备

将过量 $CaSO_4$（分析纯）（0.5 g）加到 100 mL 纯水中，加热到 80 ℃，搅拌，冷却至室温。实验前过滤。

2. 装柱

进行离子交换通常在离子交换柱（见图 4-5）中进行。离子交换柱一般用玻璃制成，将处理好的树脂装入交换柱前，先将交换柱清洗干净，在交换柱的下端铺上一层玻璃丝（或者脱脂棉），加入少量水，然后缓慢倒入带水的树脂，树脂下沉而形成交换层。装柱时应防止树脂层中存留气泡，避免交换时试液与树脂无法充分接触。树脂高度一般约为柱高的 90%。

为防止加试液时树脂被冲起，可在柱的上端铺一层玻璃纤维。应当注意不能使树脂露出水面，因为树脂露于空气中，当加入溶液时，树脂间隙中会产生气泡，而使交换不完全。交换柱也可以用滴定管代替。

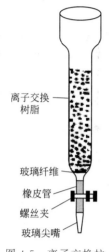

图 4-5　离子交换柱

3. 洗涤

调节交换柱下端的螺丝夹，使流速为每分钟约 50 滴，待柱中溶液液面降低至略高于树脂时，50 mL 去离子水分批加入洗涤树脂，直到流出液呈中性（用 pH 试纸检验）。此流出液全部弃去。

注意：在使用交换树脂时，应使之常处于湿润状态。为此，在任何情况下交换树脂上方都应保持有足够的溶液或去离子水。

4. 交换和洗涤

用移液管准确量取 25.00 mL $CaSO_4$ 饱和溶液，注入交换柱内。流出液用 250 mL 锥形瓶承接，流出液的流出速度控制在每分钟 40～50 滴，不宜太快。待柱内 $CaSO_4$ 饱和溶液的液面降低至略高于树脂时，分 4 次加入总共约 80 mL（用量筒量取）去离子水洗涤树脂，直到流出液呈中性（用 pH 试纸检验）。全部的流出液用同一锥形瓶承接。在整个交换和洗涤过程中应注意勿使流出液损失。

5. 滴定

往装有全部流出液的锥形瓶中加入 2～3 滴溴百里酚蓝指示剂，此时溶液显黄色。用氢氧化钠标准溶液滴定至终点（由黄色变为鲜明的蓝色，且 30 s 内不褪色，此时溶液的 pH＝6.20～7.60）。

记录实验时的温度，并根据所用氢氧化钠标准溶液的浓度和体积，计算该温度下 $CaSO_4$ 的溶解度（S）和溶度积（$K_{sp}^{\ominus}$）。

6. 再生

用量筒取 40 mL HCl 溶液，以每分钟 25～30 滴的流速流过交换柱，把交换到树脂上的 Ca^{2+} 置换下来，使树脂全部变为 H^+ 型。然后用去离子水（50～70 mL）淋洗树脂，直至流出液的 pH 值为 6～7。加入去离子水于交换柱中，液面高于树脂。

六、数据记录与处理

记录 $CaSO_4$ 饱和溶液的温度、通过交换柱的饱和溶液的体积、滴定时消耗标准溶液的体积，并计算 $CaSO_4$ 的溶解度及溶度积。

附注：$CaSO_4$ 溶解度的文献值

温度/℃	0	10	20	30
溶解度/mol·L^{-1}	1.29×10^{-2}	1.43×10^{-2}	1.50×10^{-2}	1.54×10^{-2}

七、课后思考与拓展

1. 思考题

① 离子交换树脂使用前为什么要进行预处理，强酸型阳离子交换树脂如何进行预处理？
② 如何根据实验结果计算溶解度和溶度积？
③ 操作过程中，为什么要控制液体的流速不宜太快？

④ $CaSO_4$ 饱和溶液通过交换柱时，为什么要用去离子水洗涤至溶液呈中性，且不允许流出液有所损失？

2．阅读与参考资料

[1] 颜亚盟，张仂．硫酸钙在盐水中的溶解度及溶度积实验研究［J］．盐业与化工，2014（11）：27-30．

[2] 龚志洋．HCl 替代 H_2SO_4 作为阳离子交换树脂再生剂的优势［J］．化工管理，2021（26）：15-16．

实验七　弱电解质电离度及电离常数的测定

一、预习要求

1．复习弱电解质电离度及电离常数的相关知识。

2．复习一元弱酸（碱）滴定的相关知识。

3．分析本次实验中安全、环保、健康注意事项（本实验涉及的试剂、仪器安全、人身防护措施、废弃物处理知识等）。

二、实验目的

1．测定乙酸的电离度和电离常数。

2．掌握滴定原理、滴定操作及正确判断滴定终点。

3．练习使用 pH 计、滴定管、容量瓶的使用方法。

三、实验原理

乙酸（CH_3COOH 或写出 HAc）是弱电解质，在溶液中存在下列电离平衡：

$$HAc \rightleftharpoons H^+ + Ac^-$$

起始浓度/mol·L^{-1}　　　　　c　　　　0　　　　0

平衡浓度/mol·L^{-1}　　　　$c-c\alpha$　　$c\alpha$　　$c\alpha$

$K_a^\ominus = \dfrac{[H^+][Ac^-]}{[HAc]} = \dfrac{(c\alpha)^2}{c-c\alpha} = \dfrac{c\alpha^2}{1-\alpha}$，当 $\alpha < 5\%$ 时，$1-\alpha \approx 1$。

故 $K_a^\ominus = c\alpha^2$，而 $[H^+] = c\alpha$，得 $\alpha = [H^+]/c$。

式中，c 为 HAc 的起始浓度，通过已知浓度的 NaOH 溶液滴定测出。HAc 溶液的 pH 值由数显 pH 计测定，然后根据 $pH = -lg[H^+]$，得 $[H^+] = 10^{-pH}$，把 $[H^+]$、c 代入上式即可求算出电离度 α 和电离平衡常数 $K_a^\ominus$。

四、仪器及试剂

仪器：数显 pH 计，酸式滴定管（50 mL），碱式滴定管（50 mL），烧杯，温度计，锥形瓶（250 mL），移液管（25 mL），洗耳球等。

药品：NaOH 标准溶液（约 0.1 mol·L^{-1}），未知浓度的 HAc 溶液。

五、实验步骤

1．乙酸溶液浓度的标定

用移液管移取 25.00 mL HAc 溶液于锥形瓶中，加入纯水 25 mL，再加入 2 滴酚酞指示剂，立即用 NaOH 标准溶液滴定至呈浅红色并 30 s 不消失即为终点。再平行滴定 2 次，并记录数据。

2.配制不同浓度的乙酸溶液，并测定 pH 值。

把乙酸溶液配制成 $c/2$、$c/4$ 的溶液，分别测定 c、$c/2$、$c/4$ 乙酸溶液的 pH 值。

六、数据记录与处理

1.设计表格，列出实验数据，并计算乙酸的电离常数与电离度。

2.根据实验结果讨论乙酸电离度与浓度之间的关系。

七、课后思考与拓展

1.思考题

① 若所用 HAc 溶液的浓度极稀，是否还能用近似公式 $K_a = c\alpha^2$ 来计算 K_a，为什么？

② 若改变 HAc 溶液的浓度或温度，对实验结果 K_a 及 α 有何影响？

③ 测定 HAc 溶液的 pH 值时，要按溶液从稀到浓的次序进行，如果要按溶液从浓到稀的次序进行，对测定结果有何影响？

2.能力拓展

查阅资料，了解弱电解质电离度与电离常数的测定方法还有哪些，各有什么优缺点？

3.阅读与参考资料

[1] 陈彦玲，王彬彬，蔡艳，等.醋酸电离度和电离常数测定方法的比较研究［J］.长春师范学院学报（自然科学版），2009（8）：39-42.

[2] 马晓光.醋酸电离度和电离常数的实验测定［J］.赤峰学院学报（自然科学版），2009，25（10）：15-16.

实验八　置换法测定摩尔气体常数 R

一、预习要求

1.复习理想气体状态方程及气体分压定律相关知识。

2.了解气体体积测量方法。

3.分析本次实验中安全、环保、健康注意事项（本实验涉及的试剂、仪器安全、人身防护措施、废弃物处理知识等）。

二、实验目的

1.熟练掌握理想气体状态方程在多组分混合气体条件下的应用。

2.掌握气体分压定律。

3.练习测量气体体积的操作和分析天平的使用。

三、基本原理

由理想气体状态方程：$pV = nRT$，已知 p、V、n、T，可计算 R。

活泼金属镁与稀硫酸反应，置换出氢气：

$$Mg + H_2SO_4 = MgSO_4 + H_2\uparrow$$

准确称取一定质量 $m(Mg)$ 的金属镁，使其与过量的稀 H_2SO_4 反应，在一定温度和压力下测定被置换出来的氢气体积 $V(H_2)$，由理想气体状态方程即可算出摩尔气体常数 R。其计算公式推导过程如下：

假设：环境温度 T、气压 p_0 保持不变。

反应前：量气管内封闭的空气（p_1）、水蒸气 $p(H_2O)$，总体积 V_1。

反应后：空气（p_2）、水蒸气 $p(H_2O)$、反应生成的 $H_2\ p(H_2)$，总体积 V_2。

基本方程：

$$p_1 + p(H_2O) = p_0 \quad (1)$$
$$p_2 + p(H_2O) + p(H_2) = p_0 \quad (2)$$
$$p_1 V_1 = p_2 V_2 \quad (3)$$
$$p_2 V_2 = n(H_2) RT \quad (4)$$

由以上关系式即可以求得 R。

$$R = \frac{[p_0 - p(H_2O)](V_2 - V_1)}{n(H_2) T}$$

四、仪器及试剂

仪器：电子分析天平、量气管（50 mL）、橡皮管、锥形瓶或者小试管、蝴蝶夹、铁架台。

试剂：镁条、H_2SO_4（3 mol·L^{-1}）、甘油。

材料：砂纸、称量纸、镊子。

五、实验步骤

1. 镁条的称取

准确称取两份擦去表面氧化物的镁条，每份质量 0.030~0.035 g（准确至 0.001 g）。

2. 装置安装

按照图 4-6 所示安装好仪器，注意赶尽橡皮管和量气管内的气泡，小试管的塞子要塞紧。

3. 检查装置的气密性

将量气管上下移动一段距离，并固定在滴定管夹上。若量气管内液面只在开始时稍有上升或下降，以后维持不变（观察 3~5 min），即表明装置不漏气。若量气管内液面随之有明显上升或下降，说明装置漏气。应重复检查各接口处是否严密，直至确保不漏气为止。

4. 固定镁条，加入硫酸

取下反应试管，用长颈漏斗注入 6~8 mL 3 mol·L^{-1} 硫酸（注意切勿使酸沾污管壁），把镁条用甘油（或者纯水）湿润后贴于试管内壁，不得使镁条与酸接触。重新把反应容器塞子塞紧。再次检查装置气密性（为了确认仪器是否真的不漏气，此时可以打开试管的胶塞，若量气管的水位不断下降，才说明反应器与量气管是相通的，证明不漏气。否则漏气，需要重新检

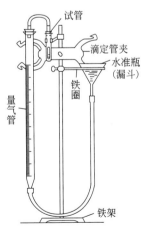

图 4-6 摩尔气体常数测定装置

查），上下移动漏斗，使漏斗液面与量气管液面保持同一水平，记下量气管液面位置 V_1。注意：V_1 不能太大，应控制 $V_1 < 5$ mL。

5. 让镁条与硫酸充分反应

将试管底部略微抬高，酸与镁条接触，迅速反应。反应完毕，待反应试管冷却至室温后，再次移动漏斗，使其液面与量气管内液面处于同一水平，记录量气管中液面位置 V_2。3 min 后，再记录液面位置，直至两次读数一致（若两次结果始终不能一致，则本次实验失败）。记录室温 T，由气压计读出当时大气压 p_0。

六、数据记录与处理

1. 设计表格，列出实验数据，并计算平均摩尔气体常数。
2. 将测定值与理论值对比，计算相对误差，分析误差产生的原因。

七、课后思考与拓展

1. 思考题

① 读取量气管内液面刻度时，为何要使量气管和小漏斗液面保持同一水平面？
② 反应前量气管液面上部及试管内封入的气体对实验是否有影响？为什么？
③ 反应后，如果有部分水从漏斗溢出，对实验是否有影响？为什么？

2. 阅读与参考资料

[1] 吴茂英，肖楚民，冯晓之. 置换法测定摩尔气体常数微型实验的改进 [J]. 中山大学学报论丛. 1998，18（6）：36-38.

[2] 晏小红. "置换法测定摩尔气体常数 R" 的实验教改研究 [J]. 成功（教育版），2013（6）：25-26.

[3] 胡胜利，蔺杰. "置换法测定摩尔体常数" 最佳实验条件的探讨 [J]. 陇东学院学报（自然科学版）. 2007，17（1）：51-53.

实验九 液相反应（$I_3^- \rightleftharpoons I_2 + I^-$ 体系）平衡常数的测定

一、预习要求

1. 复习液相平衡体系相关理论知识。
2. 分析本次实验中安全、环保、健康注意事项（本实验涉及的试剂、仪器安全、人身防护措施、废弃物处理知识等）。

二、实验目的

1. 测定 $I_3^- \rightleftharpoons I_2 + I^-$ 体系的平衡常数，加深对化学平衡和平衡常数的理解。
2. 进一步熟悉滴定操作，掌握淀粉指示剂的使用。

三、实验原理

碘容易溶解于碘化钾溶液，生成 I_3^-。在一定温度下建立平衡：$I_3^- \rightleftharpoons I_2 + I^-$。

其平衡常数表达为：

$$K_a = \frac{a_{I_2} \cdot a_{I^-}}{a_{I_3^-}} = \frac{[I_2][I^-]}{[I_3^-]} \times \frac{\gamma_{I_2} \gamma_{I^-}}{\gamma_{I_3^-}} \tag{1}$$

式中，a、[ ]、γ 分别表示各物质的活度、物质的量浓度以及活度系数。K_a 越大，I_3^- 越不稳定。在离子强度不大的溶液中，可以近似 $\frac{\gamma_{I_2} \gamma_{I^-}}{\gamma_{I_3^-}} = 1$，所以有：

$$K_a \approx \frac{[I_2][I^-]}{[I_3^-]} = K_c \tag{2}$$

为了测定上述平衡体系中各组分的浓度，可以将已知浓度 c 的 KI 溶液与过量的固体碘一起振荡，达到平衡后用 $Na_2S_2O_3$ 标准溶液滴定，便可以求得溶液中的总浓度。

$$2S_2O_3^{2-} + I_3^- \rightleftharpoons S_4O_6^{2-} + 3I^-$$

$$c^1 = c(I_3^-)_\text{平} + c(I_2)_\text{平}$$

式中，$c(I_2)_\text{平}$ 可以用 I_2 在纯水中的饱和浓度代替。其方法是：将过量的碘与纯水一起振荡，平衡后用 $Na_2S_2O_3$ 标准溶液滴定，就可以确定 $c(I_2)_\text{平}$。

$$2S_2O_3^{2-} + I_2 \rightleftharpoons S_4O_6^{2-} + 2I^-$$

同时也确定了 $c(I_3^-)_\text{平}$，即

$$c(I_3^-)_\text{平} = c^1 - c(I_2)_\text{平}$$

由于形成一个 I_3^- 要消耗一个 I^-，所以平衡时 I^- 的浓度为：$c(I^-)_\text{平} = c - c(I_3^-)_\text{平}$。

将 $c(I^-)_\text{平}$、$c(I_3^-)_\text{平}$、$c(I_2)_\text{平}$ 代入式(2)，便可以求出该温度下的平衡常数 K_c。

四、仪器及试剂

仪器：天平，移液管（10 mL）、锥形瓶（250 mL）、碘量瓶（100 mL、500 mL）、酸式滴定管（50 mL）、洗耳球、量筒、胶头滴管等。

试剂：I_2 固体，KI（0.100 mol·L^{-1}，0.200 mol·L^{-1}，0.300 mol·L^{-1}），$Na_2S_2O_3$ 标准溶液（0.0500 mol·L^{-1}），淀粉溶液 0.5%（质量分数）。

五、实验步骤

1. 取三个 100 mL 干燥的碘量瓶和一个 500 mL 碘量瓶，按照下表所列的量配好溶液。然后在室温下强烈振荡 25 min，静置，待过量的固体 I_2 沉于瓶底后，取上层清液分析。

编号	1	2	3	4
$c(KI)$/mol·L^{-1}	0.100	0.200	0.300	
$V(KI)$/mL	50	50	50	
$m(I_2)$/g	2.0	2.0	2.0	2.0
$V(H_2O)$/mL				250

2. 在 1~3 号碘量瓶中分别吸取上层清液 10.00 mL 于 250 mL 锥形瓶中，加入约 30 mL 蒸馏水，用 $Na_2S_2O_3$ 标准溶液滴定至淡黄色，然后加入 2 mL 淀粉溶液，继续滴定至蓝色刚好消失，记下消耗 $Na_2S_2O_3$ 溶液的体积。

3. 在 4 号碘量瓶中吸取上层清液 100 mL 于 250 mL 锥形瓶中，用 $Na_2S_2O_3$ 标准溶液滴定至淡黄色，然后加入 2 mL 淀粉溶液，继续滴定至蓝色刚好消失，记下消耗 $Na_2S_2O_3$ 溶

液的体积。

六、数据记录与处理

设计表格，记录实验数据，计算 $I_3^- \rightleftharpoons I_2 + I^-$ 体系的平衡常数。

七、课后思考与拓展

1. 思考题

① 由于碘易挥发，所以在取其溶液和滴定操作上要注意些什么？

② 在固体碘和碘化钾溶液反应时，如果碘的量不够，将有何影响？碘的用量是否一定要准确称量？

③ 在实验过程中，如果：吸取清液进行滴定时不小心吸进一些碘微粒；饱和的碘水放置很久才进行滴定；振荡时间不够，对实验结果分别将产生什么影响？

2. 阅读与参考资料

[1] 张晔,王芳.超声波辅助测定 $I_3^- \rightleftharpoons I^- + I_2$ 平衡常数实验的微型化 [J].化学教育（中英文），2018（18）：35-37.

[2] 姚鹏程.I_2 与 I^- 平衡常数实验废液中碘含量的测定和回收 [J].沧州师范学院学报，2019，35（1）：37-39.

实验十　氧化还原与电化学

一、预习要求

1. 复习教材中电极电势、能斯特方程式、电极电势的应用等相关内容。
2. 复习试管、胶头滴管的操作方法及试剂的取用方法。
3. 分析本次实验中安全、环保、健康注意事项（本实验涉及的试剂、仪器安全、人身防护措施、废弃物处理知识等）。

二、实验目的

1. 了解原电池的装置和原理，掌握电极电势对氧化还原反应的影响。
2. 了解电解和电化学腐蚀的基本原理。
3. 加深认识电极电势与氧化还原方向的关系。
4. 定性观察浓度、酸度、介质和沉淀的生成对氧化还原反应的影响。

三、实验原理

氧化还原反应的实质是电子转移或电子偏移。氧化剂、还原剂的氧化、还原能力的相对高低可用氧化还原电对的电极电势的大小来衡量。电极电势的代数值越大，该电对所对应氧化态物质的氧化能力越强，还原态物质的还原能力越弱。对任意电极的电极反应表示为：a 氧化态(Ox) $+ ne^- \rightleftharpoons b$ 还原态(Red)，其电极电势可根据能斯特（Nernst）方程式（298.15 K）计算：

$$E = E^\ominus + \frac{0.059\,\text{V}}{n} \lg \frac{[c_{氧}]^a}{[c_{还}]^b}$$

溶液的 pH 值、介质的酸碱性、有沉淀或配合物生成等，都会引起某些电对的电极电势的改变。凡是影响电极电势大小的因素，都将影响氧化剂/还原剂的氧化/还原能力。

原电池是利用氧化还原反应产生电流的装置，原电池的电动势 $E = E_{(+)} - E_{(-)}$，若 $E > 0$，则原电池反应能够正向自发进行，氧化剂能氧化还原剂。

电化学腐蚀是由于金属在电解质溶液中发生与原电池相似的电化学过程而引起的一种腐蚀。腐蚀电池中较活泼的金属作为阳极被氧化，而阴极仅起传递电子的作用，本身不被腐蚀。

电解池是利用电能产生化学反应的装置。电极符号由外电源确定，与直流电源正极相连的电极是阳极，与直流电源负极相连的电极是阴极，阳极发生氧化反应，阴极发生还原反应。

四、仪器、试剂及材料

仪器：伏特计或万用表，直流稳压电源，烧杯（50 mL），盐桥（充有琼脂的饱和 KCl 溶液的 U 形管），点滴板，试管，量筒等。

试剂：$ZnSO_4$（0.1 mol·L^{-1}），$CuSO_4$（0.1 mol·L^{-1}），Na_2SO_4（0.5 mol·L^{-1}），HCl（1 mol·L^{-1}、2 mol·L^{-1}），H_2SO_4（1 mol·L^{-1}、3 mol·L^{-1}），NaOH（6 mol·L^{-1}），Na_2SO_3（0.1 mol·L^{-1}），$KMnO_4$（0.01 mol·L^{-1}），HAc（6 mol·L^{-1}），KI（0.1 mol·L^{-1}），KBr（0.1 mol·L^{-1}），$FeCl_3$（0.1 mol·L^{-1}），$FeSO_4$（0.1 mol·L^{-1}），$K_3[Fe(CN)_6]$（0.1 mol·L^{-1}），乌洛托品（20%），酚酞（1%），MnO_2（s，分析纯），Na_2SO_3（s，分析纯），锌粒（化学纯），溴水，碘水，环己烷。

材料：滤纸，淀粉-KI 试纸，电极用锌片、铜片、铁钉、石墨电极，砂纸，导线。

五、实验步骤

1. 原电池

① 在 50 mL 小烧杯中加入 0.1 mol·L^{-1} $CuSO_4$ 溶液 20 mL，另一只小烧杯中加入 0.1 mol·L^{-1} $ZnSO_4$ 溶液 20 mL，然后将铜片插入 $CuSO_4$ 溶液，锌片插入 $ZnSO_4$ 溶液，将盐桥插入两烧杯中，将铜片与锌片通过导线分别与万用电表的负极和正极相连，组成原电池，观察并记录电位差读数。

② 在 $CuSO_4$ 溶液中加浓氨水至生成的沉淀溶解，此时 Cu^{2+} 被氨水络合，测量此时的电位差，分析电位差发生变化的原因。

③ 将被氨水络合的 $CuSO_4$ 溶液换成 0.1 mol·L^{-1} 的 $CuSO_4$ 溶液 20 mL。在 $ZnSO_4$ 溶液中加浓氨水至生成的沉淀溶解，此时 Zn^{2+} 被氨水络合，测量此时的电位差，分析电位差发生变化的原因。

2. 电解

① 在点滴板上放上一小片滤纸，滴上 2 滴 Na_2SO_4 溶液和 1 滴酚酞溶液，用 15 V 直流稳压电源使用铜电极进行电解，观察现象。记录相应的现象，分别写出阴极、阳极的反应，并解释产生该现象的原因。

② 在点滴板上放上淀粉-碘化钾试纸，滴加纯水润湿，用石墨电极电解淀粉-KI 溶液。记录相应的现象，分别写出阴极、阳极的反应，并解释产生该现象的原因。

3. 腐蚀及防止

① 原电池的形成对腐蚀的影响：取 2 mol·L^{-1} HCl 1 mL 于试管中，放入一粒锌粒，观察现象，再用一段铜丝伸入试管中并与锌粒接触，观察变化。记录现象，写出相应的反应式并解释原因。

② 乌洛托品的缓蚀作用：取两支试管，各加入 2 mol·L^{-1} HCl 溶液 2 mL 和 1 滴 0.1 mol·L^{-1} K$_3$[Fe(CN)$_6$] 溶液，其中一支加 5 滴 20% 乌洛托品，另一支加 5 滴去离子水，再各放入一颗去锈的铁钉。比较两管出现颜色的深浅和快慢。记录现象，写出相应的反应式，并解释原因。

提示：$3Fe^{2+} + 2[Fe(CN)_6]^{3-} \Longleftrightarrow Fe_3[Fe(CN)_6]_2 \downarrow$，生成蓝色沉淀（滕氏蓝），该反应可用于鉴别 Fe^{2+}。

4. 氧化还原反应的方向

① 取一支试管，向其中加入 10 滴 0.1 mol·L^{-1} KI 溶液和 2 滴 0.1 mol·L^{-1} 的 FeCl$_3$ 溶液，再加入数滴环己烷，充分振荡，观察环己烷层的颜色变化，然后再向试管中加入 5 mL 纯水及几滴 0.1 mol·L^{-1} 的 K$_3$[Fe(CN)$_6$] 溶液，观察水层的颜色变化。另取一支试管，用 0.1 mol·L^{-1} KBr 溶液代替 0.1 mol·L^{-1} KI 溶液进行上述实验，观察反应能否发生。记录现象，写出相应的反应式，并解释原因。

提示：I_2 溶解在有机溶剂中为紫色，而 Br_2 溶解在有机溶剂为橙色。

② 向 2 支试管中分别加入 2 滴饱和碘水和饱和溴水，然后各加入 10 滴 0.1 mol·L^{-1} FeSO$_4$，振荡试管，观察现象，再加入数滴环己烷，振荡试管观察环己烷层有无变化。记录现象，写出相应的反应式，并解释原因。

5. 酸度对氧化还原反应的影响

① 取一支试管，向其中加入少量 MnO$_2$ 固体和 2 mL 1 mol·L^{-1} HCl 溶液，用湿润的淀粉-碘化钾试纸检验管口有无 Cl$_2$ 产生。另取一支试管用浓 HCl 代替 1 mol·L^{-1} HCl 溶液进行试验，结果如何？记录现象，写出相应的反应式，并解释原因。

② 在两支试管中各加入 10 滴 0.1 mol·L^{-1} KBr 溶液，分别加入 10 滴 3 mol·L^{-1} H$_2$SO$_4$ 和 10 滴 6 mol·L^{-1} HAc，然后再加入 2 滴 0.01 mol·L^{-1} KMnO$_4$ 溶液，观察并比较两支试管中紫红色褪色的快慢。记录现象，写出离子反应方程式并解释之。

6. 介质对氧化还原反应的影响

在三支试管中分别滴入 2 滴 0.01 mol·L^{-1} KMnO$_4$ 溶液，然后向第一试管中加入数滴 3 mol·L^{-1} H$_2$SO$_4$ 溶液酸化；在第二支试管中加入数滴去离子水；在第三支试管中加入数滴 6 mol·L^{-1} 的 NaOH 溶液碱化。再向各试管中加入少量 Na$_2$SO$_3$ 粉末，观察现象并写出反应式。

7. 沉淀的生成对氧化还原反应的影响

在试管中加入 10 滴 0.1 mol·L^{-1} 的 CuSO$_4$ 溶液，再加入 10 滴 0.1 mol·L^{-1} KI 溶液，观察实验现象，将上述混合溶液分成两份，一份加入数滴 0.05 mol·L^{-1} 的 Na$_2$S$_2$O$_3$ 溶液，以消除 I_2 的颜色，以便观察沉淀的颜色；另一份中加入数滴环己烷，充分振荡，观察环己烷的颜色有何变化。

六、课后思考与拓展

1. 思考题

① 电极电势受哪些因素影响？如何提高氧化剂 MnO_4^-、$Cr_2O_7^{2-}$ 的氧化能力？

② 电极电势差值（即电动势）越大的氧化还原反应是否反应速率越快？
③ 为什么 $KMnO_4$ 能氧化盐酸中的 Cl^-，而不能氧化氯化钠溶液中的 Cl^-？
④ 若用 $FeCl_3$ 分别与 KBr、KI 溶液反应并加入苯，估计苯层的颜色。

2.能力拓展

查阅文献，了解新能源汽车电池应用现状及发展趋势。

3.阅读与参考资料

[1] 方琳，王冰，唐立丹，等.氧化还原反应条件对二氧化锰粉体晶型和形貌的影响[J].电子元件与材料，2018，37（4）：29-33.

[2] 李新学.沉淀生成影响氧化还原反应方向的实验设计与异常现象解释[J].大学化学，2018，33（6）：45-47.

[3] 林红剑.锌铜原电池实验的改进[J].化学教与学，2021（1）：97.

实验十一　常见阳离子的分离与鉴定

一、预习要求

1.复习常见阳离子的基本性质。

2.复习试剂的取用、水浴加热、离心分离和沉淀的洗涤等操作方法。

3.分析本次实验中安全、环保、健康注意事项（本实验涉及的试剂、仪器安全、人身防护措施、废弃物处理知识等）。

二、实验目的

1.掌握用两酸两碱系统分析法对常见阳离子进行分组分离的原理和方法。

2.掌握分离、鉴定的基本操作与实验技能。

3.掌握常见阳离子的鉴定方法。

三、实验原理

要正确鉴定无机离子，常见的方法有系统分析法和分别鉴定法。分别鉴定法是分别取一定量的试液，设法排除相应的干扰，再加入特征试剂，直接进行鉴定的方法。系统分析法是将可能共存的离子按一定顺序，用"组试剂"将性质相似的离子分成若干组，再用特殊试剂分别鉴定出各种离子。

在离子鉴定中，对试剂的选择较为重要。一种试剂与极少数离子发生反应，则这种反应称为选择性反应。与离子发生反应的试剂数量越少，试剂的选择性越高。若试剂只与一种离子起反应，则称为该离子的特效反应，所用试剂称为特效试剂。例如，用 NaOH 鉴定 NH_4^+ 的反应，不受其他共有成分的干扰，因此，该反应是鉴定 NH_4^+ 的特效反应，NaOH 是鉴定 NH_4^+ 的特效试剂。在实际离子分析中，真正的特效反应很少，所以特效反应是相对的、有条件的。但在离子鉴定中，如果适当控制反应条件，如溶液的酸度、掩蔽或分离干扰离子等，也可在一定程度上提高反应的选择性，甚至使之成为特效反应。

为了提高分析结果的准确性，应进行空白实验和对照实验，空白实验是以蒸馏水代替试液，而对照实验是用已知含有被检验离子的溶液代替试液。

阳离子的种类较多，常见的有二十多种，个别检出时，容易发生相互干扰，所以一般阳离子分析都是利用阳离子某些共同特性，先分成几组，然后再根据阳离子的个别特性加以检出。在阳离子系统分离中利用不同的组试剂，有很多不同的分组方案。主要有硫化氢系统分析法（见表4-4）和两酸两碱分析法。

表4-4 阳离子的硫化氢系统分析法

分组依据	硫化物不溶于水				硫化物溶于水	
	在稀酸中生成硫化物沉淀			在稀酸中不生成硫化物沉淀	碳酸盐不溶于水	碳酸盐溶于水
	氯化物不溶	氯化物易溶				
		硫化物不溶于硫化钠	硫化物溶于硫化钠			
相应离子	Ag^+，Hg_2^{2+}，Pb^{2+}	Pb^{2+}，Bi^{3+}，Cu^{2+}，Cd^{2+}	Hg^{2+}，$As(Ⅲ,V)$，$Sb(Ⅲ,V)$，Sn^{2+}，Sn^{4+}	Fe^{3+}，Fe^{2+}，Al^{3+}，Mn^{2+}，Cr^{3+}，Zn^{2+}，Co^{2+}，Ni^{2+}	Ba^{2+}，Sr^{2+}，Ca^{2+}，Mg^{2+}	Na^+，K^+，NH_4^+
组名称	第一组 盐酸组	第二组 硫化氢组		第三组 硫化铵组	第四组 碳酸铵组	第五组 可溶组
组试剂	HCl	H_2S (0.3 $mol·L^{-1}$ HCl)		$(NH_4)_2S$ (NH_3-NH_4Cl)	$(NH_4)_2CO_3$, (NH_3-NH_4Cl)	

注意：Pb^{2+}浓度大时大部分沉淀；系统分析中要加入铵盐，需另行检出。

两酸两碱分析法是一种以氢氧化物酸碱性与形成配合物性质不同为基础，以HCl、H_2SO_4、$NH_3·H_2O$、NaOH、$(NH_4)_2S$为组试剂的分组方法。本方法将常见的二十多种阳离子分为六组。

第一组：盐酸组 Ag^+，Hg_2^{2+}，Pb^{2+}。

第二组：硫酸组 Ba^{2+}，Ca^{2+}，Pb^{2+}。

第三组：氨合物组 Cu^{2+}，Cd^{2+}，Zn^{2+}，Co^{2+}，Ni^{2+}。

第四组：易溶组 Na^+，NH_4^+，Mg^{2+}，K^+。

第五组：两性组 Al^{3+}，Cr^{3+}，$Sb^{Ⅲ,V}$，$Sn^{Ⅱ,Ⅳ}$。

第六组：氢氧化物组 Fe^{2+}，Fe^{3+}，Bi^{3+}，Mn^{2+}，Hg^{2+}。

用两酸两碱系统分析法分析阳离子的基本思路是：先用HCl溶液将能形成氯化物沉淀的Ag^+、Hg_2^{2+}、Pb^{2+}分离除去，再用H_2SO_4溶液将能形成难溶硫酸盐的Ba^{2+}、Ca^{2+}、Pb^{2+}分离除去，然后用$NH_3·H_2O$和NaOH溶液将剩余的离子进一步分组，每组分出后，继续进行组内分离，直至鉴定时相互不发生干扰为止。在实际分析中，如发现某组离子整组不存在（无沉淀产生），这组离子的分析就可省去，从而大大简化了分析的手续。

四、仪器及试剂

仪器：离心机，恒温水浴锅，试管，点滴板，离心试管。

试剂：$AgNO_3$（0.1 $mol·L^{-1}$），NaCl（0.1 $mol·L^{-1}$），$NH_3·H_2O$（6 $mol·L^{-1}$、2 $mol·L^{-1}$），$Pb(NO_3)_2$（0.1 $mol·L^{-1}$），HAc（6 $mol·L^{-1}$），K_2CrO_4（0.1 $mol·L^{-1}$），

$CaCl_2$(0.1 mol·L^{-1})、饱和$(NH_4)_2C_2O_4$、$CuSO_4$(0.1 mol·L^{-1})、$K_4[Fe(CN)_6]$(0.1 mol·L^{-1})、$ZnSO_4$(0.1 mol·L^{-1})、NaOH(2 mol·L^{-1}、6 mol·L^{-1})、0.01%双硫腙-CCl_4、$CoCl_2$(0.1 mol·L^{-1})、饱和 KSCN、$NiCl_2$(0.1 mol·L^{-1})、1%丁二酮肟、$MgSO_4$(0.1 mol·L^{-1})、KCl(0.1 mol·L^{-1})、$Na_3[Co(NO_2)_6]$(0.2 mol·L^{-1})、$AlCl_3$(0.1 mol·L^{-1})、0.1%茜素黄酸钠、$CrCl_3$(0.1 mol·L^{-1})、3% H_2O_2、$FeCl_3$(0.1 mol·L^{-1})、KSCN(0.1 mol·L^{-1})、$K_4[Fe(CN)_6]$(0.1 mol·L^{-1})、$FeSO_4$(0.1 mol·L^{-1})、1%邻二氮菲、$HgCl_2$(0.1 mol·L^{-1})、$SnCl_2$(0.2 mol·L^{-1})、丙酮（分析纯）、乙醚（分析纯）、镁试剂。

五、实验步骤

1. 常见阳离子的鉴定

（1）Ag^+ 的鉴定

在离心试管中加入 5 滴 0.1 mol·L^{-1} $AgNO_3$ 试液，滴加 5 滴 0.1 mol·L^{-1} NaCl 溶液，生成白色沉淀。离心分离，弃去上清液，用蒸馏水洗涤沉淀。向沉淀中加入 6 mol·L^{-1} $NH_3·H_2O$ 至沉淀溶解，再用稀 HNO_3 酸化，如有白色沉淀产生，表示有 Ag^+ 存在。

（2）Pb^{2+} 的鉴定

取 0.1 mol·L^{-1} 的 $Pb(NO_3)_2$ 试液 5 滴于试管中，加入 6 mol·L^{-1} HAc 溶液 1 滴，再滴加 0.1 mol·L^{-1} K_2CrO_4 溶液，若生成黄色沉淀，表示有 Pb^{2+}（提示：Ag_2CrO_4 砖红色、Hg_2CrO_4 红色、$BaCrO_4$ 黄色，但 $PbCrO_4$ 能溶于 NaOH，$BaCrO_4$ 不能溶于 NaOH）。该法也适合 Ba^{2+} 的鉴定，先调节 pH 值至 4~5，再加入 K_2CrO_4 溶液，看是否有黄色沉淀生成。

（3）Ca^{2+} 的鉴定

取 0.1 mol·L^{-1} 的 $CaCl_2$ 试液 5 滴于试管中，加入 $(NH_4)_2C_2O_4$ 饱和溶液，水浴加热后，有白色沉淀生成，表示有 Ca^{2+} 存在。

（4）Cu^{2+} 的鉴定

① 取 0.1 mol·L^{-1} 的 $CuSO_4$ 试液 3 滴于试管中，加入 HAc 酸化后，加入 $K_4[Fe(CN)_6]$ 溶液 1~2 滴，生成红棕色（豆沙色）沉淀，表示有 Cu^{2+} 存在。

② Cu^{2+} 还可用形成深蓝色 $[Cu(NH_3)_4]^{2+}$ 来鉴定，但大量 Ni^{2+} 的存在会干扰鉴定，因为 $[Ni(NH_3)_4]^{2+}$ 在水中呈蓝色，在浓氨水中呈紫色。

③ 在酸性介质中，Cu^{2+} 会与 I$^-$ 反应生成 CuI_2 沉淀，也可用于鉴定 Cu^{2+}。

（5）Zn^{2+} 的鉴定

取 0.1 mol·L^{-1} 的 $ZnSO_4$ 试液 3 滴于试管中，加入 6~7 滴 2 mol·L^{-1} NaOH 溶液，再加入 0.5 mL 0.01%双硫腙-CCl_4 溶液，振荡混合均匀后放入水浴中加热（其间应经常搅动液面），若水层呈粉红色（或玫瑰红色），CCl_4 层为棕色，表示有 Zn^{2+} 存在。

（6）Co^{2+} 的鉴定

取 0.1 mol·L^{-1} 的 $CoCl_2$ 试液 5 滴于试管中，用 HCl 酸化，再加入饱和 KSCN 溶液 5~6 滴和丙酮 10 滴，振荡后，有机层显蓝色，表示有 Co^{2+} 存在。

（7）Ni^+ 的鉴定

取 0.1 mol·L^{-1} 的 $NiCl_2$ 试液 5 滴于试管中，滴加 2 mol·L^{-1} $NH_3·H_2O$ 至生成的沉淀

刚好溶解，再滴加1%丁二酮肟溶液，若有鲜红色沉淀，表示有Ni^{2+}存在。

(8) Mg^{2+}的鉴定

取0.1 mol·L^{-1}的$MgSO_4$试液3滴于试管，加入6 mol·L^{-1} NaOH及镁试剂各1~2滴，搅匀后，如有天蓝色沉淀生成，表示有Mg^{2+}存在。

(9) K^+的鉴定

取0.1 mol·L^{-1}的KCl试液5滴于试管中，加入4~5滴$Na_3[Co(NO_2)_6]$溶液，用玻璃棒搅拌，并摩擦试管内壁，片刻后，如有黄色沉淀$K_2Na[Co(NO_2)_6]$生成，表示有K^+存在。

(10) Na^+的鉴定

取0.1 mol·L^{-1}的NaCl试液3滴于试管中，加入6 mol·L^{-1} HAc 1滴与醋酸铀酰锌溶液7~8滴，用玻璃棒摩擦试管内壁，如有黄色沉淀$NaAc·Zn(Ac)_2·3UO_2(Ac)_2·9H_2O$生成，表示有$Na^+$存在。

(11) Al^{3+}的鉴定

取0.1 mol·L^{-1}的$AlCl_3$试液5滴于试管中，用$NH_3·H_2O$调节pH值至4~9，滴加0.1%茜素黄酸钠溶液，若生成红色沉淀，表示有Al^{3+}存在（茜素黄酸钠能在pH值至4~5时与Al^{3+}生成红色配合物，并在弱碱性的氨性介质中转为红色絮状沉淀）。Al^{3+}也可用铝试剂进行鉴定。

(12) Cr^{3+}的鉴定

取0.1 mol·L^{-1}的$CrCl_3$溶液5滴于试管中，滴加2 mol·L^{-1} NaOH至生成的灰绿色沉淀溶解成亮绿色的溶液，然后加入6~7滴3%H_2O_2，在水浴上加热使溶液变成黄色，在所得黄色溶液中加入乙醚0.5 mL，用2 mol·L^{-1} HNO$_3$酸化至pH值至2~3，加入乙醚0.5 mL和2 mL 3%H_2O_2，振荡试管，乙醚层出现蓝色，表示有Cr^{3+}存在。

(13) Fe^{3+}的鉴定。

① 取0.1 mol·L^{-1}的$FeCl_3$酸性溶液5滴于试管，加入0.1 mol·L^{-1} KSCN溶液，如溶液显血红色，表示有Fe^{3+}存在。

② 取0.1 mol·L^{-1}的$FeCl_3$酸性溶液5滴于试管，加入0.1 mol·L^{-1} $K_4[Fe(CN)_6]$溶液，如生成深蓝色沉淀，表示有Fe^{3+}存在。

(14) Fe^{2+}的鉴定。

① 取0.1 mol·L^{-1}的$FeSO_4$酸性溶液5滴于试管中，加入0.1 mol·L^{-1} $K_3[Fe(CN)_6]$溶液，如生成深蓝色沉淀，表示有Fe^{2+}存在。

② 取0.1 mol·L^{-1}的$FeSO_4$试液（pH值为2~9）10滴于试管，加入1%邻二氮菲溶液，如生成橘红色溶液，表示有Fe^{2+}存在。

(15) Hg^{2+}的鉴定

取0.1 mol·L^{-1}的$HgCl_2$试液6滴于试管中，逐滴加入0.2 mol·L^{-1} $SnCl_2$溶液，若先生成白色沉淀，继而变为灰黑色沉淀，表示有Hg^{2+}存在。该法也可用于鉴定Hg_2^{2+}和Sn^{2+}。

以上鉴定在没有其他干扰离子存在的情况下进行，若有干扰离子共存，应先分离后鉴定。在实际实验教学过程中，可根据需要选取其中的部分离子进行单个离子的鉴定。

2. 常见阳离子混合溶液的分离与鉴定

(1) Ba^{2+}、Fe^{3+}、Co^{2+}、Al^{3+} 混合离子的分离与鉴定

某未知溶液中可能含有 Ba^{2+}、Fe^{3+}、Co^{2+}、Al^{3+} 中的一种或几种离子，按图 4-7 进行实验，并写出各步的实验现象和反应式。

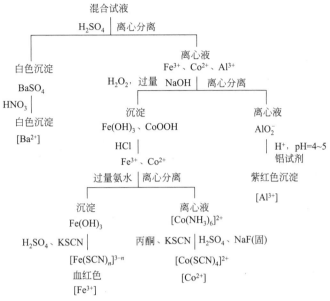

图 4-7　Ba^{2+}、Fe^{3+}、Co^{2+}、Al^{3+} 混合离子的分离与鉴定方案

(2) Fe^{3+}、Al^{3+}、Ag^+、Cu^{2+} 混合离子的分离与鉴定

Ag^+ 能生成难溶的 AgCl 沉淀，Cu^{2+} 能与 $NH_3 \cdot H_2O$ 生成氨合物，$Al(OH)_3$ 具有两性。利用这些性质，写出 Fe^{3+}、Al^{3+}、Ag^+、Cu^{2+} 混合离子的分离鉴定方案，再进行实验，并写出各步的实验现象和反应式。

六、课后思考与拓展

1. 思考题

① 在离子的分离过程中，如何判断某离子是否沉淀完全？

② 在 Fe^{3+}、Fe^{2+}、Al^{3+}、Co^{2+}、Mn^{2+}、Zn^{2+} 中，哪些离子的氢氧化物具有两性？哪里离子的氢氧化物不稳定？哪些能生成氨配合物？

③ 在进行混合离子的分离与鉴定时，其鉴定思路为何？

2. 能力拓展

请写出 Fe^{3+}、Cr^{3+}、Mn^{2+}、Ni^{2+} 混合离子的分离鉴定方案。

实验十二　硫酸亚铁铵的制备

一、预习要求

1. 复习无机化合物的相关理论知识。

2. 复习水浴加热、常压过滤、减压过滤等基本操作。

3. 分析本次实验中安全、环保、健康注意事项（本实验涉及的试剂、仪器安全、人身防护措施、废弃物处理知识等）。

二、实验目的

1. 学会利用溶解度的差异制备硫酸亚铁铵。
2. 从实验中掌握硫酸亚铁铵复盐的一般特点及性质。
3. 掌握水浴、常压过滤、减压过滤等基本操作。

三、实验原理

硫酸亚铁铵是一种重要的化工原料，用途十分广泛。它可以作净水剂；在无机化学工业中，它是制取其他铁化合物的原料，如用于制造氧化铁系颜料、磁性材料、黄血盐和其他铁盐等；它还有许多方面的直接应用，如可用作印染工业的媒染剂，制革工业中用于鞣革，木材工业中用作防腐剂，医药中用于治疗缺铁性贫血，农业中施用于缺铁性土壤，畜牧业中用作饲料添加剂等，还可以与鞣酸、没食子酸等混合后配制蓝黑墨水。在定量分析中常用作标定重铬酸钾、高锰酸钾等溶液的标准物质，还用于冶金、电镀等。

硫酸亚铁铵，俗名为莫尔盐、摩尔盐，简称 FAS，化学式 $Fe(NH_4)_2 \cdot (SO_4)_2 \cdot 6H_2O$，分子量为 392.14，是一种蓝绿色的无机复盐。它在空气中比一般亚铁盐稳定，不易被氧化，而且价格低，制造工艺简单。像所有复盐一样，硫酸亚铁铵在水中的溶解度比组成它的任何一个组分 $FeSO_4$ 或 $(NH_4)_2SO_4$ 的溶解度都小。因此，将含有 $FeSO_4$ 和 $(NH_4)_2SO_4$ 的溶液经蒸发浓缩、冷却结晶可得到摩尔盐晶体。

本实验采用还原铁粉溶于稀硫酸生成硫酸亚铁溶液：

$$Fe + H_2SO_4 =\!\!=\!\!= FeSO_4 + H_2\uparrow$$

然后在硫酸亚铁溶液中加入硫酸铵并使其全部溶解，经蒸发浓缩、冷却结晶，得到溶解度较小的硫酸亚铁铵晶体：$(NH_4)_2SO_4 \cdot FeSO_4 \cdot 6H_2O$。

$$FeSO_4 + (NH_4)_2SO_4 + 6H_2O =\!\!=\!\!= (NH_4)_2SO_4 \cdot FeSO_4 \cdot 6H_2O$$

几种物质在不同温度下的溶解度见表 4-5。

表 4-5 几种物质在不同温度下的溶解度（单位：g/100gH$_2$O）

温度/℃	0	10	20	30	40	50	60
硫酸铵	70.6	73.0	75.4	78.0	81.0		88
七水硫酸亚铁	15.6	20.5	26.5	32.9	40.2	48.6	
六水硫酸亚铁铵	12.5	17.2	21.6	28.1	33.0	40.0	

四、仪器、试剂及材料

仪器：烧杯（250 mL），锥形瓶（150 mL、50 mL，各一个），移液管，玻璃棒，漏斗，胶头滴管，酒精灯，石棉网，铁架台，蒸发皿，布氏漏斗，抽滤瓶，真空泵，台秤，水浴锅。

试剂：还原铁粉，$(NH_4)_2SO_4$（s, AR），硫酸（3 mol·L^{-1}），碳酸钠（10%），乙醇（95%）。

材料：滤纸，称量纸。

五、实验步骤

1. 硫酸亚铁的制备

用台秤称取 2.0 g 还原铁粉放入洁净的锥形瓶中,然后加入约 10 mL 3 mol·L^{-1} 硫酸,在 75℃ 水浴中加热,并经常振荡,直至反应完全(如何判断?)。再加入 1 mL 3 mol·L^{-1} 硫酸溶液(目的是什么?)。趁热常压过滤,滤液转移至蒸发皿内。

2. 硫酸亚铁铵的制备

称取 3.96 g 硫酸铵固体加入上述溶液中。水浴加热,搅拌至 $(NH_4)_2SO_4$ 完全溶解,调 pH 值为 1~2,继续蒸发浓缩至表面出现晶膜为止。冷至室温抽滤,用少量无水乙醇洗去晶体表面所吸附的水分,转移至表面皿上,晾干(或真空干燥)后称量,计算产率,回收产品。

六、数据记录与处理

梳理、总结硫酸亚铁铵的制备流程,计算产率,并与理论产率对比,分析影响产率的主要因素。

七、课后思考与拓展

1. 思考题

① 在制备硫酸亚铁铵的过程中,如何防止 Fe^{2+} 的氧化和水解?
② 为什么硫酸铵溶液和硫酸亚铁溶液混合,浓缩后会析出硫酸亚铁铵晶体?
③ 浓缩溶液制 $(NH_4)_2SO_4·FeSO_4·6H_2O$ 时,能否将溶液蒸干?为什么?
④ 制备硫酸亚铁铵晶体时,为什么要用少量酒精洗涤晶体?

2. 能力拓展

查阅资料,了解硫酸亚铁铵产品等级标准及产品检验的方法。

3. 阅读与参考资料

[1] 马瑜璐,刘圣金,邵江娟,等.硫酸亚铁铵的制备虚拟仿真实验的开发与探索[J].中国现代教育装备,2021(23):31-34.

[2] 李彩云.硫酸亚铁铵制备实验的模块化教学[J].实验室科学,2021,24(1):80-82,87.

[3] 张晔,曾云斌,李可新.硫酸亚铁铵制备材料的选择及反应时间的优化[J].赤峰学院学报(自然科学版),2020,36(2):48-50.

[4] 谢建梅,汤婷茜,高红艳,等.硫酸亚铁铵制备的最佳工艺研究[J].农产品加工,2019(12):44-46.

实验十三　硫代硫酸钠的制备

一、预习要求

1. 查阅资料了解硫代硫酸钠无机盐的组成、结构、性质和用途。
2. 复习电炉的使用,复习称量、常压过滤、减压过滤等基本实验操作。
3. 分析本次实验中安全、环保、健康注意事项(本实验涉及的试剂、仪器安全、人身防护措施、废弃物处理知识等）。

二、实验目的

1. 掌握一种制备硫代硫酸钠晶体的方法。
2. 掌握普通过滤、减压过滤、冷却结晶等基本操作。
3. 了解硫代硫酸钠的主要化学性质。

三、实验原理

硫代硫酸钠，又名次亚硫酸钠、大苏打、海波，是常见的硫代硫酸盐，化学式为 $Na_2S_2O_3$，是硫酸钠中一个氧原子被硫原子取代的产物，因此两个硫原子的氧化数分别为 -2 和 $+6$，熔点 48℃，沸点 100℃，密度 $1.667\ g\cdot cm^{-3}$，无色或白色结晶性粉末，溶于水和松节油，难溶于乙醇。主要用于照相业的定影剂。其次作鞣革时重铬酸盐的还原剂、含氮尾气的中和剂、媒染剂、麦秆和毛的漂白剂以及纸浆漂白时的脱氯剂。还用于四乙基铅、染料中间体等的制造和矿石提银等。硫代硫酸钠为氰化物的解毒剂。此外，还能与多种金属离子结合，形成无毒的硫化物由尿排出，同时还具有脱敏作用。临床上用于氰化物及腈类中毒，砷、铋、碘、汞、铅等的中毒治疗，以及治疗皮肤瘙痒症、慢性皮炎、慢性荨麻疹、药疹、疥疮、癣症等。本药不宜口服，静脉注射后迅速分布到各组织的细胞外液，半衰期为 0.65 h，大部分以原形由尿排出。氰化物中毒治疗常用 12.5～25 g 缓慢静注。金属中毒或脱敏治疗 0.5～1 g/次，静脉注射。

硫代硫酸钠的合成方法较多，有亚硫酸钠法、硫化碱法等。本实验采用亚硫酸钠法，是工业和实验室中制备 $Na_2S_2O_3\cdot 5H_2O$ 的主要方法之一，其反应方程式为：

$$Na_2SO_3 + S + 5H_2O \Longrightarrow Na_2S_2O_3\cdot 5H_2O$$

反应液经过脱色、常压过滤、浓缩结晶、减压过滤、干燥即得产品。

四、仪器、试剂及材料

仪器：百分之一电子天平，电炉，玻璃漏斗，布氏漏斗，抽滤瓶，烧杯，量筒等。

试剂：硫黄，Na_2SO_3（s，CP），乙醇（95％），活性炭。

材料：冰，滤纸。

五、实验步骤

称取 5.10 g Na_2SO_3 于 100 mL 烧杯 1 中，加 50 mL 蒸馏水，搅拌溶解。称取 1.5 g 硫黄粉于 100 mL 烧杯 2 中，加 3 mL 乙醇充分搅拌均匀。把配制好的 Na_2SO_3 溶液从烧杯 1 中全部加入烧杯 2 中，在电炉上小火加热煮沸，并不断搅拌至硫黄粉几乎全部反应。停止加热，待溶液稍冷后加 1 g 活性炭，加热煮沸 2 min。趁热减压过滤，滤液全部转移到蒸发皿中，用小火蒸发浓缩至溶液呈微黄色浑浊时停止加热。将浓缩液冷却至室温，在冰水浴中冷却结晶。然后减压过滤，用 5～10 mL 乙醇洗涤两次再抽滤。滤纸吸干，得到产品，在天平上称量。计算 $Na_2S_2O_3\cdot 5H_2O$ 的产率。

六、数据记录与处理

梳理、总结硫代硫酸钠的制备流程，计算产率，并与理论产率对比，分析影响产率的主要因素。

七、课后思考与拓展

1.思考题

用化学方程式说明硫代硫酸钠的化学性质。

(1) 溶于酸；(2) 还原性；(3) 配位性；(4) 不稳定性。

2.能力拓展

查阅资料，了解硫代硫酸钠的其他制备方法，了解硫代硫酸钠产品等级标准及产品检验的方法。

3.阅读与参考资料

[1] 陈英，赖红珍.实验室硫代硫酸钠的制备条件的研究及改进[J].绵阳师范学院学报，2015 (2)：121-126.

[2] 刘顺珍，张丽霞.硫代硫酸钠制备实验条件的优化[J].广西师范学院学报（自然科学版），2011 (1)：54-57.

[3] 程春英.硫代硫酸钠制备实验的改进[J].实验室科学，2011 (1)：64-65.

实验十四　钒酸铋黄色颜料的制备

一、预习要求

1.查阅资料，了解钒酸铋黄色颜料的制备方法及性能。

2.学习电热磁力搅拌器的使用，复习称量、抽滤等操作。

3.分析本次实验中安全、环保、健康注意事项（本实验涉及的试剂、仪器安全、人身防护措施、废弃物处理知识等）。

二、实验目的

1.学习比较准确地控制反应条件的方法。

2.学习简易回流操作的应用。

3.学习液相沉淀法合成粉体材料的原理。

三、实验原理

钒酸铋黄色颜料具有无毒、耐候性好、色泽明亮及对环境友好的优良性能，是一种有着美好前景的新型颜料，可用来代替含有铅、镉、铬等有毒元素的颜料，应用于汽车面漆、工业涂料、橡胶制品、塑料制品和印刷油墨的着色等各项性能要求很高的场合。钒酸铋颜料的合成方法主要有固相煅烧法和水溶液中的沉淀法。固相煅烧法所需温度较高、反应时间较长，并且颗粒较大、分布不均匀。液相沉淀法克服了固相煅烧法的缺点，反应物混合均匀，可以得到颗粒细小、组成均匀的 $BiVO_4$ 黄色颜料。该方法工艺简单，容易实现工业化生产，但是经化学沉淀法制备的 $BiVO_4$ 粉体容易形成十分有害的团聚体，从而影响颜料的颜色。因此，需控制沉淀的生成条件，如反应物初始浓度、溶液 pH 值、反应温度和反应时间等因素。必要时，可加入少量表面活性剂起分散作用。

化学沉淀法制备 $BiVO_4$ 黄色颜料的反应方程式为：

$$Bi(NO_3)_3 + NH_4VO_3 + H_2O = BiVO_4 + NH_4NO_3 + 2HNO_3$$

四、仪器、试剂及材料

仪器：电热磁力搅拌器，循环水真空泵，百分之一电子天平，量筒，烧杯，锥形瓶，水浴锅，电热鼓风干燥箱等。

试剂：$Bi(NO_3)_3$（1.0 mol·L^{-1}），NaOH（2.0 mol·L^{-1}、6.0 mol·L^{-1}），HNO_3（2.0 mol·L^{-1}），十二烷基苯磺酸钠（DBS）（1%），NH_4SCN（30%），$Pb(NO_3)_2$（0.1mol·L^{-1}），偏钒酸铵（s,AR），乙醇（95%）。

材料：广泛pH试纸，坩埚，滤纸。

五、实验步骤

1. NH_4VO_3 溶液的配制

称取 3.51 g 偏钒酸铵溶解于 15 mL 2 mol·L^{-1} 的 NaOH 溶液中，加水稀释后得到 1.0 mol·L^{-1} 的 NH_4VO_3 溶液 30 mL。

2. 钒酸铋粉末的制备

取 20 mL 1.0 mol·L^{-1} $Bi(NO_3)_3$ 溶液于 250 mL 锥形瓶中，加入 2 mL DBS 溶液，混合均匀。在磁力搅拌下，将 20 mL 1.0 mol·L^{-1} NH_4VO_3 溶液滴加到 $Bi(NO_3)_3$ 溶液中，水浴加热的同时用 NaOH 溶液调节其 pH=6（先快速加入 5 mL 6.0 mol·L^{-1} NaOH 溶液，后逐滴滴加 2.0 mol·L^{-1} NaOH 溶液），控制水浴温度 80～85℃保持约 1 h（为减少水分蒸发，可将坩埚放在锥形瓶口）。此过程中需维持溶液的 pH 基本恒定并检查溶液中是否有 Bi^{3+} [Bi^{3+} 检查方法：用小漏斗滤取上层清液于试管中，加入 2 滴 30% NH_4SCN 溶液后再滴加 0.1 mol·L^{-1} $Pb(NO_3)_2$ 溶液，观察是否有棕色或橙色沉淀生成，若有，则要往锥形瓶中继续滴加 NH_4VO_3 溶液至 Bi^{3+} 完全沉淀为止]。反应结束后进行抽滤，用大量蒸馏水洗涤沉淀至少三次，以洗去杂质离子，再用 95% 乙醇 10 mL 洗涤两次。最后放入烘箱中于 105℃烘约 20 min，得到松散的粉末状钒酸铋黄色颜料。冷却后称重，计算产率。

六、数据记录与处理

梳理、总结钒酸铋黄色颜料的制备工艺流程，计算产率，并与理论产率对比，分析影响产率的主要因素。

七、课后思考与拓展

1. 思考题

（1）通过本次实验总结出影响制备钒酸铋黄色颜料的因素有哪些？
（2）通过学习下面的阅读材料总结制备钒酸铋黄色颜料的最佳实验条件：
①反应物初始浓度；②溶液 pH；③反应温度；④反应时间。

2. 能力拓展

查阅资料，了解钒酸铋黄色颜料的其他制备方法，了解钒酸铋黄色颜料产品等级标准及产品检验的方法。

3. 阅读与参考资料

[1] 张萍，次立杰，张星辰，等. 钒酸铋黄色颜料的制备及其影响因素 [J]. 石家庄学院学报. 2006（6）：9-11.

[2] 王周，石建新，等. 钒酸铋黄色颜料的制备——推荐一个无机化学教学实验 [J]. 大学化学.

[3] 白丽,李兰杰,周冰晶.钒酸铋颜料研究进展[J].北方钒钛.2018(1):10-12.

实验十五　活性炭处理染料废水

一、预习要求

1.查阅资料,了解吸附剂与吸附法处理废水的相关知识。

2.学习可见分光光度计的使用、复习离心分离等操作方法。

3.分析本次实验中安全、环保、健康注意事项（本实验涉及的试剂、仪器安全、人身防护措施、废弃物处理知识等）。

二、实验目的

1.掌握可见分光光度计的使用。

2.了解活性炭在废水处理领域的应用。

3.了解单因素实验方法。

三、实验原理

染料废水成分复杂,水质变化大,色度深,浓度大,处理困难。目前,染料废水的处理方法有氧化法、电催化降解法、光催化降解法、絮凝沉淀法、生物降解法、吸附法等。其中吸附法是利用吸附剂对废水中污染物的吸附作用去除污染物,吸附法在处理染料废水时易操作控制、能量需求小、适应性强、处理效果好、成本低且无二次污染。活性炭具有发达的空隙结构和较大的比表面积,能有效地去除废水的色度,其处理效率高、操作简单,是目前最有效的吸附剂之一。

吸附作用分为物理吸附和化学吸附。物理吸附主要是依靠范德华力,包括诱导力、取向力和色散力。化学吸附的作用力是较强的价键力,它具有化学反应的特点,吸附后吸附质分子与吸附剂之间形成化学键,组成表面络合物等。活性炭吸附法水处理过程中,往往既存在物理吸附,又存在化学吸附,但对于不同的吸附物质,会以某一种占主要作用。

活性炭处理染料废水的效果可通过染料废水的脱色率评价。根据朗伯-比耳定律可知,在一定浓度范围内溶液吸光度（A）与浓度（c）成正比,因此,脱色率可用可见分光光度计在最大吸收波长（610 nm）下测定处理前后溶液的吸光度而求得。其计算公式如下:

$$D=\frac{c_0-c}{c_0}\times 100\%=\frac{A_0-A}{A_0}\times 100\%$$

式中,D 为脱色率；c_0、c 分别为处理前、后废水的浓度,mg·L^{-1}；A_0、A 分别为处理前、后废水的吸光度。

四、仪器及试剂

仪器：离心机,离心试管,可见分光光度计,磁力搅拌器,台秤,锥形瓶（250 mL）,量筒（100 mL）。

试剂：活性炭（颗粒、粉末），亚甲基蓝模拟染料废水（20 mg·L^{-1}）。

五、实验步骤

1. 配制 20 mg·L^{-1} 的亚甲基蓝模拟染料废水。

2. 称取 3.0 g 活性炭颗粒于 250 mL 锥形瓶中，加入 100 mL 染料废水，搅拌反应，每隔 10 min 取上层清液离心分离后测其吸光度。

3. 活性炭用量对脱色率有较大的影响。改变活性炭用量（4.0 g、5.0 g、6.0 g、7.0 g），按第 2 步所述方法进行实验，研究活性炭用量对脱色率的影响规律。

4. 称取 3.0 g 活性炭粉末于 250 mL 锥形瓶中，加入 100 mL 染料废水，搅拌反应 30 min，离心分离，取上清液测其吸光度。

六、数据记录与处理

1. 记录不同实验条件下，溶液吸光度随脱色率的变化，并计算出对应的脱色率。
2. 以脱色率为纵坐标，反应时间为横坐标作脱色率与吸附时间的关系曲线。
3. 分析活性炭用量与反应时间对脱色率的影响规律及原因，确定最佳活性炭用量及反应时间。
4. 比较颗粒活性炭和粉末活性炭对亚甲基蓝染料废水的处理效果。

七、课后思考与拓展

1. 思考题

① 影响活性炭处理染料废水效果的因素还有哪些？这些因素为何会影响其处理效果？
② 如何提高活性炭的吸附能力？

2. 阅读与参考资料

[1] 沈渊玮，陆善忠.活性炭在水处理中的应用 [J].工业水处理，2007（4）：13-16.
[2] 郭璇，王宇航.FeCl$_3$ 改性活性炭对罗丹明 B 的吸附性能 [J].西安工程大学学报，2017，31（4）：474-479.
[3] 王丁明，曹国凭，贾云飞，等.活性炭吸附技术在水处理中的应用 [J]，北方环境，2011（11）：190-191.

实验十六　酸碱标准溶液的配制与标定

一、预习要求

1. 复习酸碱指示剂的选择原则，酸碱标准溶液的标定原理，滴定管的使用方法。
2. 预习酸碱标准溶液的配制与标定方法。
3. 分析本次实验中安全、环保、健康注意事项（本实验涉及的试剂、仪器安全、人身防护措施、废弃物处理知识等）。

二、实验目的

1. 学会配制一定浓度的酸碱标准溶液。
2. 掌握用基准物质标定酸碱标准溶液的原理和操作。

3.熟悉甲基橙、酚酞指示剂的使用。

三、实验原理

标准溶液是指已知准确浓度可用来滴定的溶液。在酸碱滴定中，酸标准溶液常用 HCl 和 H_2SO_4 配制，其中用得较多的是 HCl 溶液。H_2SO_4 标准溶液的稳定性较好，但它的第二步解离常数不大（$pK_a^\ominus \approx 2$），滴定突跃相应较小，且有些金属离子的硫酸盐难溶于水，因此，其应用受到限制。如果试样要和过量的酸标准溶液共同煮沸时，则可选用 H_2SO_4。碱标准溶液一般用 NaOH 配制，KOH 价格较贵，应用较少，$Ba(OH)_2$ 可以用来配制不含碳酸盐的碱标准溶液。

1. HCl 标准溶液

HCl 易挥发，采取间接法配制，即先配制成大致所需的浓度，然后用基准物进行标定。常用于标定 HCl 的基准物质是无水碳酸钠和硼砂（$Na_2B_4O_7 \cdot 10H_2O$）。

（1）无水碳酸钠

无水碳酸钠用作基准物的优点是易提纯且价格便宜，但 Na_2CO_3 有强烈的吸水性，故使用前需在 270～300 ℃下干燥至恒重，然后密封于试剂瓶内，保存在干燥器中备用。用时称量要快，避免吸收水分而引起误差。标定反应为：

$$Na_2CO_3 + 2HCl = 2NaCl + H_2CO_3$$
$$H_2CO_3 = CO_2\uparrow + H_2O$$

其化学计量点的 pH 值为 3.89，选用甲基橙作指示剂，溶液由黄色变为橙色时达到终点。

（2）硼砂

硼砂用作基准物的优点是易提纯，不易吸水，摩尔质量大，称量误差小。但在空气中易风化失去部分结晶水，故应保存在相对湿度为 60% 的恒湿器（装有食盐和蔗糖饱和溶液的干燥器）中。标定反应为：

$$Na_2B_4O_7 + 2HCl + 5H_2O = 4H_3BO_3 + 2NaCl$$

化学计量点的 pH 值为 5.1，可使用甲基橙或甲基红作指示剂。

2. NaOH 标准溶液

NaOH 由于易吸收空气中的水分和二氧化碳，且常含有少量的硫酸盐、氯化物和硅酸盐等，也只能采用间接法配制。标定 NaOH 标准溶液的基准物有 $H_2C_2O_4 \cdot 2H_2O$、KHC_2O_4、$KHC_8H_4O_4$。

（1）邻苯二甲酸氢钾（$KHC_8H_4O_4$）

邻苯二甲酸氢钾易提纯，摩尔质量大，不含结晶水，不易吸收水分，容易保存，是较好的基准物质。标定 NaOH 的反应为：

$$KHC_8H_4O_4 + NaOH = KNaC_8H_4O_4 + H_2O$$

化学计量点的产物为二元弱碱，其 pH 值为 9.1，可选用酚酞作指示剂。

（2）草酸（$H_2C_2O_4 \cdot 2H_2O$）

草酸相当稳定，相对湿度在 5%～95% 时不会风化而失水，可保存在密闭的容器中备用。草酸是二元弱酸，$pK_{a1}^\ominus = 1.23$，$pK_{a2}^\ominus = 4.19$，$\dfrac{pK_{a1}^\ominus}{pK_{a2}^\ominus} < 10^5$，与强碱作用时，按二元酸一次滴定，反应方程式为：

$$H_2C_2O_4 + 2NaOH = Na_2C_2O_4 + 2H_2O$$

化学计量点的 pH 值为 8.4，可选用酚酞作指示剂。

四、仪器及试剂

仪器：酸式滴定管（50 mL），碱式滴定管（50 mL），锥形瓶（250 mL），量筒（10 mL、50 mL），烧杯（500 mL），小口试剂瓶（500 mL）。

试剂：浓盐酸，NaOH(s, AR)，甲基橙(0.1%)，酚酞(0.2%乙醇溶液)，无水碳酸钠（基准试剂），邻苯二甲酸氢钾(s, AR)。

五、实验步骤

1.溶液的配制

(1) 0.1 mol·L^{-1} HCl 溶液的配制。用 10 mL 量筒取浓 HCl 4.5 mL，倒入事先已加入少量纯水的烧杯中，用纯水稀释至 500 mL，倒入试剂瓶，盖上玻璃塞，摇匀，贴好标签，备用。

(2) 0.1 mol·L^{-1} NaOH 溶液的配制。用台秤称取 2 g 固体 NaOH 于 500 mL 烧杯中，用去离子水溶解并稀释至 500 mL，倒入试剂瓶，盖上橡胶塞，摇匀，贴好标签，备用。

2.标定

(1) 0.1 mol·L^{-1} HCl 溶液的标定。准确称取无水碳酸钠 3 份（每份 0.15~0.2 g）于 3 个 250 mL 锥形瓶，各加入 50 mL 纯水溶解，加 2~3 滴甲基橙指示剂，用配制的 HCl 溶液滴定溶液由黄色变至橙色，即为终点，记录所耗 HCl 溶液的体积，并按下式计算 HCl 溶液的浓度。平行三次。要求标定结果的相对平均偏差小于 0.2%。

$$c(\text{HCl}) = \frac{2m(\text{Na}_2\text{CO}_3)}{\dfrac{V(\text{HCl})}{1000} \times M(\text{Na}_2\text{CO}_3)} \ (\text{mol·L}^{-1})$$

注意：在 CO$_2$ 存在下，终点变色不敏锐，可在滴定接近终点时，将溶液加热煮沸以除去 CO$_2$，冷却后继续滴定，此时终点由黄色变为橙色十分明显。

(2) 0.1 mol·L^{-1} NaOH 溶液的标定。准确称取邻苯二甲酸氢钾 3 份（每份 0.6~0.8 g）于 3 个 250 mL 锥形瓶中，各加入 30 mL 煮沸后冷却的去离子水，加 1~2 滴酚酞指示剂，用配制的 NaOH 溶液滴定至微红色且 30 s 内不褪色，即为终点，记录所耗 NaOH 溶液的体积，并按下式计算 NaOH 溶液的浓度。平行 3 次。要求标定结果的相对平均偏差小于 0.2%，否则应重新测定。

$$c(\text{NaOH}) = \frac{m(\text{KHC}_8\text{H}_4\text{O}_4)}{\dfrac{V(\text{NaOH})}{1000} \times M(\text{KHC}_8\text{H}_4\text{O}_4)} \ (\text{mol·L}^{-1})$$

六、数据记录与处理

设计表格，记录实验数据，计算所配制的 HCl 及 NaOH 的准确浓度，并得出标定结果的相对平均偏差。

七、课后思考与拓展

1.思考题

① 如何配制 1000 mL 0.2 mol·L^{-1} HCl 溶液。

② 用 NaOH 滴定邻苯二甲酸氢钾时为什么要加入煮沸后冷却的水。

2.阅读与参考资料

[1] 郑弘毅.组合回归分析法——氢氧化钠标准滴定溶液浓度的不确定度评定 [J].化学世界，2012(9)：531-535.

[2] 郑弘毅，张娟，徐莹.组合回归分析法——盐酸标准滴定溶液浓度的标定 [J].化学通报，2011(2)：170-177.

实验十七　有机酸（草酸）摩尔质量的测定

一、预习要求

1.复习弱酸与强碱滴定的条件与要求。
2.复习电子天平、滴定管、移液管、酸碱滴定等基本操作。
3.分析本次实验中安全、环保、健康注意事项（本实验涉及的试剂、仪器安全、人身防护措施、废弃物处理知识等）。

有机酸摩尔质量的测定

二、实验目的

1.了解多元弱酸滴定的基本条件，掌握有机酸摩尔质量的测定原理和方法。
2.进一步熟悉电子天平、滴定管、移液管、酸碱滴定等基本操作。
3.掌握酸碱指示剂的选择原则，熟悉酚酞指示剂的使用和终点的正确判断。

三、实验原理

大多数有机酸是固体酸，如草酸（$H_2C_2O_4$，乙二酸，$pK_{a1}^{\ominus}=1.23$，$pK_{a2}^{\ominus}=4.19$）、酒石酸（$pK_{a1}^{\ominus}=2.85$，$pK_{a2}^{\ominus}=4.34$）、柠檬酸（$pK_{a1}^{\ominus}=3.15$，$pK_{a2}^{\ominus}=4.77$，$pK_{a3}^{\ominus}=6.39$）等，它们在水中都有一定溶解性。若 $cK_{ai}^{\ominus} \geqslant 10^{-8}$，则可用 NaOH 标准溶液滴定。因化学计量点在弱碱性范围内，常选用酚酞作指示剂，滴定至终点溶液呈微红色30 s不褪色，根据 NaOH 标准溶液的浓度和滴定时所消耗的体积，以及称取的纯有机酸的质量，可计算该有机酸的摩尔质量。当有机酸为多元酸时，应根据每一级酸能否被准确滴定的判别式（$cK_{ai}^{\ominus} \geqslant 10^{-8}$）及相邻两级酸之间能否分步滴定的判别式（$K_{ai}^{\ominus}/K_{ai+1}^{\ominus} \geqslant 10^4$）来判别多元酸与 NaOH 之间反应的计量关系，据此计算出有机酸的摩尔质量。

本实验用 $H_2C_2O_4 \cdot 2H_2O$，已知 $K_{a1}=5.9 \times 10^{-2}$，$K_{a2}=6.4 \times 10^{-5}$，很显然（$cK_{ai}^{\ominus} \geqslant 10^{-8}$），两级解离出的氢离子都能被准确滴定，但（$K_{a1}^{\ominus}/K_{a2}^{\ominus} < 10^4$），所以 $H_2C_2O_4 \cdot 2H_2O$ 只能一次性地滴定为 $C_2O_4^{2-}$，由于化学计量点在弱碱性范围内，应选用酚酞作指示剂，滴定至溶液呈微红色且30 s不褪色为终点。

四、仪器、试剂及材料

仪器：电子分析天平，称量瓶，锥形瓶（250 mL），碱式滴定管（50 mL），容量瓶（250 mL），烧杯（100 mL、250 mL），移液管（25 mL）等。

试剂：NaOH 标准溶液（0.02 mol·L^{-1}），酚酞指示剂（0.2%乙醇溶液），有机酸试样（草酸）(s，AR)。

五、实验步骤

1. 称量

用差减法，准确称取 0.3～0.4 g 草酸晶体试样于小烧杯中。

2. 配制溶液

用适量蒸馏水溶解，定量转移至 250 mL 容量瓶中，稀释至刻度，摇匀。

3. 滴定

移液管移取试液 25.00 mL 于锥形瓶中，加 2～3 滴酚酞指示剂，用已知浓度的 NaOH 标准溶液滴定至由无色变为微红色，30 s 不褪色，即为终点。记录滴定所消耗的 NaOH 溶液的体积。再平行做 2 次。计算草酸的摩尔质量和测定结果的相对偏差。

六、数据记录与处理

设计表格，记录实验数据，计算草酸平均摩尔质量（$\overline{M}$）、相对平均偏差及相对误差，分析误差产生的原因。

七、课后思考

(1) 若要配制约 0.1 mol·L^{-1} 的 NaOH 标准溶液 500 mL，请叙述配制过程。

(2) 用约 0.02 mol·L^{-1} NaOH 标准溶液测定 $H_2C_2O_4 \cdot 2H_2O$（$K_{a1}^{\ominus}=5.9\times10^{-2}$，$K_{a2}^{\ominus}=6.4\times10^{-5}$）的摩尔质量，有几个滴定突跃？应选用什么指示剂？

(3) 一次滴定需要称取 $H_2C_2O_4 \cdot 2H_2O$ 的质量范围是多少？（提示：一次滴定用去的标准溶液体积为 20～30 mL）

实验十八　食品添加剂中硼酸含量的测定

一、预习要求

1. 复习酸碱滴定相关知识。
2. 复习空白实验相关知识。
3. 分析本次实验中安全、环保、健康注意事项（本实验涉及的试剂、仪器安全、人身防护措施、废弃物处理知识等）。

二、实验目的

1. 练习配制和标定氢氧化钠标准溶液。
2. 学会用间接滴定法测定硼酸的含量。

三、实验原理

硼酸（H_3BO_3）具有抑菌、防腐性能，可作为食品添加剂。但硼酸具有毒性，会抑制大脑中谷氨酸的合成，掩盖食物的早期腐败，不适用于食品防腐。我国《食品卫生法》规定禁止在食品中添加使用硼砂。

硼酸的 $K_a=7.3\times10^{-10}$，$cK_a<10^{-8}$，强碱（氢氧化钠）不能准确滴定硼酸。所以，

不能用氢氧化钠直接滴定硼酸。通常是在硼酸中加入甘油溶液生成甘油硼酸来达到滴定要求。其反应式如下：

$$\begin{array}{c} H_2C-OH \\ HC-OH \\ H_2C-OH \end{array} + H_3BO_3 \rightleftharpoons \begin{array}{c} H_2C-OH \\ HC-O \\ H_2C-O \end{array}\!\!\!\!BOH + 2H_2O$$

$$\begin{array}{c} H_2C-OH \\ HC-O \\ H_2C-O \end{array}\!\!\!\!BOH + NaOH \rightleftharpoons \begin{array}{c} H_2C-OH \\ HC-O \\ H_2C-O \end{array}\!\!\!\!BONa + H_2O$$

化学计量点时，溶液呈弱碱性，可选用酚酞作指示剂。

四、仪器及试剂

仪器：电子分析天平，电炉，干燥器，称量瓶，碱式滴定管（50 mL），锥形瓶（25 mL），烧杯，试剂瓶。

试剂：1∶2稀中性甘油，酚酞指示剂(0.2%乙醇溶液)，固体氢氧化钠(s，AR)，邻苯二甲酸氢钾(AR)。

五、实验步骤

1. 0.1 mol·L^{-1} NaOH溶液的配制与标定

配制0.1 mol·L^{-1} NaOH溶液500 mL；准确称取邻苯二甲酸氢钾3份（每份0.5~0.7 g）于3个250 mL锥形瓶中，各加入25 mL煮沸后冷却的去离子水，使其溶解，加1~2滴酚酞指示剂，用配制的NaOH溶液滴定至微红色且30 s内不褪色，即为终点，记录所耗NaOH标准溶液的体积，并计算NaOH溶液的浓度。平行3次，要求3次测定结果的相对平均偏差小于0.2%。

2. 样品的分析

准确称取0.3 g左右硼酸样品于250 mL锥形瓶中，加入25 mL沸水溶解，冷却后加入中性甘油溶液25 mL，摇匀，然后加酚酞指示剂2~3滴，用0.1 mol·L^{-1} NaOH标准溶液滴定至微红色即为终点，记录所消耗NaOH溶液的体积，平行测定3次。

3. 空白实验

取上述相同量的甘油，溶解在25 mL去离子水中，加入酚酞指示剂，用0.1 mol·L^{-1} NaOH标准溶液滴定至微红色，记录所耗NaOH标准溶液的体积，平行测定2次。根据测定试样所消耗NaOH溶液的体积与空白平均值，计算试样中硼酸的含量。

注意：硼酸易溶于热水，所以硼酸试样需加沸水溶解。为了防止硼酸与甘油生成的配位酸水解，溶液的体积不宜过大。配位酸形成的反应是可逆反应，因此加入的甘油需大大过量，以使所有的硼酸定量地转化为配位酸。

六、数据记录与处理

1. NaOH溶液浓度的标定

设计表格，记录实验数据，计算所配制NaOH溶液的准确浓度及标定结果的相对平均偏差。

2.硼酸含量的测定

设计表格,记录实验数据,根据测定试样所消耗的 NaOH 溶液的体积与空白平均值,计算试样中硼酸的含量。

七、课后思考与拓展

1.思考题

① 硼酸的共轭碱是什么?可否用直接酸碱滴定法测定硼酸共轭碱的含量?

② 用氢氧化钠测定硼酸时,为什么要用酚酞作指示剂?

③ 什么是空白实验?从所得结果说明本实验进行空白实验的必要性。

2.能力拓展

查阅资料,了解食品中硼酸的定性检测方法。

3.阅读与参考资料

[1] 江朝华,邱建华.分光光度计法测定潮州猪肉丸中硼酸含量[J].食品安全质量检测学报,2018,9(5):1169-1172.

[2] 国家卫生和计划生育委员会,国家食品药品监督管理总局.GB 5009.275—2016 食品安全国家标准——食品中硼酸的测定[S],2016.

实验十九　工业混合碱的组成和含量的测定

工业混合碱的组成和含量的测定

一、预习要求

1.复习多元酸盐滴定过程中溶液的 pH 变化,查阅常用指示剂的变色点 pH、酸色、碱色,指示剂的选择。

2.复习滴定管、移液管的使用,试样的转移与稀释等相关操作。

3.分析本次实验中安全、环保、健康注意事项(本实验涉及的试剂、仪器安全、人身防护措施、废弃物处理知识等)。

二、实验目的

1.会用双指示剂法测定工业混合碱的组成和含量。

2.掌握多元弱碱滴定过程中 pH 的变化和指示剂的选择。

3.了解提高测定结果可靠性的思路与方法。

三、实验原理

工业混合碱常含有 NaOH、Na_2CO_3 和 $NaHCO_3$ 中的一种或几种物质,可能存在的组分为 NaOH 和 Na_2CO_3、$NaHCO_3$ 和 Na_2CO_3 或者是纯 NaOH、纯 Na_2CO_3、纯 $NaHCO_3$ 五种情况。对混合碱的组成与含量的分析有双指示剂法、混合指示剂法、利用碳酸钠和碳酸氢钠在氯化钠水溶液中溶解度不同的分离法、碳酸钡沉淀分离法、电位滴定法、离子体原子发射光谱法等。本实验采用双指示剂法,即在同一份试液中先后用两种不同的指示剂指示两个不同的滴定终点。此法的特点是方便、快速,在生产中应用普遍。

常用的两种指示剂是酚酞(pH=8.1~10.0)、甲基橙(pH=3.1~4.4),在试液中先加酚酞，用盐酸标准溶液滴至浅红色（或红色刚好褪去），为第一终点。溶液中若有 NaOH，此时 NaOH 被中和；若有 Na_2CO_3，Na_2CO_3 被滴成 $NaHCO_3$，记下此时 HCl 标准溶液的消耗量 V_1。其反应式如下：

$$NaOH + HCl = NaCl + H_2O$$
$$Na_2CO_3 + HCl = NaHCO_3 + NaCl$$

再在上述溶液中加入甲基橙指示剂，用同一 HCl 溶液滴至橙色，为第二终点，此过程 HCl 溶液的消耗量为 V_2。最后根据 V_1、V_2 的大小，确定并计算出试液的组分及其含量。混合碱组成具体情况如下：

$V_1=0$，$V_2>0$，为 $NaHCO_3$；　$V_1>0$，$V_2=0$，为 NaOH；

$V_1=V_2$，为 Na_2CO_3；　　　　　$V_1<V_2$，为 Na_2CO_3 与 $NaHCO_3$；

$V_1>V_2\neq 0$，为 NaOH 和 Na_2CO_3。

四、仪器及试剂

仪器：分析天平，酸式滴定管（50 mL），锥形瓶（250 mL），移液管（10 mL），洗耳球。

试剂：HCl 标准溶液（0.1 mol·L^{-1}），甲基橙（0.1%）、酚酞指示剂（0.2% 乙醇溶液），碱液试样（用不含有 CO_2 的蒸馏水配制）。

五、实验步骤

用移液管吸取碱液试样 10.00 mL 于锥形瓶中，加入纯水 30 mL，加入酚酞指示剂 2～3 滴，用 HCl 标准溶液滴定至溶液由红色变为浅红色且 30 s 不褪色（以对照色为参考）或红色刚好褪去，记下所消耗 HCl 的体积 V_1。

再在上述溶液中加入甲基橙指示剂 2～3 滴，锥形瓶中溶液为黄色，继续用 HCl 标准溶液滴定至溶液由黄色变为橙色，记下所消耗 HCl 的体积 V_2，平行滴定 3 次。根据 V_1、V_2 的大小，确定试液的组成及其含量。

注意：

（1）试样的组成不同，第一化学计量点的 pH 值也不同，第一终点的颜色随之不同，因此，可先试滴一次或用化学的方法进行鉴定，初步分析试样的成分，有利于得出更加准确的结果。如试样中含 NaOH、Na_2CO_3 时，第一终点应滴定至浅红色，而试样中只含有 NaOH 时，第一终点应滴定至红色刚好褪去。浅红色可用对照色作为参考，以提高测定结果的可靠性，即在一定浓度（如 0.05 mol·L^{-1}）$NaHCO_3$ 溶液中加入对应用量的酚酞指示剂所呈现的颜色作为终点颜色的对照。

（2）由于样品中含有大量 OH^-，因此取出后应立即滴定，不能 3 份溶液取好后一份一份地滴定，否则易吸收空气中的 CO_2，使 NaOH 的含量减少，Na_2CO_3 的含量增多。

（3）在达到第一化学计量点前，不应有 CO_2 损失，因此，滴定过程中溶液应冷却，加酸时宜慢，摇动要均匀，但不能太慢，以免吸收空气中的 CO_2。

（4）在第二终点，由于滴定过程中生成的 H_2CO_3 慢慢地分解出 CO_2，易形成 CO_2 过饱和溶液，使溶液的酸度稍有增大，终点出现过早，因此在终点附近应剧烈摇动溶液。

六、数据记录与处理

设计表格，记录实验数据，计算混合碱试样中的组成及其含量。

七、课后思考与拓展

1.思考题

① 用 Na_2CO_3 为基准物质标定浓度约为 0.2 mol·L^{-1} HCl 溶液时，基准物称量范围为多少？（提示：每次滴定要求用去标准溶液 20～30 mL）

② 若要测定混合碱的总碱度，应如何测定，请设计出实验方案？（选做）

③ 由盐酸标准溶液滴定碳酸钠溶液时，有几个化学计量点？根据碳酸钠的 K_{a1}、K_{a2} 值，分别计算各化学计量点时溶液的 pH 值。

④ 在试样测定时，加入纯水 30 mL 的目的是什么？加了纯水对于待测组分的含量有无影响。

2.能力拓展

本实验用到甲基橙和酚酞两种指示剂。甲基橙属于双色指示剂，其用量多少对变色点影响不大，酚酞为单色指示剂，其用量过多或过少均对变色点有一定的影响，不利于指示剂正确地指示滴定终点，由于不同操作人员对浅红色的定义不一样，在实际操作时带来较大的人为误差，因此，有必要探讨酚酞用量对第一终点颜色的影响，找到正确判断终点的方法，从而提高测定结果的准确度。

为探究酚酞用量与终点颜色之间的关系，可进行以下实验：分别取 50 mL 相同浓度的 $NaHCO_3$ 溶液于四支烧杯，加入不同量的 0.2%酚酞指示剂，摇匀，观察溶液颜色，并利用 V1800 可见分光光度计在 550 nm 下测其吸光度，观察指示剂用量与溶液吸光度之间的关系，得出指示剂用量对碳酸氢钠溶液颜色之间的关系，从而得出准确判断终点颜色的方法。

3.阅读与参考资料

[1] 杨文静，黎学明，李武林，等.混合碱滴定分析[J].实验室研究与探索，2013，32（8）：20-21，133.

[2] 刘晓辉，于文清.双指示剂法测定混合碱误差的主要原因[J].承德民族师专学报，2009，29（2）：46-47.

[3] 仵春祺，徐天昊，王艳红，等.混合碱中氢氧化钠和碳酸钠含量测定的影响因素与方法改进[J].分析仪器，2014（3）：88-90.

[4] 金学亮，梅清科.矿井水中总碱度测定方法的比较与探讨[J].内蒙古石油化工，2021（3）：50-51，65.

实验二十 EDTA 标准溶液的配制与标定

一、预习要求

1.复习缓冲溶液的作用及金属指示剂的特点。

2.复习配位滴定的实验原理。

3.分析本次实验中安全、环保、健康注意事项（本实验涉及的试剂、仪器安全、人身防护措施、废弃物处理知识等）。

二、实验目的

1.学习 EDTA 溶液的配制及常用的标定方法。

2.掌握配位滴定的原理，了解常用金属指示剂并掌握其变色原理。

三、实验原理

EDTA 即乙二胺四乙酸，是一种有机化合物，其化学式为 $C_{10}H_{16}N_2O_8$，常温常压下为白色结晶状粉末，无味、无毒、性质稳定。它能与大多数金属离子形成稳定的 1∶1 的络合物，故常用作配位滴定的标准溶液。EDTA 在水中溶解度小，所以常用其带结晶水的二钠盐（$Na_2H_2Y·2H_2O$）配制 EDTA 标准溶液。EDTA 常因吸附水分并含有少量其他杂质，不能作为基准物直接配制。一般采用间接法配制成所需要的大致浓度，再用基准物进行标定得到其准确浓度。

常用于标定 EDTA 的基准物质有 Cu、Zn、Ni、Pb、ZnO、MgO、CuO、$ZnSO_4·7H_2O$、$MgSO_4·7H_2O$、$CaCO_3$ 等。所选择的标定条件应尽可能与测定条件一致，以免引起系统误差。

滴定过程溶液中发生的反应如下。

滴定前：M（金属离子）＋In（指示剂，乙色）══MIn（甲色）

滴定开始至终点前：M＋Y══MY

终点时：MIn（甲色）＋Y══MY＋In（乙色）

滴定至溶液由甲色刚好转变为乙色，即为终点。

四、仪器及试剂

仪器：台秤，电子分析天平，酸式滴定管（50 mL），容量瓶（250 mL），移液管（25 mL）等。

试剂：乙二胺四乙酸二钠盐（$Na_2H_2Y·2H_2O$，分子量 372.24），锌片（纯度为 99.99%），六亚甲基四胺溶液（200 g·L^{-1}），甲基红（1 g·L^{-1}，60%乙醇溶液），HCl 溶液（约 6 mol·L^{-1}，1+1），氨水（约 7 mol·L^{-1}）。

NH_3-NH_4Cl 缓冲溶液：pH 值约等于 10。

铬黑 T（5 g·L^{-1}）：称 0.50 g 铬黑 T，溶于 25 mL 三乙醇胺与 75 mL 无水乙醇的混合溶液中，低温下可保存 3 个月。

$CaCO_3$ 基准物质：于 110℃下干燥 2 h，稍冷后置于干燥器中冷却至室温备用。

Mg^{2+}-EDTA 溶液：先配制 0.05 mol·L^{-1} $MgCl_2$ 溶液和 0.05 mol·L^{-1} EDTA 溶液各 500 mL，然后在 pH＝10 的氨性条件下，以铬黑 T 为指示剂，用上述 EDTA 溶液滴定 Mg^{2+}，按所得比例把 $MgCl_2$ 和 EDTA 混合，确保 $n_{Mg^{2+}} : n_{EDTA} = 1 : 1$。

二甲酚橙指示剂（2 g·L^{-1}）：低温保存，有效期半年。

五、实验步骤

1.溶液的配制

（1）0.01 mol·L^{-1} EDTA 溶液：称取 1.0 g EDTA 二钠盐于烧杯中，加适量水后微热并搅拌使其溶解，若有残渣可过滤除去，冷却后用蒸馏水稀释至 250 mL，将溶液转移至聚乙烯塑料瓶中备用。

（2）Ca^{2+} 标准溶液：用差量法准确称取 0.23～0.27 g 基准 $CaCO_3$ 于 100 mL 烧杯中，

加少量纯水润湿 $CaCO_3$，盖上表面皿，从烧杯嘴处往烧杯中滴加约 10 mL 6 mol·L^{-1} HCl 溶液，加热使其溶解，冷却后用纯水冲洗烧杯内壁和表面皿，将溶液定量转移至 250 mL 容量瓶中，用纯水稀释至刻度，摇匀，计算其浓度。

（3）Zn^{2+} 标准溶液：用差量法准确称取 0.15～0.20 g 基准锌片（使用前应用 1+1 HCl 洗涤，除去表面氧化层后再用水和无水乙醇充分洗涤，于 105 ℃ 烘 3 min，最后放入干燥器中冷却保存）于 50 mL 烧杯中，加入约 5 mL 6 mol·L^{-1} HCl 溶液，立即盖上表面皿，待锌片完全溶解后，以少量纯水冲洗烧杯内壁和表面皿，将溶液定量转移至 250 mL 容量瓶中，用纯水稀释至刻度，摇匀，计算其浓度。

2. EDTA 的标定

（1）用 Zn^{2+} 标准溶液标定

用甲基红作指示剂：用移液管吸取 25.00 mL Zn^{2+} 标准溶液于锥形瓶中，加 1 滴甲基红指示剂，再滴加 7 mol·L^{-1} 氨水至溶液由红变黄，以中和溶液中过量的 HCl。然后，加 20 mL 纯水、10 mL NH_3-NH_4Cl 缓冲溶液、2～3 滴铬黑 T 指示剂，用待标定的 EDTA 溶液滴定至溶液由紫红色刚好变为蓝绿色，记下所消耗 EDTA 的体积。平行 3 次，取平均值计算 EDTA 的准确浓度。

用二甲酚橙作指示剂：用移液管吸取 25.00 mL Zn^{2+} 标准溶液于锥形瓶中，加 2 滴二甲酚橙指示剂，再滴加 200 g·L^{-1} 六亚甲基四胺溶液至溶液呈现稳定的紫红色，然后，加入 5 mL 六亚甲基四胺溶液。用待标定的 EDTA 溶液滴定至溶液由紫红色刚好变为黄色，记下所消耗 EDTA 的体积。平行 3 次，取平均值计算 EDTA 的准确浓度。

（2）用 Ca^{2+} 标准溶液标定

用移液管吸取 25.00 mL Ca^{2+} 标准溶液于锥形瓶中，加 1 滴甲基红指示剂，再滴加 7 mol·L^{-1} 氨水至溶液由红变黄，然后，加入约 20 mL 纯水、5 mL Mg^{2+}-EDTA 溶液、10 mL NH_3-NH_4Cl 缓冲溶液、2～3 滴铬黑 T 指示剂，用待标定的 EDTA 溶液滴定至溶液由酒红色刚好变为纯蓝色，记下所消耗 EDTA 的体积。平行 3 次，取平均值计算 EDTA 的准确浓度。

六、数据记录与处理

设计表格，记录实验数据，计算 EDTA 的准确浓度，并计算测定结果的相对平均偏差。

七、课后思考与拓展

1. 思考题

① EDTA 标准溶液和 Zn^{2+} 标准溶液的配制方法有何不同？

② 滴定为什么要在缓冲溶液中进行？

2. 阅读与参考资料

蔡成翔，甘雄. 7 种不同物质标定 EDTA 标准滴定溶液的条件控制及误差分析 [J]. 冶金分析，2007，27（4）：65-71.

实验二十一　石灰石中钙、镁含量的测定

石灰石中钙、镁含量的测定

一、预习要求

1. 复习配位滴定的实验原理、缓冲溶液的作用及金属指示剂的特点。
2. 复习滴定管、容量瓶、移液管、分析天平的使用方法。
3. 分析本次实验中安全、环保、健康注意事项（本实验涉及的试剂、仪器安全、人身防护措施、废弃物处理知识等）。

二、实验目的

1. 练习酸溶法溶样。
2. 掌握配位滴定法测定钙、镁含量的方法和原理。
3. 学习采用掩蔽剂消除共存离子干扰的方法。

三、实验原理

石灰石或白云石的主要成分为 $CaCO_3$ 和 $MgCO_3$，此外，还常常含有其他碳酸盐、石英、FeS_2、黏土、硅酸盐和磷酸盐等。试样的分解可用碳酸钠熔融，或用高氯酸处理，也可将试样先在 950~1050 ℃ 的高温下灼烧成氧化物，这样就易被酸分解（在灼烧中黏土和其他难以被酸分解的硅酸盐会变为可被酸分解的硅酸镁等）。但是这样操作太烦琐，若试样中含酸不溶物较少，可用酸溶解试样，不经分离直接用 EDTA 标准溶液进行配位滴定，测定 Ca^{2+}、Mg^{2+} 含量，简便快速。

试样经酸溶解后，Ca^{2+}、Mg^{2+} 与 Fe^{3+}、Al^{3+} 等干扰离子共存于溶液中，可用酒石酸钾钠或三乙醇胺掩蔽 Fe^{3+}、Al^{3+} 等干扰离子。调节溶液的酸度至 $pH \geqslant 12$，使 Mg^{2+} 生成 $Mg(OH)_2$ 沉淀，以钙指示剂为指示剂，用 EDTA 标准溶液滴定试液中的 Ca^{2+}。

滴定前：钙指示剂（In）与溶液中的 Ca^{2+} 作用，$Ca^{2+} + In \rightleftharpoons [CaIn]^{2+}$，溶液显示出酒红色。

滴定开始到化学计量点前：EDTA 与溶液中游离的 Ca^{2+} 作用生成无色的配离子，$Ca^{2+} + Y^{4-} \rightleftharpoons [CaY]^{2-}$。

化学计量点：当溶液中游离的 Ca^{2+} 与 EDTA 反应完，再滴加 EDTA 时，EDTA 就夺取酒红色配离子 $[CaIn]^{2+}$ 中的 Ca^{2+}，形成 $[CaY]^{2-}$，形成的 $[CaY]^{2-}$ 比 $[CaIn]^{2+}$ 更稳定，从而游离出钙指示剂（In）来，显示指示剂本身的颜色纯蓝色，即为终点。反应式为：$[CaIn]^{2+} + Y^{4-} \rightleftharpoons [CaY]^{2-} + In$。

另取一份试液，用酒石酸钾钠或三乙醇胺将 Fe^{3+}、Al^{3+} 等干扰离子掩蔽后，调节 pH=10 时，以铬黑 T 为指示剂，用 EDTA 滴定 Ca^{2+}、Mg^{2+} 的总量。同样，铬黑 T 先与少量的 Mg^{2+} 反应为 $[MgIn]^{2+}$（酒红色）。而当 EDTA 滴入时，EDTA 首先与 Ca^{2+} 和 Mg^{2+} 反应，然后夺取 $[MgIn]^{2+}$ 中的 Mg^{2+}，使铬黑 T 游离，达到终点时，溶液由酒红色变成纯蓝色。由钙镁总量和钙含量可以计算出镁含量。

四、仪器及试剂

仪器：电子分析天平，移液管（25 mL），容量瓶（250 mL），酸式滴定管（50 mL），洗耳球，表面皿等。

试剂：EDTA 标准溶液（0.01 mol·L^{-1}），NaOH（10%），HCl（1:1），三乙醇胺水溶液（1:2），NH$_3$-NH$_4$Cl 缓冲液（pH≈10），钙指示剂，铬黑 T 指示剂。

五、实验步骤

1.试液的制备

准确称取石灰石或白云石试样 0.2～0.3 g 于烧杯中，然后加入数滴纯水将试样润湿，盖上表面皿，从烧杯嘴处逐滴滴加 1:1 盐酸至刚好溶解，小心煮沸几分钟以除去 CO_2，将表面皿上溅上的溶液用洗瓶冲洗到装试样溶液的烧杯中，然后加适量纯水，定量转移到容量瓶中，配制成 250.00 mL 的溶液。

2.钙含量的测定

用移液管移取 25.00 mL 试液于锥形瓶中，加入 3 mL 三乙醇胺、25 mL 纯水、10 mL 10%NaOH 溶液，然后再加入少许钙指示剂（米粒大小即可）至呈明显的酒红色，用 EDTA 标准溶液滴定至终点（酒红色→纯蓝色）。平行滴定 3 次。

3.钙、镁总量的测定

用移液管移取 25.00 mL 试液于锥形瓶中，加 3 mL 三乙醇胺、25 mL 纯水、5 mL NH$_3$-NH$_4$Cl 缓冲溶液，使溶液酸度保持在 pH≈10，摇匀，再加入少许铬黑 T 指示剂（米粒大小）至呈明显的酒红色，以 EDTA 标准溶液滴定至终点（酒红色→纯蓝色）。平行滴定 3 次。

六、数据记录与处理

设计表格、记录实验数据，根据实验数据计算试样中钙和镁的质量分数：$w(Ca)$、$w(Mg)$，并计算测定结果的相对平均偏差。

七、课后思考与拓展

1.思考题

① EDTA 标准溶液如何配制和标定？
② 滴定为什么要在缓冲溶液中进行？
③ 试样的称量范围是如何计算的？
④ 实验中用三乙醇胺掩蔽 Fe^{3+}、Al^{3+} 等干扰离子，三乙醇胺为什么要在加碱之前就加入？

2.能力拓展

水硬度分为水的总硬度和钙、镁硬度，水总硬度是指水中 Ca^{2+}、Mg^{2+} 的总量。根据本实验所学习的方法，设计实验方案测定自来水的硬度。

3.阅读与参考资料

[1] 龙彦辉.配位滴定钙、镁指示剂的选择与应用 [J].重庆工业高等专科学校学报，2000（4）：57-58，69.

[2] 中华人民共和国国家质量监督检验检疫总局，中国国家标准化管理委员会.GB/T 1511—2006 锰矿石钙和镁含量的测定 EDTA 滴定法 [S].2006.

[3] 白哈达，萨仁图雅，苏鹏辉.不同来源水中硬度的测定 [J].应用化工，2016（A2）：180-181，184.

实验二十二 铋、铅含量的连续测定

一、预习要求

1. 复习 EDTA 标准溶液的标定，复习 EDTA 的酸效应相关知识。
2. 复习滴定管、移液管的使用方法。
3. 分析本次实验中安全、环保、健康注意事项（本实验涉及的试剂、仪器安全、人身防护措施、废弃物处理知识等）。

二、实验目的

1. 了解酸度对 EDTA 选择性的影响。
2. 掌握用 EDTA 进行连续滴定的方法。

三、实验原理

混合离子的分别滴定常用控制酸度法、掩蔽法进行，可根据有关副反应系数论证对它们分别滴定的可能性。

Bi^{3+} 和 Pb^{2+} 均能与 EDTA 形成稳定的 1∶1 络合物，它们的 $\lg K$ 分别为 27.94 和 18.04，由于两者的 $\lg K$ 相差很大，可利用 EDTA 的酸效应，在不同酸度下进行分别滴定，在 pH 为 1 左右时可滴定 Bi^{3+}，在 pH 值为 5~6 时滴定 Pb^{2+}。

因此，可先将含 Bi^{3+} 和 Pb^{2+} 的混合溶液的 pH 值调为 1 左右，以二甲酚橙为指示剂，在此 pH 下，Bi^{3+} 与指示剂形成紫红色络合物，但 Pb^{2+} 不与二甲酚橙显色。因此，可用 EDTA 标准溶液滴定 Bi^{3+}，当溶液由紫红色变为黄色，即为滴定 Bi^{3+} 终点。

在滴定 Bi^{3+} 后的溶液中，加入六亚甲基四胺溶液，调节 pH 值为 5~6。此时 Pb^{2+} 与二甲酚橙形成紫红色络合物，溶液再次呈现紫红色，然后用 EDTA 标准溶液继续滴定，当溶液由紫红色变为黄色时，即为滴定 Pb^{2+} 的终点。

四、仪器及试剂

仪器：移液管（25 mL），酸式滴定管（50 mL），锥形瓶（250 mL）、洗耳球等。

试剂：EDTA 溶液（0.01 mol·L^{-1}），二甲酚橙（2 g·L^{-1}），六亚甲基四胺（200 g·L^{-1}），HCl 溶液（约 6 mol·L^{-1}），浓 HNO_3。

Bi^{3+}、Pb^{2+} 混合液（含 Bi^{3+}、Pb^{2+} 各约 0.01 mol·L^{-1}）：称取 9.8 g $Bi(NO_3)_3·5H_2O$、6.6 g $Pb(NO_3)_2$，将它们加入盛有 62 mL HNO_3 的烧杯中，在电炉上微热溶解后稀释至 2 L，公用。

五、实验步骤

1. 0.01 mol·L^{-1} EDTA 标准溶液的标定

用 Zn 作基准物，见本章实验二十。

2. Bi^{3+}、Pb^{2+} 混合液的测定

用移液管移取 25.00 mL Bi^{3+}、Pb^{2+} 混合液 3 份于 250 mL 锥形瓶中，各加 1~2 滴二甲酚橙指示剂，用上述 EDTA 标准溶液滴定至溶液由紫红色经稳定的橙色再变为亮黄色，记录所消耗 EDTA 的体积。平行滴定 3 次，计算混合液中 Bi^{3+} 的含量。

向滴定 Bi^{3+} 后的溶液中补加 2 滴二甲酚橙指示剂，再加入 200 $g \cdot L^{-1}$ 的六亚甲基四胺溶液至呈稳定的紫红色，再多加入 5 mL，此时溶液的 pH 值为 5～6。然后立即用 EDTA 标准溶液滴定，当溶液由紫红色经稳定的橙色再变为亮黄色时即为 Pb^{2+} 滴定终点，记录所消耗 EDTA 的体积。平行滴定 3 次，计算混合液中 Pb^{2+} 含量。

注意：

(1) Bi^{3+} 与 EDTA 反应的速率较慢，滴加 Bi^{3+} 时速率不宜太快，且要剧烈振荡。

(2) 二甲酚橙指示剂在 pH＝1 与 pH＝5 时的亮黄色略有区别，pH＝5 时的颜色更明亮。

六、数据记录与处理

1. EDTA 标准溶液的标定

设计表格、记录实验数据，根据实验数据计算 EDTA 标准溶液的准确浓度，并计算测定结果的相对平均偏差。

2. Bi^{3+}、Pb^{2+} 混合液的测定

设计表格，记录实验数据，根据实验数据计算混合液中 Bi^{3+} 和 Pb^{2+} 的浓度，以 $g \cdot L^{-1}$ 表示，并计算测定结果的相对平均偏差。

七、课后思考与拓展

1. 思考题

① 描述连续滴定 Bi^{3+}、Pb^{2+} 过程中，锥形瓶中颜色变化的情形，以及颜色变化的原因。

② 能否取等量混合试液两份，一份控制 pH≈1.0 滴定 Bi^{3+}，另一份控制 pH 为 5～6 滴定 Bi^{3+}、Pb^{2+} 总量？为什么？

③ 滴定 Pb^{2+} 时要调节溶液 pH 为 5～6，为什么加入六亚甲基四胺而不加入乙酸钠？

④ 为什么本实验选用锌基准物标定 EDTA 标准溶液？

⑤ 本实验与"石灰石中钙、镁含量的测定"实验有何异同？

2. 能力拓展

由于该实验产生的废液具有较大的毒性，Bi^{3+}、Pb^{2+} 的硫化物溶解度远远小于它们与 EDTA 络合物的解离度，其硫化物极易生成，沉淀相当完全，所以可以利用硫化物将废液中的 Bi^{3+} 和 Pb^{2+} 沉淀，然后溶解进行再利用。

3. 阅读与参考资料

[1] 刘淑萍，杨立霞. 分析化学实验中 Bi^{3+}、Pb^{2+} 混合液配制、连测、废液回收与再生 [J]. 化学工程师，2001 (4)：45-46.

[2] 鄂雷，辛红. 分析化学实验中 Bi^{3+}、Pb^{2+} 含量测定实验的绿色化 [J]. 科技资讯，2013 (16)：174.

实验二十三 铝合金中铝含量的测定

一、预习要求

1. 复习合金的相关理论知识，复习金属铝的性质。

2. 复习 EDTA 配位滴定法的各种滴定方式和相关应用实例。

3. 分析本次实验中安全、环保、健康注意事项（本实验涉及的试剂、仪器安全、人身防护措施、废弃物处理知识等）。

二、实验目的

1. 熟悉二甲酚橙指示剂的变色原理和应用条件。
2. 学会铝合金的溶样方法。
3. 掌握铝合金中铝的测定原理和方法。

三、实验原理

由于 Al^{3+} 易水解而形成一系列多核氢氧基络合物，且与 EDTA 反应慢，络合比不恒定，常用返滴定法测定铝含量。

先将溶液的 pH 调为 3~4，加入定量且过量的 EDTA 标准溶液，加热煮沸几分钟，使络合完全，冷却后把 pH 调为 5~6，以二甲酚橙（XO）为指示剂，用 Zn^{2+} 标准溶液滴定过量的 EDTA。根据所用 EDTA 与 Zn^{2+} 的量的差，可以求出 Al^{3+} 的浓度。

但是，返滴定法测定铝缺乏选择性，所有能与 EDTA 形成稳定络合物的离子都干扰。合金、硅酸盐、水泥和炉渣等复杂试样中的铝可用置换滴定法，以提高选择性。

在用 Zn^{2+} 标准溶液滴定过量的 EDTA 后，加入过量的 NH_4F，加热至沸，使 AlY^- 与 F^- 之间发生置换反应，释放出与 Al^{3+} 等物质的量 EDTA，再用 Zn^{2+} 标准溶液滴定释放出来的 EDTA 而得到铝的含量。

有关反应如下：

pH＝3~4 时，Al^{3+}（试液）$+Y^{4-}$（过量）$=\!=\!=AlY^-$，Y^{4-}（剩）。

pH＝5~6 时，加 XO 指示剂，用 Zn^{2+} 标准溶液滴定剩余的 Y^{4-}：

$$Zn^{2+}+Y^{4-}（剩）=\!=\!=ZnY^{2-}$$

置换反应：$AlY^-+6F^-=\!=\!=AlF_6^{3-}+Y^{4-}$

滴定反应：Y^{4-}（置换）$+Zn^{2+}=\!=\!=ZnY^{2-}$

终点：Zn^{2+}（过量）$+XO=\!=\!=Zn\text{-}XO^{2+}$

　　　　　黄色 $\longrightarrow$ 紫红色

样品中铝的质量分数可按下式进行计算：

$$w(Al)=\frac{c(Zn^{2+})\times\dfrac{V(Zn^{2+})}{1000}\times M(Al)}{m_{试样}\times\dfrac{25.00}{250}}\times 100\%$$

四、仪器及试剂

仪器：电子分析天平，容量瓶（250 mL），锥形瓶（250 mL），酸式滴定管（50 mL），称量瓶，烧杯（250 mL），移液管（25 mL），水浴锅，电炉，石棉网，量筒（10 mL、50 mL）等。

试剂：NaOH（200 g·L^{-1}），HCl（1+1、1+3），EDTA（0.02 mol·L^{-1}），二甲酚橙（0.2%），氨水（1+1），六亚甲基四胺（20%），Zn^{2+} 标准溶液（0.02 mol·L^{-1}），NH_4F（10%，贮于塑料瓶中），铝合金试样。

五、实验步骤

1. 样品的处理

准确称取 0.10～0.11 g 铝合金于 250 mL 烧杯中，加 10 mL NaOH，在沸水浴中使其完全溶解，稍冷后，加（1+1）HCl 溶液至有絮状沉淀产生，再逐滴滴加（1+1）HCl 溶液至生成的沉淀刚好溶解。定容于 250 mL 容量瓶中。

2. 试样的测定

准确移取试液 25.00 mL 于 250 mL 锥形瓶中，加 30 mL EDTA，在水浴中加热煮沸几分钟，使络合完全，冷却后，加入 2 滴二甲酚橙，此时溶液为黄色（pH< 6.4），加氨水至溶液呈紫红色（pH＞6.4），再滴加（1+1）HCl 溶液，使呈黄色（pH＝3～4），煮沸 3 min，冷却，再补加 2 滴二甲酚橙。再加 20 mL 六亚甲基四胺（pH＝5～6），此时应为黄色，如果呈红色，还需滴加（1+1）HCl，使其变为黄色。再补加 2 滴二甲酚橙。

把 Zn^{2+} 标准溶液滴入锥形瓶中，用来与多余的 EDTA 络合，当溶液恰好由黄色变为紫红色时停止滴定（本次消耗的 Zn^{2+} 标准溶液体积不需要记录）。

于上述溶液中加入 10 mL NH_4F，加热至微沸，流水冷却，再补加 2 滴二甲酚橙，此时溶液为黄色。

再用 Zn^{2+} 标准溶液滴定，当溶液由黄色恰好变为紫红色时即为终点，根据这次标准溶液所消耗的体积，计算铝的质量分数。

注意：（1）在用 EDTA 与铝反应时，EDTA 应过量；否则，反应不完全。

（2）加入二甲酚橙指示剂后，如果溶液为紫红色，则可能是样品含量较高，EDTA 加入量不足，应补加；第一次用 Zn^{2+} 标准溶液滴定时，应准确滴至紫红色，但不计体积。第二次用 Zn^{2+} 标准溶液滴定时，应准确滴至紫红色，并以此体积计算 Al 的含量。

六、数据记录与处理

设计表格、记录实验数据，根据实验数据计算铝合金样品中铝的百分含量，并计算测定结果的相对平均偏差。

七、课后思考与拓展

1. 思考题

① 试述返滴定法和置换滴定法各适用于哪些 Al 试样的测定。

② 对于复杂的铝合金试样，不用置换滴定法而用返滴定法滴定，所得结果是偏高还是偏低？

③ 置换滴定法中所使用的 EDTA 为何不需要标定？

④ 为什么加入过量的 EDTA，第一次用 Zn^{2+} 标准溶液滴定时，可以不计所消耗的体积，但此时是否需要准确滴定溶液由黄色变为紫红色？为什么？

2. 阅读与参考资料

[1] 李文娟. 铝合金中铝含量的测定方法的改进 [J]. 佳木斯教育学院学报. 2012（11）：436.

[2] 冯丹，张惠琳，钱维锋，等. 直读法分析 7XXX 铝合金中 Mg 含量对 Zn 含量测定的影响 [J]. 轻合金加工技术. 2019（10）：32-35.

[3] 麦丽碧，熊晓燕，孙宝莲，等. 钒铝中间合金中铝含量的测定 [J]. 理化检验（化学分册），2016，52（1）：96-98.

实验二十四 高锰酸钾溶液的配制与标定

一、预习要求

1. 了解 $KMnO_4$ 有关性质。
2. 复习氧化还原滴定相关知识。
3. 分析本次实验中安全、环保、健康注意事项（本实验涉及的试剂、仪器安全、人身防护措施、废弃物处理知识等）。

二、实验目的

1. 了解 $KMnO_4$ 标准溶液的配制方法和保存条件。
2. 掌握用 $Na_2C_2O_4$ 作基准物质，标定 $KMnO_4$ 标准溶液浓度的原理和方法。

三、实验原理

市售的 $KMnO_4$ 中含有少量的 MnO_2 和其他杂质，如硫酸盐、氯化物及硝酸盐等。蒸馏水中也含有微量还原性物质，它们可与 $KMnO_4$ 反应而析出 $MnO(OH)_2$（MnO_2 的水合物），产生 MnO_2 和 $Mn(OH)_2$，又能进一步促进 $KMnO_4$ 分解。且 $KMnO_4$ 溶液见光易分解，因此 $KMnO_4$ 标准溶液不能用直接法配制，其浓度容易改变，长期使用必须定期标定，同时应保存于棕色瓶中。

标定 $KMnO_4$ 溶液的基准物质有 $Na_2C_2O_4$、$H_2C_2O_4 \cdot 2H_2O$、$(NH_4)_2Fe(SO_4)_2 \cdot 6H_2O$、$As_2O_3$ 和纯铁丝等。其中 $Na_2C_2O_4$ 不含结晶水，容易提纯，没有吸湿性，是常用的基准物质。

在酸性溶液中，$C_2O_4^{2-}$ 与 MnO_4^- 反应：

$$2MnO_4^- + 5C_2O_4^{2-} + 16H^+ =\!=\!= 2Mn^{2+} + 10CO_2\uparrow + 8H_2O$$

此反应在室温下进行很慢，必须加热至 75～85 ℃，以加快反应的进行。但温度也不宜过高，否则容易引起草酸分解：

$$H_2C_2O_4 =\!=\!= H_2O + CO_2\uparrow + CO\uparrow$$

由于 $KMnO_4$ 溶液本身具有特殊的紫红色，滴定时 $KMnO_4$ 溶液稍微过量，即可看到溶液呈微红色，表示终点已到，故 $KMnO_4$ 称为自身指示剂。

四、仪器及试剂

仪器：台秤，电子分析天平，电炉，微孔玻璃漏斗（3号），棕色试剂瓶，称量瓶等。

试剂：$KMnO_4$（s，C.P.），H_2SO_4 溶液（3 mol·L^{-1}），$Na_2C_2O_4$（基准试剂，在 105～110 ℃ 干燥 2 h，置于干燥器中备用）。

五、实验步骤

1. 0.02 mol·L^{-1} $KMnO_4$ 溶液的配制

用台秤称取 $KMnO_4$ 固体约 1.6 g，溶于 500 mL 纯水中，盖上表面皿，加热至沸并保持微沸状态 1 h。冷却后，用微孔玻璃漏斗过滤，滤液贮存于棕色试剂瓶中。也可以将新配制的 $KMnO_4$ 溶液在室温下放置 7~10 天过滤后标定备用。

  2. $KMnO_4$ 溶液的标定

  用差量法准确称取 $Na_2C_2O_4$ 0.15 g 左右三份，分别置于 3 个 250 mL 锥形瓶中，加纯水 40 mL 使之溶解。加入 3 mol·L^{-1} H_2SO_4 溶液 10 mL，加热至 75~85 ℃（见瓶口明显冒热气），趁热用 $KMnO_4$ 标准溶液滴定，刚开始反应较慢，滴入一滴 $KMnO_4$ 标准溶液后，不断摇动，待溶液褪色，再滴第二滴。随着反应速率的加快，滴定速度也可逐渐加快，但滴定中始终不能过快，尤其近化学计量点时，更要小心滴加，不断快速摇动。滴定至溶液呈现微红色并持续 0.5 min 不褪色即为终点。记录消耗 $KMnO_4$ 标准溶液的体积，并按下式计算其浓度，相对平均偏差不应大于 0.3%。

$$c(KMnO_4) = \frac{m(Na_2C_2O_4)}{M(Na_2C_2O_4)} \times \frac{2}{5} \times \frac{1000}{V(KMnO_4)}$$

  注意：（1）正确控制滴定过程中的滴定速度，滴定中，最初几滴 $KMnO_4$ 即使在加热情况下与 $C_2O_4^{2-}$ 反应仍然很慢，当溶液中产生 Mn^{2+} 以后，Mn^{2+} 对反应有催化作用，反应速率才逐渐加快。此时，滴定速度可逐渐加快（但不能过快，否则就会有 MnO_2 生成），近终点时滴定速度逐渐放慢。

  （2）滴定近化学计量点时，溶液温度应不低于 55 ℃，否则因反应速率慢而影响终点的观察和准确度。

  （3）在滴定过程中，溶液必须保持一定的酸度，否则容易产生 MnO_2 沉淀，引起误差。调节酸度必须用硫酸，因盐酸中 Cl^- 有还原性，硝酸中 NO_3^- 又有氧化性，乙酸酸性太弱，达不到所需要的酸度，所以都不适用。滴定时适宜的酸度约为 $c(H^+) = 1$ mol·L^{-1}。

  （4）加热时，锥形瓶外面要擦干，以防炸裂。

六、数据记录与处理

  设计表格、记录实验数据，根据实验数据计算 $KMnO_4$ 标准溶液的浓度，并计算测定结果的相对平均偏差。

七、课后思考与拓展

  1. 思考题

  ① $KMnO_4$ 标准溶液为何不能直接配制？

  ② 未经煮沸的 $KMnO_4$ 溶液为何要放置一周后才能标定？

  ③ 标定 $KMnO_4$ 溶液时，为什么第一滴 $KMnO_4$ 颜色褪色很慢，而以后会逐渐加快？

  ④ $KMnO_4$ 溶液的标定，为什么需在强酸性溶液中，并在加热的情况下进行？酸度过低对滴定有何影响？温度过高又有何影响？

  2. 阅读与参考资料

陈荣. 高锰酸钾标准滴定溶液配制与标定的影响因素 [J]. 中国石油和化工标准与质量，2011，31 (6)：32.

实验二十五　水样中化学需氧量的测定（酸性高锰酸钾法）

水样中化学
耗氧量的测定

一、预习要求

1. 了解化学需氧量（COD）的概念与测定意义。
2. 复习高锰酸钾法相关知识。
3. 分析本次实验中安全、环保、健康注意事项（本实验涉及的试剂、仪器安全、人身防护措施、废弃物处理知识等）。

二、实验目的

1. 了解测定水样 COD 的意义。
2. 掌握酸性 $KMnO_4$ 法测定水样中 COD 的原理和方法。

三、实验原理

化学需氧量（chemical oxygen demand，COD）是量度水体受还原性物质（主要是有机物）污染程度的综合性指标。COD 是指 1 L 水体中的还原性物质（无机的或有机的），在一定条件下被强氧化剂氧化时所消耗的氧化剂的量换算成氧气的质量（mg）。COD 越大，说明水中的耗氧物质越多，水质遭受的破坏越严重。

COD 的测定有 $K_2Cr_2O_7$ 法、酸性 $KMnO_4$ 法和碱性 $KMnO_4$ 法、碘酸盐法、分光光度法、气相色谱法等。酸性 $KMnO_4$ 法适合于测定地面水、河水等污染不十分严重、水中 Cl^- 浓度较低的水质，此方法简便、快速。若水样中的 Cl^- 含量较高（>300 $mg·L^{-1}$），可加入 Ag_2SO_4 消除干扰，也可以改用碱性 $KMnO_4$ 法进行测定。

对于酸性 $KMnO_4$ 法，是在酸性（稀硫酸）介质中，加入一定量过量的 $KMnO_4$ 溶液，并加热煮沸使水体中的还原性物质充分反应后，剩余的 $KMnO_4$ 再加入一定量过量的 $Na_2C_2O_4$ 溶液还原，剩余的 $Na_2C_2O_4$ 再用 $KMnO_4$ 溶液返滴定。

反应式为：

$$4MnO_4^- + 5C + 12H^+ = 4Mn^{2+} + 5CO_2 + 6H_2O$$

$$2MnO_4^- + 5C_2O_4^{2-} + 16H^+ = 2Mn^{2+} + 10CO_2 + 8H_2O$$

COD 的计算式为：

$$COD_{Mn} = \frac{\left[\frac{5}{4}c_{KMnO_4}(V_1+V_2) - \frac{1}{2}c_{Na_2C_2O_4}V_{Na_2C_2O_4}\right] \times M_{O_2}}{V_{水样}} \times 1000 \, (mg·L^{-1})$$

式中，$V_{水样}$ 为水样的体积，mL；V_1 为第一次加入 $KMnO_4$ 的体积，mL；V_2 为滴定时消耗 $KMnO_4$ 的体积，mL；c_{KMnO_4} 为 $KMnO_4$ 溶液的浓度，$mol·L^{-1}$；$c_{Na_2C_2O_4}$ 为 $Na_2C_2O_4$ 溶液的浓度，$mol·L^{-1}$；$V_{Na_2C_2O_4}$ 为 $Na_2C_2O_4$ 溶液的体积，mL；M_{O_2} 为 O_2 的摩尔质量，$g·mol^{-1}$。

四、仪器、试剂及材料

仪器：酸式滴定管（50 mL），锥形瓶（250 mL），容量瓶（250 mL），电子分析天平，电炉，称量瓶等。

试剂：$KMnO_4$ 标准溶液（约 0.002 $mol·L^{-1}$），$Na_2C_2O_4$ 基准物质，H_2SO_4(1+3)。

材料：沸石。

五、实验步骤

1. $Na_2C_2O_4$ 标准溶液的配制

在分析天平上准确称取 $Na_2C_2O_4$ 基准物 0.30~0.35 g 于洁净的小烧杯中,加入纯水 20~30 mL,充分溶解,然后转移至 250 mL 容量瓶中,并定容。

2. 水样中 COD 的测定

视水质污染程度取 10~100 mL 水样于 250 mL 锥形瓶中(若水样未取到 100 mL,补加纯水至 100 mL),加 (1+3)H_2SO_4 10 mL,用滴定管准确加入 10.00 mL $KMnO_4$ 标准溶液,加入几粒沸石,立即加热至沸,从冒第一个大泡开始计时,煮沸 10 min(若此时红色褪去,说明水样中有机物含量较多,应用滴定管准确补加适量 $KMnO_4$ 标准溶液至试液呈现稳定的红色)。此过程中所加 $KMnO_4$ 溶液的总体积记为 V_1。

取下锥形瓶,冷却 1 min,趁热准确加入 10.00 mL $Na_2C_2O_4$ 溶液,充分摇匀,此时溶液应由红色转为无色,否则应增加 $Na_2C_2O_4$ 溶液的用量。趁热用 $KMnO_4$ 标准溶液滴定(注意滴定速度,加入的 $KMnO_4$ 褪色后才滴定下一滴),滴定至浅粉红色 30 s 不褪去,即为终点。此步消耗的 $KMnO_4$ 溶液的体积记为 V_2。

再平行实验 2 次,注意根据第一次实验调整水样体积,或者调整第一次高锰酸钾标准溶液的体积。

3. 空白实验

另取 100 mL 纯水代替水样,同上述操作,测定空白值。计算水样 COD 时,用测定值减去空白值即得分析结果。

六、数据记录与处理

设计表格、记录实验数据,根据实验数据计算水样中的 COD 值,并计算测定结果的相对平均偏差。

七、课后思考与拓展

1. 思考题

① 用酸性高锰酸钾法测定 COD 时,水样中氯离子含量高时,为什么对测定有干扰?如何消除?

② 用 $KMnO_4$ 标准溶液滴定 $Na_2C_2O_4$ 时需注意哪些问题?提示:滴定速度、温度、酸度、终点等。

2. 能力拓展

查阅资料,了解地表水水质指标还有哪些?常用什么方法测定?

3. 阅读与参考资料

[1] 孙永秀. 酸性高锰酸钾法测定化学需氧量的方法及技巧 [J]. 山西建筑, 2009, 23 (35): 192-193.

[2] 齐蒙蒙, 韩严和, 孙齐. 高级氧化法测定化学需氧量的原理及应用 [J]. 环境化学, 2019, 38 (11): 3481-3492.

[3] 中华人民共和国地质矿产部. DZ/T 0064.68—93 地下水质检验方法——酸性高锰酸盐氧化法测定化学需氧量 [S], 1993.

实验二十六　水样中化学需氧量的测定（重铬酸钾法）

一、预习要求

1. 了解环境水体污染指标分析的重要性。
2. 了解水样的采集和保存方法，学习化学需氧量的测试原理（重铬酸钾法）以及计算方法。
3. 分析本次实验中安全、环保、健康注意事项（本实验涉及的试剂、仪器安全、人身防护措施、废弃物处理知识等）。

二、实验目的

1. 掌握重铬酸钾法测定化学需氧量的原理、技术和操作方法。
2. 了解水中有机污染物综合指标的含义。

三、实验原理

在强酸性溶液中，准确加入过量的重铬酸钾标准溶液，加热回流，将水样中还原性物质（主要是有机物）氧化。以试亚铁灵作指示剂，用硫酸亚铁铵标准溶液回滴过量的重铬酸钾，根据所消耗的重铬酸钾标准溶液的量计算水样中的化学需氧量（COD_{Cr}）。

方法的适用范围：用 0.25 mol·L^{-1} 的重铬酸钾溶液可测大于 50 mg·L^{-1} 的 COD 值。未经稀释水样的测定上限是 700 mg·L^{-1}。用 0.025 mol·L^{-1} 浓度的重铬酸钾可测定 5~50 mg·L^{-1} 的 COD 值，但低于 10 mg·L^{-1} 时测量准确度较差。

四、仪器、试剂及材料

仪器：全玻璃回流装置（250 mL）、节能 COD 恒温加热器、酸式滴定管（25 mL 或 50 mL）、锥形瓶、移液管、容量瓶等。

试剂：

重铬酸钾标准溶液（$c_{1/6 K_2Cr_2O_7} = 0.2500$ mol·L^{-1}）：称取预先在 120℃ 烘干 2 h 的基准或优质纯重铬酸钾 12.258 g 溶于水中，转移至 1000 mL 容量瓶，稀释至标线，摇匀。

试亚铁灵指示液：称取 1.485 g 邻菲啰啉（$C_{12}H_8N_2·H_2O$）、0.695 g 硫酸亚铁（$FeSO_4·7H_2O$）溶于水中，稀释至 100 mL，贮于棕色瓶内。

硫酸亚铁铵标准溶液 [$c_{(NH_4)_2Fe(SO_4)_2·6H_2O} \approx 0.1$ mol·L^{-1}]：称取 39.5 g 硫酸亚铁铵溶于水中，边搅拌边缓慢加入 20 mL 浓硫酸，冷却后转移至 1000 mL 容量瓶中，加水稀释至标线，摇匀。临用前，用重铬酸钾标准溶液标定。

硫酸-硫酸银溶液：于 2500 mL 浓硫酸中加入 25 g 硫酸银。放置 1~2 d，不时摇动使其溶解。

硫酸汞：结晶或粉末，分析纯。

材料：沸石。

五、实验步骤

1. 硫酸亚铁铵的标定

准确吸取 10.00 mL 重铬酸钾标准溶液于 500 mL 锥形瓶中，加水稀释至 110 mL 左右，缓慢加入 30 mL 浓硫酸，混匀。冷却后，加入 3 滴试亚铁灵指示液（约 0.15 mL），用硫酸亚铁铵溶液滴定，溶液的颜色由黄色经蓝绿色至红褐色即为终点。平行测定 3 次，按下式计算其浓度。

$$c_{[(NH_4)_2Fe(SO_4)_2]}=\frac{0.2500\times10.00}{V}$$

式中　c——硫酸亚铁铵标准溶液的浓度，$mol\cdot L^{-1}$；
　　　V——硫酸亚铁铵标准溶液的用量，mL。

2. 水样的测定

取 20.00 mL 混合均匀的水样（或适量水样稀释至 20.00 mL），置于 250 mL 磨口的加热管中，准确加入 10.00 mL 重铬酸钾标准溶液及数粒小玻璃珠或沸石，慢慢地加入 30 mL 硫酸-硫酸银溶液，轻轻摇动使溶液混匀，加热回流 2 h。

注意：对于 COD 高的水样，可先取上述操作中所取体积 1/10 废水样和试剂于加热管中，摇匀，加热后观察是否呈绿色。如溶液显绿色，再适当减少废水取样量，直至溶液不变绿色为止，从而确定废水样分析时应取用的体积，如表 4-6 所示。稀释时，所取废水样量不得少于 5 mL，如果 COD 很高，则废水样应多次稀释。废水中氯离子含量超过 30 $mg\cdot L^{-1}$ 时，应先把 0.4 g 硫酸汞加入回流锥形瓶中，再加 20.00 mL 废水（或适量废水稀释至 20.00 mL），摇匀。

冷却后，用 90 mL 水冲洗冷凝管壁，溶液总体积不得少于 140 mL，否则酸度太大，滴定终点不明显。

溶液再度冷却后，加 3 滴试亚铁灵指示液，用硫酸亚铁铵标准溶液滴定，溶液的颜色由黄色经蓝绿色至红褐色即为终点，记录硫酸亚铁铵标准溶液的用量。

3. 空白实验

测定水样的同时，取 20.00 mL 重蒸水，按同样操作步骤作空白实验。记录滴定空白时硫酸亚铁铵标准溶液的用量。

表 4-6　水样取用量和试剂用量

水样体积/mL	0.2500 $mol\cdot L^{-1}$ 重铬酸钾/mL	硫酸-硫酸银溶液/mL	硫酸汞/g	硫酸亚铁铵/$mol\cdot L^{-1}$	滴定前总体积/mL
10.0	5.0	15	0.2	0.050	70
20.0	10.0	30	0.4	0.100	140
30.0	15.0	45	0.6	0.150	210
40.0	20.0	60	0.8	0.200	280
50.0	25.0	75	1.0	0.250	350

注意：（1）使用 0.40 g 硫酸汞络合氯离子的最高量可达 40 mg，如取用 20.00 mL 水样，即最高可络合 2000 $mg\cdot L^{-1}$ 氯离子浓度的水样。若氯离子的浓度较低，也可少加硫酸汞，使保持硫酸汞：氯离子比为 10:1。若出现少量氯化汞沉淀，并不影响测定。

（2）水样取用体积可在 10.00~50.00 mL 范围内，但试剂用量及浓度需按表 4-6 进行相应调整。

（3）对于化学需氧量小于 50 $mg\cdot L^{-1}$ 的水样，应改用 0.0250 $mol\cdot L^{-1}$ 重铬酸钾标准溶液。回滴时用 0.01 $mol\cdot L^{-1}$ 硫酸亚铁铵标准溶液。

六、数据记录与处理

设计表格、记录实验数据，根据实验数据计算硫酸亚铁铵标准溶液的浓度并按下式计算水样中 COD_{Cr} 值。

$$COD_{Cr} = \frac{(V_0 - V_1)c \times 8 \times 1000}{V} (mg \cdot L^{-1})$$

式中 c——硫酸亚铁铵标准溶液的浓度，$mol \cdot L^{-1}$；

V_0——滴定空白时硫酸亚铁铵标准溶液的用量，mL；

V_1——滴定水样时硫酸亚铁铵标准溶液的用量，mL；

V——水样的体积，mL；

8——氧（1/2O）摩尔质量，$g \cdot mol^{-1}$。

七、课后思考与拓展

1. 思考题

① 水样采集及保存应注意哪些事项？

② 加入水样和试剂于加热管中，摇匀，加热后溶液呈绿色的原因是什么？应采取什么措施？

③ 当水样中 Cl^- 含量过高，测量时应注意什么？可采取的方法有哪些？

④ 测定水中 COD 的意义是什么？

2. 阅读与参考资料

[1] 国家环境保护部.HJ 828—2017 水质化学需氧量的测定重铬酸钾法 [S].北京：中国环境科学出版社，2017.

[2] 国家环境保护总局.水和废水监测分析方法.4 版 [M].北京：中国环境科学出版社，2002，12.

[3] 奚旦立.环境监测.5 版 [M].北京：高等教育出版社，2019，01.

实验二十七　碘和硫代硫酸钠标准溶液的配制与标定

一、预习要求

1. 了解 I_2 及 $Na_2S_2O_3$ 溶液标定原理。

2. 查阅资料，了解影响 I_2 及 $Na_2S_2O_3$ 溶液配制的影响因素。

3. 分析本次实验中安全、环保、健康注意事项（本实验涉及的试剂、仪器安全、人身防护措施、废弃物处理知识等）。

二、实验目的

1. 掌握 I_2 和 $Na_2S_2O_3$ 溶液的配制方法和保存条件。

2. 了解标定 I_2 及 $Na_2S_2O_3$ 溶液浓度的原理和方法。

三、实验原理

碘法是利用碘的氧化性和碘离子的还原性测定物质含量的氧化还原滴定法，可分为直接碘法和间接碘法。碘法用的标准溶液主要有硫代硫酸钠标准溶液和碘标准溶液两种。

I_2 微溶于水而易溶于 KI 溶液，但在稀的 KI 溶液中溶解得很慢，因此配制 I_2 溶液时不能过早加水稀释，应先将 I_2 与 KI 混合，用少量水充分研磨，溶解完全后再稀释。

溶液中 I_2 与 KI 存在如下平衡：

$$I_2 + I^- \Longleftrightarrow I_3^-$$

游离的 I_2 容易挥发损失，因此溶液中应维持适当过量的 I^-，以减少 I_2 的挥发。

I^- 在空气中能被氧化，从而引起 I_2 浓度增加，化学反应式如下：

$$4I^- + O_2 + 4H^+ \Longleftrightarrow 2I_2 + 2H_2O$$

尽管此氧化作用缓慢，但光、热及酸的作用能促使反应加速，因此 I_2 溶液应贮存于棕色瓶中，置冷暗处保存；同时 I_2 能缓慢腐蚀橡胶和其他有机物，I_2 溶液贮存也应避免与这类物质接触。

标定 I_2 溶液浓度的最好方法是用 As_2O_3（俗称砒霜，剧毒！）作基准物，由于 As_2O_3 的不安全性，实验室常用 $Na_2S_2O_3$ 标准溶液来标定。

硫代硫酸钠（$Na_2S_2O_3 \cdot 5H_2O$）一般都含有少量杂质，如 S、Na_2SO_3、Na_2SO_4、Na_2CO_3 及 NaCl 等，同时还容易风化和潮解，因此不能直接配制成准确浓度的溶液。标定 $Na_2S_2O_3$ 溶液的基准物有 $K_2Cr_2O_7$、$KBrO_3$、KIO_3 等，常用的是 $K_2Cr_2O_7$。$K_2Cr_2O_7$ 在酸性条件下与 KI 反应，再用 $Na_2S_2O_3$ 标准溶液滴定生成的 I_2，根据 $K_2Cr_2O_7$ 的质量和消耗的 $Na_2S_2O_3$ 标准溶液的体积，可计算 $Na_2S_2O_3$ 标准溶液的准确浓度。

$$Cr_2O_7^{2-} + 6I^- + 14H^+ \Longleftrightarrow 2Cr^{3+} + 3I_2 + 7H_2O$$

$$I_2 + 2S_2O_3^{2-} \Longleftrightarrow S_4O_6^{2-} + 2I^-$$

光照、氧气、微生物等都能促进 $Na_2S_2O_3$ 溶液分解，所以 $Na_2S_2O_3$ 溶液应贮存于棕色瓶中，放置暗处，经 8~14 d 再标定。长期使用的溶液应定期标定。

四、仪器、试剂及材料

仪器：电子天平（百分之一、万分之一），碱式滴定管（50 mL），移液管（25 mL），容量瓶（250 mL）等。

试剂：$K_2Cr_2O_7$（基准试剂），I_2（s，AR），$Na_2S_2O_3 \cdot 5H_2O$（s，CP），Na_2CO_3（s，AR），$NaHCO_3$（s，AR），KI（10%），HCl（2.0 mol·L^{-1}、6 mol·L^{-1}）。

淀粉溶液（1%）：称取 0.5 g 可溶性淀粉，加入 5 mL 纯水搅拌后缓慢转移至 100 mL 沸水中，搅拌煮沸 2 min，冷却后取上清液。

五、实验步骤

1. 0.05 mol·L^{-1} I_2 溶液的配制

称取 13 g 的 I_2 和 40 g 的 KI 置于小研钵或小烧杯中，加水少许，研磨或搅拌至 I_2 全部溶解后，转移至棕色瓶中，加水稀释至 1000 mL，塞紧，摇匀后放置过夜再标定。

2. 0.1 mol·L^{-1} $Na_2S_2O_3$ 溶液的配制

称取 25 g $Na_2S_2O_3 \cdot 5H_2O$ 于 500 mL 烧杯中，加入 300 mL 新煮沸已冷却的蒸馏水，待完全溶解后，加入 0.2 g Na_2CO_3，然后用新煮沸已冷却的蒸馏水稀释至 1000 mL，贮于棕色瓶中，在暗处放置 7~14 d 后标定。

3. 0.1 mol·L^{-1} Na$_2$S$_2$O$_3$ 溶液的标定

准确称取 0.6~0.9 g（精确至 0.1 mg）已烘干的 K$_2$Cr$_2$O$_7$（基准试剂）于小烧杯中，加入 30 mL 水使之溶解，定量转移至 250 mL 容量瓶中，稀释至刻度，摇匀。用 25 mL 移液管移取稀释液于 250 mL 洁净的锥形瓶中，再加入 20 mL 10% KI 溶液（或 2 g 固体 KI）和 6 mol·L^{-1} 的 HCl 溶液 5 mL，混匀后用表面皿盖好，放在暗处 5 min。

如果 Na$_2$S$_2$O$_3$ 溶液浓度较稀，标定用的 K$_2$Cr$_2$O$_7$ 称取量较小时，可采用大样的办法，即称取 5 倍量（按消耗 20~30 mL Na$_2$S$_2$O$_3$ 计算的量）的 K$_2$Cr$_2$O$_7$ 溶于水后，配成 100 mL 溶液，再吸取 20 mL 进行标定。

K$_2$Cr$_2$O$_7$ 与 KI 的反应不是立刻完成的，在稀溶液中反应较慢，因此需等反应完成后再加水稀释。在上述条件下，大约经 5 min 反应即可完成。

用 50 mL 水稀释，用 0.1 mol·L^{-1} Na$_2$S$_2$O$_3$ 溶液滴定到呈浅黄绿色。加入 1% 淀粉溶液 1 mL，继续滴定至蓝色变绿色，滴至终点的溶液放置后会变蓝色。如果不是很快变蓝（经过 5~10 min），那就是由于空气氧化所致。如果很快而且又不断变蓝，说明 K$_2$Cr$_2$O$_7$ 和 KI 的作用在滴定前进行得不完全，溶液稀释得太早。遇此情况，实验应重做。生成的 Cr^{3+} 显蓝绿色，妨碍终点观察。滴定前预先稀释，可使 Cr^{3+} 浓度降低，蓝绿色变浅终点时溶液由蓝变到绿，容易观察。同时稀释也使溶液的酸度降低，适于用 Na$_2$S$_2$O$_3$ 滴定 I$_2$。

平行测定 3 次，根据 K$_2$Cr$_2$O$_7$ 的质量及消耗的 Na$_2$S$_2$O$_3$ 溶液的体积，计算 Na$_2$S$_2$O$_3$ 溶液的浓度。

4. 0.05 mol·L^{-1} I$_2$ 溶液的标定

准确吸取 25 mL I$_2$ 标准溶液置于 250 mL 碘量瓶中，加 50 mL 水，用 0.1 mol·L^{-1} Na$_2$S$_2$O$_3$ 溶液滴定至蓝色恰好消失，即为终点。淀粉指示剂不能过早加入，则大量的 I$_2$ 与淀粉结合成蓝色物质，这一部分 I$_2$ 不容易与 Na$_2$S$_2$O$_3$ 反应，因而使滴定发生误差。也可用 I$_2$ 标准溶液滴定预先加有淀粉指示剂的一定量 Na$_2$S$_2$O$_3$ 溶液。根据 Na$_2$S$_2$O$_3$ 及 I$_2$ 溶液的用量和 Na$_2$S$_2$O$_3$ 溶液的浓度，计算 I$_2$ 标准溶液的浓度。

六、数据记录与处理

设计表格、记录实验数据，根据实验数据计算 I$_2$ 标准溶液和 Na$_2$S$_2$O$_3$ 标准溶液的浓度，并计算测定结果的相对平均偏差。

七、课后思考与拓展

1. 思考题

① 如何配制和保存浓度比较稳定的 I$_2$ 和 Na$_2$S$_2$O$_3$ 标准溶液？

② 用 K$_2$Cr$_2$O$_7$ 作基准物标定 Na$_2$S$_2$O$_3$ 溶液时，为什么要加入过量的 KI 和 HCl 溶液？为什么放置一定的时间后才加水稀释？如果：加 KI 溶液而不加 HCl 溶液；加酸后不放置暗处；不放置或少放置一定的时间即加水稀释，会产生什么影响？

③ 为什么用 I$_2$ 溶液滴定 Na$_2$S$_2$O$_3$ 溶液时应预先加入淀粉指示剂？而用 Na$_2$S$_2$O$_3$ 溶液滴定 I$_2$ 溶液时必须在将近终点前才加入？

④ 马铃薯和稻米等都含淀粉，它们的溶液是否可用作指示剂？

⑤ 淀粉指示剂（1%）的用量为什么要多达 1 mL？和其他滴定方法一样，只加几滴行不行？

⑥ 如果分析的试样不同，而 $Na_2S_2O_3$ 和 I_2 标准溶液的浓度是否都应配成 $0.1\ mol·L^{-1}$ 和 $0.05\ mol·L^{-1}$？

2. 能力拓展

$Na_2S_2O_3$ 溶液易受空气和微生物等的作用而分解。

（1）溶解 CO_2 的作用：$Na_2S_2O_3$ 在中性或碱性溶液中较稳定，当 pH＜4.6 时即不稳定。当溶液中含有 CO_2 时，它会促进 $Na_2S_2O_3$ 分解：

$$Na_2S_2O_3 + H_2CO_3 = NaHSO_3 + NaHCO_3 + S\downarrow$$

此分解作用一般发生在溶液配制后的最初几天，后期会因空气的氧化作用，使浓度又慢慢减小。

在 pH＝9～10 时硫代硫酸盐溶液最为稳定，所以要在 $Na_2S_2O_3$ 溶液中加入少量 Na_2CO_3。

（2）空气的氧化：

$$2Na_2S_2O_3 + O_2 = 2Na_2SO_4 + 2S\downarrow$$

（3）微生物分解：微生物分解是使 $Na_2S_2O_3$ 分解的主要原因。为了避免微生物的分解作用，可加入少量 $10\ mg·L^{-1}\ HgI_2$。

实验二十八　五水硫酸铜中铜含量及结晶水数量测定

一、预习要求

1. 复习氧化还原滴定原理，了解碘量法实验操作中的注意事项。
2. 复习电子天平、滴定管、移液管、滴定操作等基本内容。
3. 分析本次实验中安全、环保、健康注意事项（本实验涉及的试剂、仪器安全、人身防护措施、废弃物处理知识等）。

二、实验目的

1. 掌握间接碘量法测定五水硫酸铜中铜含量的原理和方法。
2. 进一步熟悉滴定操作；掌握移液管、分析天平的使用。
3. 熟悉碘量法中淀粉指示剂的使用和滴定终点颜色的正确判断。

三、实验原理

二价铜盐与碘化物发生反应：

$$2Cu^{2+} + 4I^- = 2CuI + I_2$$

I_2 在水中溶解度小，与 I^- 结合形成 I_3^-，$I_2 + I^- = I_3^-$，可增大其溶解度。再用 $Na_2S_2O_3$ 标准溶液滴定：

$$I_2 + 2S_2O_3^{2-} = S_4O_6^{2-} + 2I^-$$

从上述反应可知：

$$n(Cu^{2+}) = n(S_2O_3^{2-})$$

由此可以计算出铜的含量。

根据 $E^{\ominus}(Cu^{2+}/Cu^{+})=0.159V$，$E^{\ominus}(I_2/I^{-})=0.54V$，可知标准状态下反应：$2Cu^{2+} + 4I^{-} = 2CuI + I_2$ 是逆向自发的。滴定时要求该反应正向进行并且反应完全，所以加入过量的 KI，不仅降低 $E(I_2/I^{-})$ 的电势，同时过量的 I^{-} 使平衡向右移动；还有 Cu^{+} 与 I^{-} 结合生成 CuI 沉淀，升高 $E(Cu^{2+}/Cu^{+})$ 的电势，从而使 $2Cu^{2+} + 4I^{-} = 2CuI\downarrow + I_2$ 反应完全。

由于 CuI 沉淀强烈地吸附 I_3^{-}，会使测定结果偏低。加入 KSCN，可以使 CuI 转化为溶解度更小的 CuSCN，且 CuSCN 并不吸附 I_3^{-} [$K_{sp}^{\ominus}(CuI)=5.05\times10^{-12}$，$K_{sp}^{\ominus}(CuSCN)=4.8\times10^{-15}$]：

$$CuI + SCN^{-} = CuSCN\downarrow + I^{-}$$

从而释放出被吸附的 I_3^{-}，但是 KSCN 只能在接近终点时加入，否则 SCN^{-} 会还原大量存在的 I_2，致使测定结果偏低。

为了防止铜盐水解，溶液的 pH 应控制在 3～4。酸度过低，Cu^{2+} 易水解，则反应不完全，结果偏低，且反应速率慢，终点拖长；酸度过高，则 I^{-} 被空气氧化为 I_2（Cu^{2+} 催化此反应），使结果偏高。大量 Cl^{-} 能与 Cu^{2+} 形成配离子，I^{-} 不能从 Cu^{2+} 的氯配合物中将 Cu^{2+} 定量地还原，因此最好用硫酸而不用盐酸（少量盐酸不干扰）。矿石或合金中的铜也可以用碘量法测定。但必须设法防止其他能氧化 I^{-} 的物质（如 NO_3^{-}、Fe^{3+} 等）的干扰。防止的方法是加入掩蔽剂，以掩蔽干扰离子（例如使 Fe^{3+} 生成 $[FeF_6]^{3-}$ 配离子而掩蔽），或在测定前将它们分离除去。若有 As(V)、Sb(V) 存在，应将 pH 调至 4，以免它们氧化 I^{-}。

通过滴定测定出称取的五水硫酸铜试样中铜的物质的量，可算出其实际的分子量。

$$五水硫酸铜结晶水个数 = \left(\frac{m_{试样}}{试样中铜的物质的量} - M_{CuSO_4}\right)/M_{H_2O}$$

四、仪器及试剂

仪器：碱式滴定管（50 mL），锥形瓶（250 mL），容量瓶（250 mL），电子分析天平，移液管（25 mL）等。

试剂：$Na_2S_2O_3$ 标准溶液（以 $K_2Cr_2O_7$ 基准物标定，需记录准确浓度），H_2SO_4 溶液（$1.0\ mol\cdot L^{-1}$），HCl 溶液（1%），KSCN 溶液（10%），KI 溶液（10%），淀粉溶液（1%），硫酸铜晶体试样。

五、实验步骤

1. 试样溶液的配制

精确称取五水硫酸铜晶体试样 0.5～0.7 g 于洁净的烧杯中，加 10 mL $1.0\ mol\cdot L^{-1}$ H_2SO_4 溶液溶解，然后加入 30 mL 水，所得溶液全部转入 250 mL 容量瓶中，定容并混合均匀。

2. 试样的测定

用移液管移取 25.00 mL 硫酸铜溶液于锥形瓶中，加入 10% KI 溶液 2～3 mL，立即用 $Na_2S_2O_3$ 标准溶液滴定至呈浅黄色，然后加入 1% 淀粉 1 mL，继续滴定到呈浅蓝色。再加入 2 mL 10% KSCN 溶液，摇匀后溶液蓝色会转深。再继续滴定到蓝色恰好消失，此时溶液为米色 CuSCN 悬浮液，即为终点，记录数据。再平行滴定 2 次。

六、数据记录与处理

设计表格，记录实验数据，计算五水硫酸铜中的铜含量及结晶水数量，计算相对误差，分析引起误差的原因。

七、课后思考与拓展

1. 思考题

① 已知 $E^{\ominus}_{Cu^{2+}/Cu^{+}} = 0.159V$，$E^{\ominus}_{I_2/I^-} = 0.54V$，判断反应 $2Cu^{2+} + 4I^- \rightleftharpoons 2CuI\downarrow$（白色）$+ I_2$ 进行的方向？如何让反应 $2Cu^{2+} + 4I^- \rightleftharpoons 2CuI\downarrow$（白色）$+ I_2$ 正向进行？

② 间接碘量法测定铜含量时，滴定至接近终点时，为什么要加入 KSCN？

③ 间接碘量法测定铜含量时，淀粉指示剂为什么应在接近终点时加入？

④ 分析滴定过程锥形瓶中溶液颜色变化的原理。

$$\text{棕色} \longrightarrow \text{浅黄色} \xrightarrow{\text{加入淀粉}} \text{蓝色} \longrightarrow \text{浅蓝} \xrightarrow{\text{加入 KSCN}} \text{蓝色变深} \longrightarrow \text{米色}$$

2. 能力拓展

了解除碘量法以外的其他测定五水硫酸铜中铜含量的方法。

3. 阅读与参考资料

[1] 孙瑞卿，许紫婷，魏巧华.通过拓展大学化学实验培养学生探索创新能力——以"硫酸铜中铜含量测定（碘量法）"为例 [J].大学化学.2020，35（9）：96-102.

[2] 王雪艳，杨敏妍，陈佳阳.用沉淀滴定电导率法测定硫酸铜晶体中结晶水的含量 [J].化学教学，2018，（7）：68-70.

[3] 黄上元.碘量法测定阳极铜中的铜量.[J] 科技资讯，2020，18（27）：62-67.

实验二十九　铁矿石中全铁含量的测定

一、预习要求

1. 查阅资料，了解铁矿石中全铁含量的测定意义与方法。
2. 学习重铬酸钾法测定铁矿石中的铁。
3. 分析本次实验中安全、环保、健康注意事项（本实验涉及的试剂、仪器安全、人身防护措施、废弃物处理知识等）。

二、实验目的

1. 学习 $K_2Cr_2O_7$ 法测定铁矿中铁的原理和操作步骤。
2. 了解无汞定铁法，增强环保意识。
3. 熟悉二苯胺磺酸钠指示剂的作用原理。

三、实验原理

铁矿石的种类很多，用于炼铁的主要有磁铁矿（Fe_3O_4）、赤铁矿（Fe_2O_3）和菱铁矿（$FeCO_3$）等。全铁含量对铁矿石烧结和冶炼有着直接的影响，铁矿石贸易合同中把全铁含量放在第一位，并制订了严格的价格调整条款，是决定货值的最重要指标。对铁矿石中全铁含量的测定有氧化还原滴定法、微波溶样-自动电位滴定法、X 射线荧光光谱法和电感耦合等离子体原子发射光谱法等。滴定法中最经典的分析方法是氯化亚锡-氯化高汞-重铬酸钾容量法，但由于有毒物质汞的使用，给操作人员身体健康和废液处置带来巨大的危害。因此，国内外的很多分析化学工作者开始研究无汞盐的测定，如三氯化钛-重铬酸钾法、甲基橙-氯化亚锡-重铬酸钾法、锌-重铬酸钾法等。本实验采用甲基橙-氯化亚锡-重铬酸钾法。

铁矿石试样经 HCl 溶液溶解后，其中的铁转化为 Fe^{3+}。在强酸性条件下，Fe^{3+} 可通过 $SnCl_2$ 还原为 Fe^{2+}。Sn^{2+} 将 Fe^{3+} 还原后，甲基橙也可被 Sn^{2+} 还原成氢化甲基橙而褪色。因而甲基橙可指示 Fe^{3+} 还原终点。Sn^{2+} 还能继续使氢化甲基橙还原成 N,N-二甲基对苯二胺和对氨基苯磺酸钠。有关反应式为：

$$(CH_3)_2NC_6H_4N=NC_6H_4SO_3Na+2e^-+2H^+ \longrightarrow (CH_3)_2NC_6H_4NH—NHC_6H_4SO_3Na$$
$$(CH_3)_2NC_6H_4N—NHC_6H_4SO_3Na+2e^-+2H^+ \longrightarrow (CH_3)_2NC_6H_4NH_2+NH_2C_6H_4SO_3Na$$

这样一来，略微过量的 Sn^{2+} 也被消除。由于这些反应是不可逆的，因此甲基橙的还原产物不消耗 $K_2Cr_2O_7$。

反应在 HCl 介质中进行，还原 Fe^{3+} 时 HCl 浓度以 4 mol·L^{-1} 左右为好，大于 6 mol·L^{-1} 时 Sn^{2+} 先还原甲基橙为无色，使其无法指示 Fe^{3+} 的还原，同时 Cl^- 浓度过高也可能消耗 $K_2Cr_2O_7$，HCl 浓度低于 2 mol·L^{-1}，则甲基橙褪色缓慢，反应完毕，以二苯胺磺酸钠为指示剂，用 $K_2Cr_2O_7$ 标准溶液滴定至溶液呈紫色即为终点，主要反应式为：

$$2FeCl_4^- + SnCl_4^{2-} + 2Cl^- \rightleftharpoons 2FeCl_4^{2-} + SnCl_6^{2-}$$
$$6Fe^{2+} + Cr_2O_7^{2-} + 14H^+ \rightleftharpoons 6Fe^{3+} + 2Cr^{3+} + 7H_2O$$

滴定过程中生成的 Fe^{3+} 呈黄色，影响终点的观察，若在溶液中加入 H_3PO_4，H_3PO_4 与 Fe^{3+} 生成无色的 $[Fe(HPO_4)_3]^{3-}$，可掩蔽 Fe^{3+}。同时由于 $[Fe(HPO_4)_3]^{3-}$ 的生成，使得 Fe^{3+}/Fe^{2+} 电对的条件电位降低，滴定突跃增大，指示剂可在突跃范围内变色，从而减小滴定误差。Cu^{2+}、As(V)、Ti(Ⅳ) 等离子存在时，可被 $SnCl_2$ 还原，同时又能被 $K_2Cr_2O_7$ 氧化，Sb(Ⅴ) 和 Sb(Ⅲ) 也干扰铁的测定。

四、仪器及试剂

仪器：酸式滴定管（50 mL），锥形瓶（250 mL），容量瓶（250 mL），电子分析天平，移液管（25 mL）等。

试剂：甲基橙水溶液（1 g·L^{-1}），二苯胺磺酸钠水溶液（2 g·L^{-1}），浓 HCl 溶液。

$SnCl_2$（100 g·L^{-1}）：称取 10 g $SnCl_2 \cdot 2H_2O$ 溶于 40 mL 浓热 HCl 溶液中，加纯水稀释至 100 mL。

$SnCl_2$ 溶液（50 g·L^{-1}）：将 100 g·L^{-1} 的 $SnCl_2$ 溶液稀释 1 倍。

硫磷混酸：将 15 mL 浓硫酸缓慢加入 70 mL 纯水中，冷却后加入 15 mL H_3PO_4，混匀。

$K_2Cr_2O_7$ 标准溶液：将 $K_2Cr_2O_7$ 在 150~180 ℃ 烘干 2 h，放入干燥器中冷却至室温，准确称取 0.6~0.7 g $K_2Cr_2O_7$ 于小烧杯中，加蒸馏水溶解后转移至 250 mL 容量瓶中，用纯水稀释至刻度，摇匀，计算 $K_2Cr_2O_7$ 的浓度。

五、实验步骤

准确称取铁矿石粉 1.0~1.5 g 于 250 mL 烧杯中，用少量纯水润湿后，加 20 mL 浓

HCl 溶液，盖上表面皿，在砂浴上加热 20～30 min，并不时摇动，避免沸腾。如有带色不溶残渣，可滴加 100 g·L^{-1} SnCl$_2$ 溶液 20～30 滴助溶，试样分解完全时，剩余残渣应为白色或非常接近白色（即 SiO$_2$），此时可用少量纯水吹洗表面皿及杯壁，冷却后将溶液转移至 250 mL 容量瓶中，加蒸馏水稀释至刻度，摇匀。

移取试样溶液 25.00 mL 于 250 mL 锥形瓶中，加 8 mL 浓 HCl 溶液，加热至接近沸腾，加入 6 滴 1 g·L^{-1} 甲基橙，边摇动锥形瓶边慢慢滴加 100 g·L^{-1} SnCl$_2$ 溶液还原 Fe^{3+}，溶液由橙红色变为红色，再慢慢滴加 50 g·L^{-1} SnCl$_2$ 溶液至溶液变为淡红色，若摇动后粉色褪去，说明 SnCl$_2$ 已过量，补加 1 滴 1 g·L^{-1} 甲基橙，以除去稍微过量的 SnCl$_2$，此时溶液如呈浅粉色最好，不影响滴定终点，SnCl$_2$ 切不可过量。然后，迅速用流水冷却，加 50 mL 纯水、20 mL 硫磷混酸、4 滴 2 g·L^{-1} 二苯胺磺酸钠。并立即用上述 K$_2$Cr$_2$O$_7$ 标准溶液滴定至出现稳定的紫红色。平行测定 3 次，计算试样中 Fe 的百分含量。

六、数据记录与处理

设计表格、记录实验数据，根据实验数据计算样品中 Fe 的百分含量，并计算测定结果的相对平均偏差。

七、课后思考与拓展

1. 思考题

① 分解铁矿石时，为什么不能加热至沸，如果加热至沸对测定结果产生什么影响？

② 本实验中甲基橙起什么作用？

③ 为什么要趁热逐滴加入 SnCl$_2$？加入的 SnCl$_2$ 量不足或过量会给测定结果带来什么影响？

④ 用重铬酸钾法测定铁矿石中的铁时，为何要在加热条件下进行？滴定前为什么要加入 H$_3$PO$_4$？加入 H$_3$PO$_4$ 后为何要立即滴定？

2. 阅读与参考资料

[1] 王李鑫，庞江天.重铬酸钾滴定铁矿石中全铁含量测定不确定度评定 [J].四川冶金，2021（6）：61-63.

[2] 宋飞，岳春雷，张庆建，等.影响测定铁矿石中全铁含量因素的探讨 [J].理化检验（化学分册），2016（8）：955-958.

[3] 宋秀丽.铁矿石中全铁含量测定方法比较 [J].太原师范学院学报（自然科学版），2016（1）：76-81.

实验三十　硝酸银标准溶液的配制与标定

一、预习要求

1. 了解 AgNO$_3$ 相关性质。

2. 复习沉淀滴定相关知识。

3. 分析本次实验中安全、环保、健康注意事项（本实验涉及的试剂、仪器安全、人身防护措施、废弃物处理知识等）。

二、实验目的

1. 学习 AgNO$_3$ 标准溶液的配制和标定方法。

2. 掌握铬酸钾（K_2CrO_4）指示剂的应用与终点判断。

三、实验原理

以 NaCl 为基准物质，以 K_2CrO_4 为指示剂。

滴定反应：$Ag^+ + Cl^- =\!\!=\!\!= AgCl\downarrow$（白色）

终点反应：$2Ag^+ + CrO_4^{2-} =\!\!=\!\!= Ag_2CrO_4\downarrow$（砖红色）

四、仪器及试剂

仪器：电子分析天平，高型称量瓶，酸式滴定管（50 mL），锥形瓶（250 mL），量筒（50 mL、10 mL），烧杯（500 mL、100 mL）。

试剂：硝酸银(s，A.R.)，NaCl 基准物质，K_2CrO_4 溶液(5%)。

五、实验步骤

1. $AgNO_3$ 溶液的配制

称取 9 g $AgNO_3$ 溶于 500 mL 纯水中，然后转移至带塞棕色磨口瓶中，摇匀，密塞，避光保存。

2. $AgNO_3$ 溶液的标定

用差量法称取在 270℃ 下干燥至恒重的基准 NaCl 0.12～0.14 g，置于 250 mL 锥形瓶中，加 50 mL 纯水使其溶解，再加入 K_2CrO_4 指示剂 1 mL（约 20 滴），摇匀。用 $AgNO_3$ 溶液滴定至微砖红色为终点。平行测定 3 次。

注意：（1）$AgNO_3$ 试剂及其溶液具有腐蚀性，破坏皮肤组织，注意切勿接触皮肤及衣服。

（2）配制 $AgNO_3$ 标准溶液所使用的水应无 Cl^-，否则配成的 $AgNO_3$ 溶液会出现白色浑浊，不能使用。

（3）实验完毕，盛装 $AgNO_3$ 溶液的滴定管应先用蒸馏水洗涤 2～3 次后，再用自来水洗净，避免 AgCl 沉淀残留于滴定管内壁。

（4）银为贵金属，含 AgCl 的废液应单独回收处理。

六、课后思考

（1）按指示终点的方法不同，$AgNO_3$ 标准溶液的标定有几种方法？各自滴定终点有何不同？

（2）以 K_2CrO_4 作指示剂时，指示剂浓度过大或过小对测定有何影响？

实验三十一　可溶性氯化物中氯含量的测定（莫尔法）

一、预习要求

1. 复习教材中沉淀溶解平衡与沉淀滴定法的相关知识，复习银量法相关知识；了解莫尔法测定氯离子的原理、条件、方法及有关注意事项。

2. 复习滴定管、容量瓶、移液管、分析天平的使用方法。

3.分析本次实验中安全、环保、健康注意事项（本实验涉及的试剂、仪器安全、人身防护措施、废弃物处理知识等）。

二、实验目的

1.掌握用莫尔法测定氯离子的原理、条件和方法。
2.了解莫尔法的应用、指示剂的选择及滴定终点的正确判断。
2.进一步学习滴定管、容量瓶、移液管、分析天平的使用方法。

三、实验原理

莫尔法是测定可溶性氯化物中氯含量常用的方法。此法是在中性或弱碱性溶液中，以 K_2CrO_4 为指示剂，用 $AgNO_3$ 标准溶液进行滴定。由于 AgCl 沉淀的溶解度比 Ag_2CrO_4 小，溶液中首先析出白色 AgCl 沉淀。当氯离子定量转化为 AgCl 沉淀后，过量的 $AgNO_3$ 溶液立即与 CrO_4^{2-} 生成砖红色 Ag_2CrO_4 沉淀，指示终点到达。主要反应为：

$$Ag^+ + Cl^- =\!=\!= AgCl \downarrow （白色） \quad K_{sp}^{\ominus} = 1.8 \times 10^{-10}$$

$$2Ag^+ + CrO_4^{2-} =\!=\!= Ag_2CrO_4 \downarrow （砖红色） \quad K_{sp}^{\ominus} = 2.0 \times 10^{-12}$$

滴定必须在中性或弱碱性溶液中进行，最适宜 pH 范围为 6.50～10.50。如果有铵盐存在，溶液的 pH 范围为 6.50～7.20。指示剂的用量对滴定有影响，一般 K_2CrO_4 浓度以 5×10^{-3} mol·L^{-1} 为宜。

凡是能与 Ag^+ 生成难溶化合物或络合物的阴离子，如 PO_4^{3-}、AsO_4^{3-}、AsO_3^{3-}、S^{2-}、SO_3^{2-}、CO_3^{2-}、$C_2O_4^{2-}$ 等均干扰测定，其中 H_2S 可加热煮沸除去，SO_3^{2-} 可用氧化成 SO_4^{2-} 的方法消除干扰。大量 Cu^{2+}、Ni^{2+}、Co^{2+} 等有色离子影响终点观察。凡能与指示剂 K_2CrO_4 生成难溶化合物的阳离子也干扰测定，如 Ba^{2+}、Pb^{2+} 等。Ba^{2+} 的干扰可加过量 Na_2SO_4 消除。Al^{3+}、Fe^{3+}、Bi^{3+}、Sn^{4+} 等高价金属离子在中性或弱碱性溶液中易水解产生沉淀，会干扰测定。

四、仪器及试剂

仪器：电子天平，烧杯（250 mL、50 mL），容量瓶（250 mL），锥形瓶（250 mL），移液管（25 mL），酸式滴定管（50 mL），洗耳球等。

试剂：$AgNO_3$ 标准溶液，K_2CrO_4（5％），氯化物试样（放入干燥器）。

五、实验步骤

1.试样的称量及溶液配制

准确称量 0.2～0.3 g 氯化物试样于洁净的烧杯中，用纯水溶解后定量转移至 250 mL 容量瓶中定容，配成 250.00 mL 溶液。

2.试样中 Cl^- 的滴定

用移液管吸取该试液 25.00 mL 于锥形瓶中，加入 1 mL 5％的 K_2CrO_4 指示剂，在不断摇动下用 $AgNO_3$ 标准溶液滴定至溶液转变为砖红色（黄色中稍带红色即可）即为终点。再平行测定两次。

3.空白实验

取 25.00 mL 纯水于锥形瓶中，加入 1 mL 5％ K_2CrO_4 指示剂，在不断摇动下用 Ag-

NO_3 标准溶液滴定至溶液转变为砖红色（黄色中稍带红色即可）即为终点。记录所耗 $AgNO_3$ 标准溶液的体积（空白值），计算时应扣除空白值。

注意：（1）适宜的 pH＝6.5～10.5，若有铵盐存在，pH＝6.50～7.20。

（2）$AgNO_3$ 需保存在棕色瓶中，勿使 $AgNO_3$ 与皮肤接触。

（3）实验完毕，盛装 $AgNO_3$ 溶液的滴定管应先用蒸馏水洗涤 2～3 次后，再用自来水洗净，避免 AgCl 沉淀残留于滴定管内壁。

（4）含银废液应予以回收。

六、数据记录与处理

设计表格、记录实验数据，根据实验数据计算样品中氯的百分含量，并计算测定结果的相对平均偏差。

七、课后思考与拓展

1.思考题

① $AgNO_3$ 标准溶液应贮于棕色瓶中并置于暗处，为什么？如何标定 $AgNO_3$ 标准溶液的浓度？

② 利用莫尔法时为什么溶液的 pH 需控制在 6.50～10.50？实验中如何控制 pH 在这个范围？

③ 空白实验有何意义？

④ 莫尔法中，以 K_2CrO_4 作为指示剂时，其浓度太大或太小对滴定结果有何影响？

2.能力拓展

查阅资料，了解氯化物中氯含量的其他测定方法。

3.阅读与参考资料

[1] 孙万虹，张麟文，李培显，等.可溶性氯化物中氯含量测定实验的改进［J］.西北民族大学学报（自然科学版），2011（3）：5-7.

[2] 李金辉."可溶性氯化物中氯含量的测定"实验的改进［J］.六盘水师范高等专科学校学报，2001（4）：58-59.

实验三十二　可溶性钡盐中钡含量的测定

一、预习要求

1.复习重量分析法的相关基础知识。

2.复习关于沉淀、过滤、洗涤、烘干、灼烧等内容，复习常压过滤操作。

3.分析本次实验中安全、环保、健康注意事项（本实验涉及的试剂、仪器安全、人身防护措施、废弃物处理知识等）。

二、实验目的

1.熟悉并掌握重量分析的一般基本操作，包括沉淀、陈化、过滤、洗涤、转移、烘干、炭化、灰化、灼烧、恒重。

2. 了解晶形沉淀的性质及其沉淀条件。
3. 掌握测定钡盐中钡含量的原理及方法。

三、实验原理

重量分析法根据分离原理不同，可以分为沉淀法、气化法和电解法。沉淀法是根据待测元素或原子团在特定条件下与其他物质相互作用而生成沉淀，将生成的沉淀经过陈化、烘干等过程处理后，称取其质量，从而根据反应计量关系计算得出待测元素含量的一种方法。

Ba^{2+} 可生成一系列微溶化合物，如 $BaCO_3$、BaC_2O_4、$BaCrO_4$、$BaHPO_4$、$BaSO_4$ 等，其中以 $BaSO_4$ 溶解度最小，100 ℃时，100 mL 溶液中溶解 0.4 mg，25 ℃时仅溶解 0.25 mg。当过量沉淀剂存在时，溶解大为减小，一般可以忽略不计。同时，$BaSO_4$ 的组成与化学式相同，性质较稳定，符合重量分析对沉淀的要求，故以 $BaSO_4$ 沉淀形式和称量形式测定 Ba^{2+}。$BaSO_4$ 重量法既可用于测定 Ba^{2+}，也可用于测定 SO_4^{2-} 的含量。

称取一定量的 $BaCl_2 \cdot 2H_2O$ 用水溶解，加稀 HCl 酸化，加热至微沸，不断搅拌下加入稀、热的 H_2SO_4，Ba^{2+} 与 SO_4^{2-} 反应后形成晶形沉淀。沉淀经过陈化、过滤、洗涤、烘干、炭化、灼烧、恒重后，以 $BaSO_4$ 形式称量，可求出 $BaCl_2 \cdot 2H_2O$ 中 Ba 的含量。

$BaSO_4$ 重量法一般在 0.05 mol·L^{-1} 左右 HCl 介质中进行，这是为了防止产生 $BaCO_3$、$BaHPO_4$、$BaHAsO_4$ 等弱酸盐沉淀，以及防止生成 $Ba(OH)_2$ 共沉淀。同时，适当提高酸度，增加 $BaSO_4$ 在沉淀过程中的溶解度，以降低其相对过饱和度，有利于获得较好的晶形沉淀。

用 $BaSO_4$ 重量法测定 Ba^{2+} 时，一般用稀 H_2SO_4 作沉淀剂。为了使 $BaSO_4$ 沉淀完全，H_2SO_4 必须过量。由于 H_2SO_4 在高温下可挥发除去，故沉淀带下的 H_2SO_4 不会引起误差，因此沉淀剂可过量 50%～100%。如果用 $BaSO_4$ 重量法测定 SO_4^{2-} 时，$BaCl_2$ 为沉淀剂，只能过量 20%～30%，因为 $BaCl_2$ 灼烧时不宜挥发除去。

反应过程中，Ba^{2+} 可生成一系列微溶化合物，另外 NO_3^-、Cl^- 等会与 K^+、Fe^{3+} 等发生共沉淀现象，从而影响实验结果测定，所以应严格把握实验条件，以减少对测定结果的干扰。

四、仪器、试剂及材料

仪器：瓷坩埚，玻璃漏斗，马弗炉，电炉，分析天平，铁架台，铁圈、烧杯（250 mL）等。

试剂：H_2SO_4（1 mol·L^{-1}、0.1 mol·L^{-1}、1+1），HCl（2 mol·L^{-1}），HNO_3（2 mol·L^{-1}），$AgNO_3$ 溶液（0.1 mol·L^{-1}），$BaCl_2 \cdot 2H_2O$ 试样。

材料：慢速定量滤纸。

五、实验步骤

1. 沉淀的制备

在分析天平上准确称取 0.4～0.5 g $BaCl_2 \cdot 2H_2O$ 试样于 250 mL 烧杯中，加纯水 100 mL，搅拌溶解（注意：所用的玻璃棒直到过滤、洗涤完毕才能取出）。加入 2 mol·L^{-1} HCl 溶液 3 mL，加热近沸。

另取 4 mL 1 mol·L^{-1} H_2SO_4 置于小烧杯中，加水 30 mL，加热近沸，趁热将 H_2SO_4 溶液用滴管逐滴加到热的试样溶液中，并不断搅拌，玻璃棒不要触及杯壁和杯底，以免划伤烧杯，使沉淀沾附在烧杯壁划痕内难以洗下。直至 H_2SO_4 溶液加完为止，待沉淀 $BaSO_4$ 下沉后，于上层清液中加入 $0.1\ mol·L^{-1}\ H_2SO_4\ 1\sim2$ 滴，观察是否有白色沉淀，以检验其沉淀是否完全。盖上表面皿（此时不能将玻璃棒拿出杯外），在沸腾的水浴上陈化 30 min，其间要搅动几次，放置冷却后过滤。

2.沉淀的过滤和洗涤

采用倾析法用慢速定量滤纸过滤，先将上面的清液过滤，沉淀尽量留在烧杯中，然后以 10 mL 稀 H_2SO_4 洗涤液（用 $1\ mL\ 1.0\ mol·L^{-1}\ H_2SO_4$ 溶液加 100 mL 纯水配成）吹洗烧杯内壁，使沾附在烧杯内壁的沉淀集中到烧杯底部，洗涤完后用倾析法过滤，如此反复洗 3~4 次。然后再加少量洗涤液于烧杯中，搅动沉淀使之混匀，立即将沉淀和洗涤液通过玻璃棒转移至漏斗内，如此重复几次，使沉淀基本被转移到滤纸上。如果还有少量沉淀沾附在烧杯上，可用撕下的小片滤纸仔细擦净，并将此小片滤纸放入漏斗中，继续用稀 H_2SO_4 洗涤液冲洗滤纸和沉淀，直到滤液不含 Cl^- 为止（检验方法：用试管收集 2 mL 滤液，加 1 滴 $2\ mol·L^{-1}\ HNO_3$ 溶液酸化，加入两滴 $0.1\ mol·L^{-1}\ AgNO_3$ 溶液，若无白色浑浊产生，表示 Cl^- 已洗净）。

3.沉淀的灼烧和恒重

将沉淀按本书 2.6 节中所述方法进行包裹，尽量包紧，但不要用手指压沉淀，然后放入已恒重并称重的坩埚中，在电炉上烘干、炭化、灰化后，置于马弗炉中，于 800~850 ℃下灼烧至恒重。称重，计算 $BaCl_2·2H_2O$ 中钡的含量。

注意：（1）加入稀 HCl 是为了防止产生 $BaCO_3$、$BaHPO_4$ 沉淀以及生成 $Ba(OH)_2$ 共沉淀。稀 HCl 加入太多会增加 Cl^- 的浓度。

（2）要在不断搅拌下逐滴加入沉淀剂，主要是防止因局部过浓而形成大量的晶核，导致晶体过小。沉淀作用在热溶液中进行，可以使沉淀的溶解度增加，降低相对过饱和度，有利于晶核成长为大颗粒晶体，减少对杂质的吸附。

（3）滤纸灰化时空气要充足，否则 $BaSO_4$ 易被滤纸的炭还原为灰黑色 BaS。如遇此情况，可加 1+1 H_2SO_4 2~3 滴，小心加热，冒烟后重新灼烧。

六、数据记录与处理

设计表格、记录实验数据，根据实验数据计算 $BaCl_2·2H_2O$ 中钡的百分含量。根据 $BaCl_2·2H_2O$ 中钡含量的理论值计算测量值的相对误差，并分析造成误差的原因。

七、课后思考与拓展

1.思考题

① 测定可溶性钡盐中钡含量时，如果在 $BaSO_4$ 沉淀中包夹 $BaCl_2$，将使测定结果偏高还是偏低？

② 为什么沉淀重量法中过滤沉淀要用定量滤纸（每张定量滤纸灼烧后残留的灰分为 0.08 mg 左右）？

③ 加 H_2SO_4 沉淀 Ba^{2+} 前，加入稀 HCl 的作用是什么？为什么不能加多了？

④ 为什么要在不断搅拌下逐滴加入沉淀剂？

2.能力拓展

本实验也可采用微波重量法，即用已恒重的玻璃砂芯漏斗抽滤，并洗涤沉淀，将盛有沉淀的坩埚在微波炉内进行干燥（第一次 10 min，第二次 4 min），转入干燥器中冷却至室温，称重，重复操作直至恒重。

微波干燥恒重 $BaSO_4$ 沉淀，样品内外同时加热，不需要传热过程，加热更迅速、均匀，瞬时可达到最高温度。同时，设备对环境几乎不辐射热量，改善了工作条件，节省了操作时间，结果也有很好的准确度和精密度。

但若沉淀中含有 H_2SO_4 等高沸点杂质，利用微波加热技术干燥沉淀的过程中难以使其分解或挥发。因此，该方法对沉淀条件和洗涤操作等的要求较高。

3．阅读与参考资料

[1] 邓秀琴，张金辉，高辉，等.重量法和滴定法相结合的综合设计实验：硫酸钡中钡含量测定 [J].化学教育，2016，37 (12)：38-39.

[2] 赵桦萍，李莉，赵立杰，等.微波加热干燥法测定二水合氯化钡中钡的含量 [J].实验技术与管理，2013 (11)：57-58，62.

实验三十三　植物或肥料中钾含量的测定

一、预习要求

1．复习重量分析法相关知识。

2．理清本实验的实验步骤。

3．分析本次实验中安全、环保、健康注意事项（本实验涉及的试剂、仪器安全、人身防护措施、废弃物处理知识等）。

二、实验目的

1．了解植物试样及肥料试样溶液的制备方法。

2．学习以四苯硼钠为沉淀剂测定 K^+ 含量的重量分析法。

三、实验原理

植物或肥料经处理后，取定量的溶液加入四苯硼钠试剂，使其产生四苯硼钾沉淀，反应如下：

$$Na[B(C_6H_5)_4] + K^+ \Longleftrightarrow K[B(C_6H_5)_4]\downarrow + Na^+$$

所得的 $K[B(C_6H_5)_4]$ 沉淀具有溶解度小、热稳定性较好等优点。沉淀生成后，经过一系列处理，称量，换算成 K_2O 的质量。四苯硼钾沉淀在碱性介质中进行，铵离子的干扰可用甲醛掩蔽，金属离子的干扰可用乙二胺四乙酸二钠掩蔽。

四、仪器及试剂

仪器：电子分析天平，瓷坩埚，G_4 玻璃砂芯坩埚，烧杯（250 mL），量筒（10 mL、20 mL），恒温水浴锅，抽滤装置，烘箱，电炉，表面皿，容量瓶（250 mL）等。

试剂：甲醛溶液（25 g·L^{-1}），乙二胺四乙酸二钠溶液（0.1 mol·L^{-1}），酚酞指示剂（10 g·L^{-1}），NaOH 溶液（20 g·L^{-1}），HCl 溶液（浓，2 mol·L^{-1}），HNO_3 溶液（1 mol·L^{-1}）。

四苯硼钾饱和溶液：过滤至清亮为止。

四苯硼钠溶液(0.1 mol·L^{-1})：称取四苯硼钠 3.3 g，溶于 100 mL 纯水中，加入 1 g Al(OH)$_3$，搅匀，放置过夜，反复过滤至清亮为止。

五、实验步骤

1.植物或肥料溶液的制备

（1）植物试样溶液的制备

准确称取 1 g 植物试样，置于瓷蒸发皿或瓷坩埚内，在 400～450 ℃高温电炉中灰化 4～5 h（使糖类分解挥发），将试样冷却至室温，加入 15 mL 1 mol·L^{-1} HNO$_3$ 溶液，放在砂浴上蒸发至干，再放进 450 ℃的高温炉中继续灼烧 20 min，使试样灰化更完全。灼烧完毕冷却至室温，加入 10 mL 2 mol·L^{-1} HCl 溶液，转动坩埚使 HCl 溶液充分接触灰分，再加 10 mL 蒸馏水，放在砂浴上温热 20 min（低温加热，不使溶液沸腾），冷却，将坩埚内溶液及不溶物用定量滤纸滤于 100 mL 容量瓶中，残渣用酸化蒸馏水（1 L 蒸馏水中加 2 mL 浓 HCl 溶液）洗涤 5～6 次，洗涤液合并于同一容量瓶中，用蒸馏水稀释至刻度，摇匀，作测定钾用。

（2）肥料试样溶液的制备

准确称取约 0.5 g 无机肥料于 250 mL 烧杯中，加入纯水 20～30 mL 和 5～6 滴浓 HCl 溶液，盖上表面皿，低温煮沸 10 min，冷却后，将杯内残渣及溶液过滤于 250 mL 容量瓶中，用热蒸馏水洗涤烧杯内壁 5～6 次，滤液转入同一容量瓶中，以蒸馏水稀释至刻度，摇匀备用。

2.测定方法

准确移取 10～25 mL 植物或肥料制备液（根据试样中钾含量而定）于 250 mL 烧杯中，加入 5 mL 25 g·L^{-1} 甲醛溶液和 10 mL 0.1 mol·L^{-1} 乙二胺四乙酸二钠溶液，搅匀后，加入 2 滴 10 g·L^{-1} 酚酞指示剂，滴加 20 g·L^{-1} NaOH 溶液至溶液呈淡红色为止。水浴加热至 40 ℃，逐滴加入 5 mL 0.1 mol·L^{-1} 四苯硼钠溶液，并搅拌 2～3 min，静置 30 min 后，用已恒重的 G$_4$ 砂芯坩埚过滤，用四苯硼钾饱和溶液洗涤 2～3 次，最后用蒸馏水洗涤 3～4 次（每次约 5 mL），抽滤至干，将坩埚置于烘箱中。120 ℃下干燥 1 h 后放入干燥器中。冷却后称量，再烘干，冷却，称量，直至恒重。根据四苯硼钾沉淀的质量，计算植物或肥料中 K$_2$O 的质量分数。

注意：（1）配制好的四苯硼钠溶液，可向其中加入 NaOH 溶液，以防止四苯硼钠分解，保持沉淀剂的稳定。配制好的四苯硼钠溶液若使用时发现溶液浑浊应重新过滤后使用。

（2）新的砂芯坩埚应用 1∶1 的 HCl 煮沸几分钟，再用水洗净、烘干至恒重备用，使用后的坩埚，则用 1∶1 的 HCl 溶液浸泡，再用水洗净，若 HCl 浸泡后仍有沉淀存在，则可用少量丙酮处理，再用水洗净备用。

六、数据记录与处理

设计表格、记录实验数据，根据实验数据计算植物或肥料中 K$_2$O 的质量分数。

七、课后思考与拓展

1.思考题

① 简述沉淀重量分析法的特点。

② 加入四苯硼钠溶液之前为什么要加入 NaOH 溶液？

③ 在测定过程中加入甲醛和乙二胺四乙酸二钠溶液的作用是什么？
④ 为什么要用四苯硼钾饱和溶液洗涤沉淀？

2. 能力拓展

钾盐是农作物氮、磷、钾三大营养元素之一，也是高效、高质量复合肥的重要组成，其可持续发展事关全球粮食生产安全。肥料中的钾元素能促使作物生长健壮，茎秆粗硬，增强对病虫害和倒伏的抵抗能力，促进糖分和淀粉的生成，从而使农作物增产，提高农产品品质。其测定方法有容量法、四苯硼钠重量法、火焰光度法、离子选择电极法、紫外-可见分光光度法等。复混肥中测定钾含量的现行标准是四苯硼钾重量法。

3. 阅读与参考资料

[1] 王石军.全球钾肥产业发展现状与展望[J].磷肥与复肥，2019，34（10）：9-13.

[2] 武鑫，赵影，张宗彩，等.复混肥中钾含量的测定[J].肥料与健康，2020（4）：75-76.

[3] 中国国家标准.GB/T 8574—2010 复混肥料中钾含量的测定，四苯硼酸钾重量法[S]，2010.

[4] 范宾，储德钏，商照聪.肥料中水溶性钾含量测定的四苯硼酸钾重量法改进及国际标准制定[J].科技导报，2014，32（C2）：32-38.

实验三十四　分光光度法测定废水中微量酚含量

一、预习要求

1. 查阅文献，熟悉分光光度计的基本结构及操作方法。
2. 查阅文献，了解含酚废水的危害及水体中酚类化合物的主要检测方法。
3. 分析本次实验中安全、环保、健康注意事项（本实验涉及的试剂、仪器安全、人身防护措施、废弃物处理知识等）。

二、实验目的

1. 掌握分光光度计的构造及使用方法。
2. 学会应用分光光度法定量分析时，确定实验条件的方法。
3. 掌握4-氨基安替比林分光光度法测酚的原理和方法。

三、实验原理

酚类化合物可分为挥发酚和非挥发酚两大类：沸点在230 ℃以下的酚为挥发酚，除对硝基酚外的一元酚均属于挥发酚；沸点在230 ℃以上的酚为非挥发酚，例如二元酚及三元酚多属于非挥发酚。酚类化合物作为有机化学工业的基本原料，得到了广泛应用，也随之产生了大量的含酚废水，并成为当今世界上污染范围最广的工业废水之一。含酚废水主要来源于石油化工、炼油、焦化、煤气、合成氨、医药、农药、塑料、造纸、油漆等工业排放出的废水和废弃物。含酚废水中的酚类化合物对所有生物活体均能产生毒性，对生态环境和人类健康带来极大危害。我国环保部门规定地面水中挥发酚的含量最高不得超过 $0.01\ \mu g \cdot mL^{-1}$，工业废水中酚类含量最高不得超过 $0.5\ \mu g \cdot mL^{-1}$，并且这些排放标准有逐渐趋于严格的倾向，对水体中酚类化合物进行准确检测的需求也日益迫切。

目前，水体中酚类化合物的检测方法主要有分光光度法、色谱分析法和荧光分析法等。4-氨基安替比林（4-AAP）分光光度法是目前应用最广泛的测定酚类化合物的标准方法之一。该方法的原理是，酚类化合物（如苯酚以及其邻、间位取代酚）在 pH＝10.0±0.2 的介质中，在有氧化剂铁氰化钾 $[K_3Fe(CN)_6]$ 存在的条件下，与显色剂 4-AAP 发生显色反应生成橘红色的吲哚酚安替比林染料，其水溶液在可见光区有吸收，可通过分光光度计检测其吸光度，再根据朗伯-比耳定律计算出其对应的浓度或含量。以苯酚（C_6H_5OH）为例，其化学反应式如下：

该显色反应，芳胺、氧化性物质、还原性物质或某些金属离子会对其产生干扰。当溶液 pH 值为 9.6～11.5 时，芳胺的干扰最小，可选用 NH_3-NH_4Cl 缓冲溶液调节溶液 pH＝10.0±0.2，降低共存组分对该显色反应的干扰。

与苯酚相比，邻位和间位取代酚与 4-AAP 显色后，其吸光度值均低于苯酚显色物，采用上述显色反应检测水样中酚类化合物的含量时，其检测结果仅代表其挥发酚的最小质量浓度。

在采用分光光度法对样品进行测定之前，为了获得准确、可靠的分析结果，必须进行最佳测定条件的选择，主要包括显色反应条件（显色剂用量、显色反应时间、溶液酸度、溶液温度等）和吸光度测量条件（入射光波长、参比溶液和吸光度读数范围）的选择。

四、仪器、试剂及材料

仪器：V-1800 型可见分光光度计，比色皿（2 cm），容量瓶（50 mL、100 mL），移液管（5 mL），量筒（10 mL、50 mL）等。

试剂：

苯酚标准贮备液：称取 0.500 g 苯酚溶于新煮沸并冷却了的纯水中，转移至 1000 mL 容量瓶，纯水稀释至刻度（可用溴酸钾法进行标定）。配得质量浓度为 500 $\mu g \cdot mL^{-1}$ 的苯酚标准贮备液，备用。

8％铁氰化钾溶液：称取 8.0 g $K_3[Fe(CN)_6]$ 溶于少量纯水，稀释至 100 mL，储存于棕色试剂瓶中，置于冰箱中保存，备用，可以使用一周。

NH_3-NH_4Cl 缓冲溶液（pH＝10.0±0.2）：称取 20 g NH_4Cl 溶于 100 mL 氨水中，贮于试剂瓶中，置于冰箱中保存，备用。

2％4-AAP 溶液：称取 2.0 g 4-AAP，溶于少量纯水，稀释至 100 mL，贮于棕色试剂瓶中，置于冰箱中保存，备用，可以使用一周。

五、实验步骤

1. 苯酚标准溶液的配制

准确移取 500 $\mu g \cdot mL^{-1}$ 苯酚标准贮备液 2.00 mL 于 100 mL 容量瓶中，用纯水稀释至刻度，摇匀，配制出 10 $\mu g \cdot mL^{-1}$ 苯酚标准溶液。

2. 条件实验

（1）吸收曲线的绘制

准确移取 10 $\mu g \cdot mL^{-1}$ 苯酚标准溶液 3.0 mL 于 50 mL 容量瓶中，加入约 20 mL 纯水，

再加入 1.0 mL NH_3-NH_4Cl 缓冲溶液、1.0 mL 显色剂（2% 4-AAP）溶液，然后加入 1.0 mL 8% $K_3[Fe(CN)_6]$ 溶液，用纯水稀释至刻度，摇匀。放置 10 min 后，立即用 2 cm 比色皿，以纯水为参比溶液，在分光光度计上测定其在不同波长（470～570 nm）下的吸光度 A，每隔 10 nm 波长（在吸收峰最大值附近波长间隔可取 5 nm）测定一次。以波长（λ）为横坐标，吸光度（A）为纵坐标，作 A-λ 吸收曲线。根据吸收曲线，选择本实验的测定波长。一般情况下，可选最大吸收波长（λ_{max}）作为测定波长。注意每改变一次波长，都必须用参比溶液重新调零，再测吸光度。

（2）显色反应时间的影响

按照上述（1）的溶液配制方法进行显色反应，并从加入 $K_3[Fe(CN)_6]$ 溶液开始计时，用纯水定容，摇匀后，立即用 2 cm 比色皿，在选定的测定波长处，以纯水作参比，分别在 2 min、5 min、10 min、15 min、20 min、25 min、30 min 时测定并记录其吸光度 A。以时间（t）为横坐标，吸光度 A 为纵坐标，作 A-t 关系曲线。由 A-t 关系曲线选出本显色反应完全显色所需时间和最佳的吸光度测试时间范围。

（3）显色剂用量的选择

取 7 个 50 mL 容量瓶，编号，用 10 mL 移液管准确移取 10 $\mu g \cdot mL^{-1}$ 的苯酚标准溶液 8.00 mL 于各容量瓶中，加入约 20 mL 纯水、1.0 mL NH_3-NH_4Cl 缓冲溶液，然后向 1～7 号容量瓶中分别加入 0.2 mL、0.5 mL、1.0 mL、1.5 mL、2.0 mL、2.5 mL、3.0 mL 2% 4-AAP 溶液，再向各容量瓶中加入 1.0 mL 8% $K_3[Fe(CN)_6]$ 溶液，用纯水稀释至刻度，摇匀。用 2 cm 比色皿，以纯水为参比溶液，在分光光度计上测定其不同显色剂用量（V_R）下的吸光度 A。然后作吸光度 A 与显色剂用量 V_R 的关系曲线，选出最佳显色剂用量（mL）。

3. 标准曲线法测试样中的酚含量

取 7 个 50 mL 容量瓶，编号，向 1～6 号容量瓶中分别加入浓度为 10 $\mu g \cdot mL^{-1}$ 的苯酚标准溶液 0.00 mL、1.00 mL、2.00 mL、4.00 mL、6.00 mL、8.00 mL，再向第 7 号容量瓶中加入含酚水样 10.00 mL，分别向各容量瓶中加入约 20 mL 纯水、1.0 mL NH_3-NH_4Cl 缓冲溶液，摇匀，加入 2% 4-AAP 显色剂溶液（优选出的最佳用量），摇匀，再加入 1.0 mL 8% $K_3[Fe(CN)_6]$ 溶液，定容，摇匀。放置一段时间后（优选出的显色时间），在分光光度计上用 2 cm 比色皿，在选定波长下，以酚标准溶液 0.00 mL 的溶液（即空白溶液，1 号容量瓶中的溶液）作参比，测定各溶液的吸光度 A。

以酚标准系列中的酚含量（μg）为横坐标，吸光度 A 为纵坐标，绘制标准曲线。将测得的第 7 号容量瓶中水样的吸光度值 A_x 代入标准曲线，求出水样中的酚含量。

注意：

（1）在采集含酚水样时，因水样中的酚类化合物不稳定，易挥发，易被氧化和受微生物作用而损失，采集水样后应立即加入保存剂，并尽快测定。若采集水样放置时间超过 4 h，应加 H_3PO_4 调 pH=4，然后每升水样加 1 g 硫酸铜对水样进行稳定处理。处理后的水样可以稳定 24 h。若置于冰箱内 4 ℃保存，稳定时间更长。

（2）对于污染严重的含酚水样，可采用预蒸馏的方法来除去水样中的干扰物质。

（3）若水样中酚含量较低，为提高显色反应的灵敏度，可以采用氯仿（三氯甲烷）作溶剂来萃取显色物，再通过分光光度法测定水样中的酚含量。此时，酚的最低检出限可达 0.002 $\mu g \cdot mL^{-1}$，测定上限为 0.06 $\mu g \cdot mL^{-1}$。若水样中含酚浓度为 0.1～0.5 $\mu g \cdot mL^{-1}$，则可以不必萃取而采用直接显色法测定。

(4) 本实验使用的 NH_3-NH_4Cl 缓冲溶液，因其含有易挥发损失的氨水，使用时建议装入聚乙烯瓶内，密封保存。取用时动作应迅速，取用后随即盖严，否则会因氨水的挥发导致缓冲溶液的组成比例发生变化，使其缓冲能力降低甚至失效，影响测定结果的准确性。

六、数据记录与处理

1. 数据记录

（1）吸收曲线的绘制

波长 λ/nm	470	480	490	500	510	520	530	540	550	560	570
吸光度 A											

（2）显色反应时间的影响

显色时间 t/min	2	5	10	15	20	25	30
吸光度 A							

（3）显色剂用量的影响

溶液编号	1	2	3	4	5	6	7
V_R/mL	0.2	0.5	1.0	1.5	2.0	2.5	3.0
吸光度 A							

（4）标准曲线的绘制与水样中酚含量的测定

溶液编号	1	2	3	4	5	6	7（水样）
$V_{标}$/mL	0.00	1.00	2.00	4.00	6.00	8.00	$V_{水样}=$
含酚量/μg							
吸光度 A							

2. 数据处理

（1）根据上述表格所记录的实验数据，分别绘制 A-λ 曲线、A-t 曲线、A-V_R 曲线，并对显色反应条件的选择作出结论，如选定测定波长为多少，多少时间范围内显色反应稳定，最佳显色剂用量为多少等。

（2）以标准系列的酚含量（μg）为横坐标，吸光度 A 为纵坐标，绘制酚标准溶液标准工作曲线，求出水样中的酚含量（$\mu g \cdot mL^{-1}$）。

（3）计算该显色反应的吸光系数和摩尔吸光系数。

七、课后思考与拓展

1. 思考题

① 为什么配制苯酚标准储备液时，需要用新煮沸并且冷却的纯水？
② 如何考察溶液酸度对该显色反应的影响，简述你的实验方案。
③ 在进行条件实验时，为什么可以选用纯水作参比？
④ 查阅文献，简要列出溴酸钾法标定苯酚含量的原理和方法。

2.阅读与参考资料

[1] 刘俊逸,张晓昀,黄青,等.先进吸附材料在含酚工业废水中应用的研究进展[J].水处理技术,2021,47(2):16-21,37.

[2] 刘俊逸,李倩,李杰,等.介孔 Fe_2O_3/SBA-15 催化臭氧氧化含酚废水[J].化工进展,2019,38(11):5158-5164.

[3] 张玉琴.4-氨基安替比林分光光度法测定水中微量酚的主要影响因素[J].环保科技,2009,15(4):17-19.

[4] 胡伟,黄荣斌.废水中微量酚的气相色谱法测定[J].环境科学与技术,2002(6):20-21,48.

[5] 方亚敏,朱惠芬,郑理,等.荧光分光光度法测定饮用水和食品包装材料中的酚含量[J].食品工业,2001(2):45-46.

实验三十五 土壤中腐殖质的测定（重铬酸钾法）

一、预习要求

1.查阅资料，了解土壤样品的采集、保存方法。

2.土壤中腐殖质的组成、特点及测量方法。

3.复习硫酸亚铁铵标准溶液标定原理及方法。

二、实验目的

1.掌握重铬酸钾法测定土壤中腐殖质的原理、技术和操作方法。

2.了解土壤中腐殖质的组成及其指标的含义。

三、实验原理

土壤中腐殖质主要由难溶于水的钙离子、镁离子、铁离子、铝离子等络合的腐殖质，易溶于水的钾、钠等离子结合的腐殖质，以及极少量游离态存在的腐殖质等组成，因此其测试原理为在强酸并加热的条件下，用过量的重铬酸钾标准溶液氧化土壤中的腐殖质，即土壤中的有机质（碳），过量的重铬酸钾溶液以试亚铁灵作为指示剂，用硫酸亚铁铵标准溶液滴定，根据硫酸亚铁铵标准溶液的用量计算土壤中腐殖质的含量，其反应式为：

$$2Cr_2O_7^{2-} + 16H^+ + 3C \Longrightarrow 4Cr^{3+} + 3CO_2 + 8H_2O\text{（以 C 代表腐殖质）}$$

$$Cr_2O_7^{2-} + 6Fe^{2+} + 14H^+ \Longrightarrow 2Cr^{3+} + 6Fe^{3+} + 7H_2O$$

空白溶液：

$$n(Cr_2O_7^{2-}) = n(6Fe^{2+}) = \frac{1}{6}n(Fe^{2+}) = \frac{1}{6}(cV_0)_{Fe^{2+}}$$

试样溶液：

$$n(Cr_2O_7^{2-}) = n\left(\frac{3}{2}C\right) + n(6Fe^{2+}) = \frac{2}{3}n(C) + \frac{1}{6}n(Fe^{2+}) = \frac{2}{3}n(C) + \frac{1}{6}(cV_1)_{Fe^{2+}}$$

因此：

$$n(C) = \frac{1}{4}c(Fe^{2+})(V_0 - V)$$

四、仪器、试剂及材料

仪器：油浴锅（具有温度控制，温度精度可达±2 ℃），万分之一电子天平，百分之一电子天平，尼龙筛（100 目），酸式滴定管（25 mL 或 50 mL）、硬质试管，锥形瓶（250 mL），移液管，容量瓶，温度计，铁架台，铁夹等。

试剂：

重铬酸钾标准溶液（$c_{1/6K_2Cr_2O_7}=0.8000\text{mol}\cdot\text{L}^{-1}$）：称取预先在 150 ℃ 烘干 2 h 的基准或优质纯重铬酸钾 39.2248 g 溶于水中，转移至 1000 mL 容量瓶中，稀释至标线，摇匀。

试亚铁灵指示液：称取 1.485 g 邻菲啰啉（$C_{12}H_8N_2\cdot H_2O$）、0.695 g 硫酸亚铁（$FeSO_4\cdot 7H_2O$）溶于水中，稀释至 100 mL，贮于棕色瓶内。

硫酸-硫酸银溶液：于 2500 mL 浓硫酸中加入 25 g 硫酸银，放置 1～2 d，不时摇动使其溶解。

硫酸亚铁铵标准溶液[$c_{(NH_4)_2Fe(SO_4)_2\cdot 6H_2O}\approx 0.2\text{mol}\cdot\text{L}^{-1}$]：称取 80 g 硫酸亚铁铵溶于水中，边搅拌边缓慢加入 15 mL 浓硫酸，冷却后转移至 1000 mL 容量瓶中，加水稀释至标线，摇匀。临用前，用重铬酸钾标准溶液标定。

五、实验步骤

1. 硫酸亚铁铵的标定

准确吸取 10.00 mL 重铬酸钾标准溶液于 250 mL 锥形瓶中，加水稀释至 40 mL 左右，缓慢加入 10 mL 硫酸（1+1）混匀。冷却后，加入 3 滴试亚铁灵指示液（约 0.15 mL），用硫酸亚铁铵溶液滴定，溶液的颜色由橙黄色经蓝绿色至红褐色即为终点。平行测定 3 次，按下式计算其浓度：

$$c_{[(NH_4)_2Fe(SO_4)_2]}=\frac{0.8000\times 10.00}{V}$$

式中　c——硫酸亚铁铵标准溶液的浓度，$\text{mol}\cdot\text{L}^{-1}$；

V——硫酸亚铁铵标准溶液的用量，mL。

2. 腐殖质的测定

（1）将采集的土壤样品（一般不少于 500 g）混匀后用四分法缩分至约 100 g。缩分后的土样经风干（自然风干或冷冻干燥）后，除去土样中石子和动植物残体等异物，用木棒（或玛瑙棒）研压，通过 2 mm 尼龙筛（除去 2 mm 以上的砂砾），混匀。用玛瑙研钵将通过 2 mm 尼龙筛的土样研磨至全部通过 100 目（孔径 0.149 mm）尼龙筛，混匀后备用。

（2）准确称取 0.1～0.5 g（精确至 0.0002 g）土样于 25 mm×100 mm 的硬质试管中，加入 5.00 mL 重铬酸钾标准溶液，再加入 5 mL 硫酸-硫酸银溶液，小心摇匀后利用铁架台固定硬质试管，使硬质试管样品液面低于加热至 185～190 ℃ 的油浴锅液面，并保持沸腾 5 min 后取出。待硬质试管稍冷后，用干净滤纸擦净试管外部的溶液。如煮沸后的溶液呈绿色，表示重铬酸钾标准溶液用量不足，应再少称土样重做；如溶液呈橙黄色或黄绿色，则冷却后将试管内的混合物洗入 250 mL 锥形瓶中，瓶内体积控制在 60～80 mL，加入 3～4 滴试亚铁灵指示液，用标定后的硫酸亚铁铵标准溶液滴定至溶液由橙黄色经蓝绿色到棕红色为终点。

（3）空白实验：准确称取 0.1～0.5 g 石英砂于 25 mm×100 mm 的硬质试管中，其他操作步骤与土样分析完全相同。按下式计算土壤中腐殖质的含量。

$$w = \frac{\frac{1}{4}(V_0 - V)c(\text{Fe}^{2+})}{m_{\text{土壤}}} \times 0.0207 \times 1.1$$

式中　w——腐殖质含量,%；

　　　V_0——空白试验消耗硫酸亚铁铵标准溶液的体积，mL；

　　　V——土样试验消耗硫酸亚铁铵标准溶液的体积，mL；

$c(\text{Fe}^{2+})$——硫酸亚铁铵标准溶液的浓度，$\text{mol}\cdot\text{L}^{-1}$；

　　　1.1——腐殖质氧化校正系数，平均氧化率为 90%；

　　0.0207——由 1mmol 碳换算成腐殖质的质量系数；

　　　$m_{\text{土壤}}$——风干土样质量，g。

六、数据记录与处理

设计表格，记录实验数据，计算硫酸亚铁铵标准溶液与土壤样品中腐殖质的含量。

七、课后思考与拓展

1. 思考题

① 腐殖质有何结构特点？腐殖质是如何分类的？

② 在土壤样品测定时为什么要做空白实验？

③ 含氯化物土壤可否采用此方法测量？如果土壤中氯化物含量不高，如何排除干扰？

2. 阅读与参考资料

[1]　奚旦立.环境监测.5 版 [M].北京：高等教育出版社，2019.

[2]　国家林业局.LY/T 1238—1999 森林土壤腐殖质组成的测定 [S].北京：中国标准出版社，1999.

第5章 综合、研究实验

实验三十六　　Fe_3O_4 磁性纳米材料的制备

一、预习要求

1. 通过预习了解磁性纳米 Fe_3O_4 相关科技前沿，了解磁性纳米 Fe_3O_4 的制备方法与用途等。
2. 本次实验中安全、环保、健康注意事项（本实验涉及的试剂、仪器安全、人身防护措施、废弃物处理知识等）。

二、实验目的

1. 学会查阅相关文献，了解科技前沿的方法和思路。
2. 掌握纳米 Fe_3O_4 的制备原理与方法。
3. 了解利用 X 射线粉末衍射仪表征纳米材料的方法。

三、实验原理

纳米是一个物理学的度量单位，纳米材料是一种介于微观和宏观之间的新材料。由纳米微粒构成的新材料性能不同于通常的大块宏观材料，它能呈现出特殊的电学、光学、热学、力学和声学性质。

Fe_3O_4 磁性纳米颗粒是一种功能型材料，在许多领域都有着广阔的应用前景，如磁热疗药物、磁造影剂、磁靶向药物载体等。但这些方面的应用对纳米 Fe_3O_4 颗粒在粒径、分散性、稳定性和生物相容性等方面都有较高的要求。

本实验采用共沉淀法制备纳米 Fe_3O_4，即将稀碱溶液滴加到一定摩尔比的三价铁盐与二价铁盐混合溶液中，使混合液的 pH 逐渐升高，当 pH 达到 8~9 时水解生成磁性 Fe_3O_4。

$$FeCl_2 + 2FeCl_3 + 8NaOH = Fe_3O_4 + 8NaCl + 4H_2O$$

聚乙二醇（PEG）是一种非离子型表面活性剂，它的水溶性、稳定性极好，不易受电解质及酸、碱影响。它的分子式为 $HO(CH_2CH_2O)_nH$，只有羟基和醚基两种亲水基而无疏水基。其在水溶液中呈蛇形，总体显示出相当大的亲水性。另外，PEG 无毒、安全，是一种优良的生物医药用表面活性剂。用聚乙二醇对纳米 Fe_3O_4 进行表面包覆可降低磁性纳米 Fe_3O_4 颗粒的表面能，阻止磁性纳米颗粒在载液中因团聚而沉降，提高其稳定性和生物相容性。

四、仪器、试剂及材料

仪器：恒温水浴锅，机械搅拌器，烧杯（100 mL、150 mL），台秤，X射线粉末衍射仪，减压过滤装置，强磁铁。

试剂：NaOH（2 mol·L^{-1}），FeCl$_3$·6H$_2$O，FeCl$_2$·4H$_2$O，PEG6000，无水乙醇，均为分析纯。

材料：pH试纸。

五、实验步骤

1. Fe$_3$O$_4$ 的制备

烧杯中，加入 1.8 g FeCl$_3$·6H$_2$O 与 2.7 g FeCl$_2$·4H$_2$O 于 15 mL 去离子水中，搅拌溶解。慢慢加入 2 mol·L^{-1} NaOH 溶液，使得溶液 pH 达到 8～9。在 50 ℃ 水浴下搅拌 45 min，将溶液抽滤，用超纯水和无水乙醇洗涤至中性，再于 50 ℃ 下干燥 2 h，冷却至室温，磁分离，得到磁性 Fe$_3$O$_4$ 固体。

2. PEG 包覆 Fe$_3$O$_4$ 的制备

称取 4 g PEG 6000 于 50 mL 去离子水中，搅拌至全部溶解。将 Fe^{3+} 与 Fe^{2+} 混合溶液慢慢滴加至 PEG 溶液中，边加边搅拌。慢慢加入 2 mol·L^{-1} NaOH 溶液，使溶液 pH 达到 8～9。在 50 ℃ 水浴下搅拌 45 min，将溶液抽滤，用超纯水和无水乙醇洗涤至中性，再于 50 ℃ 下干燥 4 h，冷却至室温，磁分离，得到 PEG 6000 包覆 Fe$_3$O$_4$ 产品。

3. X射线粉末衍射（XRD）实验

X射线衍射方法是测量固体粉末的常用方法之一。利用 XRD 所测的衍射角位置以及强度，能鉴定出被测样品的晶系、物相和纯度，也能通过计算得到被测样品晶粒的大小。

晶粒的尺寸可引起衍射线宽化，而衍射线的半高强度的宽化度 β 和粒子大小 D 之间的关系为：

$$D = \frac{0.89\lambda}{\beta\cos\theta}$$

式中，D 为晶粒尺寸；λ 为入射线波长，本实验取 0.154 nm；β 和 θ 分别为垂直于 (311) 晶面方向衍射峰的半高宽和布拉格角。

实验测定如下：称取 0.2 g 样品粉末，经玛瑙研钵充分研磨后转入样品槽，铜靶 K$_\alpha$ 射线（λ=0.154 nm），工作电压为 40 kV，工作电流为 40 mA，在 2θ=10°～90° 范围内扫描。

六、数据记录与处理

1. 计算纳米 Fe$_3$O$_4$ 的产率（根据铁守恒计算其理论产量），记录 PEG 包覆 Fe$_3$O$_4$ 的产量。

2. 以 2θ 为横坐标，以强度为纵坐标作图，得到样品的 XRD 图谱。查阅文献，说明样品的晶系和物相，计算出样品的晶粒平均大小。比较 PEG 包覆前后材料晶体尺寸的变化。

七、课后思考与拓展

1. 思考题

① 什么是纳米材料？和常规块体材料相比，纳米材料有何优点？

② 简述磁性纳米 Fe$_3$O$_4$ 材料的应用及优势。

③ 影响产率的因素有哪些？该产品中杂质可能有哪些？
④ 如何表征产品的磁性？

2. 阅读与参考资料

[1] 张峰，朱宏.聚乙二醇包覆纳米 Fe_3O_4 颗粒的制备及表征 [J].磁性材料及器件，2009（8）：27-30.

[2] 夏娟，宋乐新，党政，等.聚乙二醇-四氧化三铁纳米粒子复合材料的结构、物理性质及应用 [J].物理化学学报，2013，29（7）：1524-1533.

[3] 韩东来，李博珣，司振君，等.Fe_3O_4 纳米晶体的制备及磁学性质研究 [J].长春理工大学学报（自然科学版），2018，41（6）：59-61.

[4] Tipsawat P.，Wongpratat U.，Phumying S.，et al. Magnetite（Fe_3O_4）nanoparticles：synthesis，characterization and electrochemical properties [J]. Applied Surface Science，2018，446：287-292.

实验三十七　三氯化六氨合钴（Ⅲ）的制备、性质和组成分析

一、预习要求

1. 复习配合物相关知识，了解钴（Ⅲ）配合物的制备方法；复习配合物的分裂能相关知识。
2. 复习莫尔法、碘量法的原理和方法。
3. 本次实验中安全、环保、健康注意事项（本实验涉及的试剂、仪器安全、人身防护措施、废弃物处理知识等）。

二、实验目的

1. 学会查阅文献和分析文献，掌握独立设计实验方案和操作能力。
2. 了解三氯化六氨合钴（Ⅲ）的制备原理与方法。
3. 巩固分光光度计的使用，学习配合物分裂能的测定方法。
4. 利用酸碱滴定法测定样品中氨含量，沉淀滴定法测定样品中氯含量，碘量法测定样品中钴含量，电导率法测定配合物的解离类型，确定电离出的离子数，根据分析结果确定产品的组成和化学式。

三、实验原理

1. 三氯化六氨合钴（Ⅲ）的合成

氯化钴（Ⅲ）的氨合物由于内界的差异而有多种不同的配合物，如紫红色的 $[CoCl(NH_3)_5]Cl_2$ 晶体，橙黄色的 $[Co(NH_3)_6]Cl_3$ 晶体，砖红色的 $[Co(NH_3)_5H_2O]Cl_3$ 晶体等，本实验主要对 $[Co(NH_3)_6]Cl_3$ 配合物进行研究。

三氯化六氨合钴（Ⅲ）20 ℃时在水中的溶解度为 0.26 $mol·L^{-1}$。在水溶液中：

$$[Co(H_2O)_6]^{3+} + e^- \longrightarrow [Co(H_2O)_6]^{2+} \quad E^{\ominus}(Co^{3+}/Co^{2+})=1.84 \text{ V}$$

该标准电极电势较大，因此，水溶液中 $[Co(H_2O)_6]^{2+}$ 的还原性较差，不易将 $[Co(H_2O)_6]^{2+}$ 氧化为 $[Co(H_2O)_6]^{3+}$。但在有配位剂存在时，由于形成配合物可使其电极电势降低，从而容易将 Co(Ⅱ) 氧化为 Co(Ⅲ)，得到稳定的 Co(Ⅲ) 配合物。能将 Co(Ⅱ) 配

合物氧化成 Co(Ⅲ) 配合物的氧化剂有多种，如卤素单质，但用卤素作氧化剂会引入卤素离子 X^-，PbO_2 也是很好的氧化剂，它可被还原成 Pb^{2+}，在 Cl^- 存在时，它可成为 $PbCl_2$ 沉淀而过滤除去；同样 SeO_2 也是一个很好的氧化剂，还原产物 Se 是沉淀，可过滤除去；最好不用 $KMnO_4$、$K_2Cr_2O_7$、Ce(Ⅳ) 等，因为它们会引入其他离子，增加了分离杂质的手续。最好的氧化剂是空气（空气中富含 O_2）或 H_2O_2，它们不会引入杂质。

在含有氨水和氯化钴的溶液中加入双氧水，可将二价钴氨配合物氧化成三价钴氨配合物，可以得到 $[Co(NH_3)_5H_2O]Cl_3$，即：

$$2CoCl_2 + 8NH_3 \cdot H_2O + 2NH_4Cl + H_2O_2 \longrightarrow 2[Co(NH_3)_5H_2O]Cl_3 + 8H_2O$$

再加入浓 HCl 并水浴加热，根据其溶解度及平衡移动原理，将其在浓 HCl 中结晶析出，可生成 $[Co(NH_3)_5Cl]Cl_2$ 紫红色晶体：

$$[Co(NH_3)_5H_2O]Cl_3 \xrightarrow{HCl} [CoCl(NH_3)_5]Cl_2 + H_2O$$

而 $[Co(NH_3)_6]Cl_3$ 的合成是使用相同的原料，在有活性炭存在下制得：

$$2CoCl_2 + 10NH_3 + 2NH_4Cl + H_2O_2 \xrightarrow{活性炭} 2[Co(NH_3)_6]Cl_3 + 2H_2O$$

2. 配合物分裂能的测定

在配合物中，大多数中心离子为过渡元素原子，其价电子层有 5 个 d 轨道，它们的能级相同，但由于五个 d 轨道在空间的伸展方向各不相同，因而受配体静电场的影响也各不相同，产生了 d 轨道能级分裂，d 轨道能级分裂为两组，能级较低的一组称为 t_{2g} 轨道，能级较高的一组称为 e_g 轨道，t_{2g} 和 e_g 轨道能级之差记为 Δ_o（或 10 Dq），称为分裂能。

配合物的分裂能可通过测定其电子光谱求得。对于中心离子价层电子构型为 $d^1 \sim d^9$ 的配合物，用分光光度计在不同波长下测其溶液的吸光度，以吸光度对波长作图即得到配合物的电子光谱。由电子光谱上相应吸收峰对应的波长可以计算出分裂能 Δ_o，计算公式如下：

$$\Delta_o = \frac{1}{\lambda} \times 10^7$$

式中，λ 的单位为 nm；Δ_o 的单位为 cm^{-1}。

在晶体或溶液中，由于过渡元素周围存在配位体，配位体场的影响使 d 轨道发生分裂，进而使得 d 轨道上的电子重新排布，有些电子比原来的电子更稳定，而有些电子却没有原来的稳定，由于分裂后的 d 轨道没有充分的电子，因此过渡元素中的电子从能量较低的 d 轨道跃迁到能量较高的 d 轨道，这种跃迁称为 d-d 跃迁。这种 d-d 跃迁的能量相当于可见光区的能量范围，配合物所呈现的颜色就是最大吸收光的互补色，这就是过渡金属配合物呈现颜色的原因。

3. 电解质电离类型的确定

在过渡金属配合物中，给定的阴离子可能是配合物内界的一部分（在这种情况下它一般不会解离），或者它可能处于外界而作为离子存在（这种情况下它一般会解离）。要确定阴离子是否处于外界，简单易行的办法是测量化合物溶液的电导率。电导率测量可以告诉我们离子型化合物溶解在水中时，将解离出多少个离子（包括阳离子和阴离子）。

电导就是电阻的倒数，用 λ 表示，单位为 S（西门子）。溶液的电导是该溶液传导电流的量度。电导 λ 的大小与两极间的距离 d 成反比，与电极的面积 A 成正比：

$$\lambda = \kappa \frac{A}{d}$$

式中，κ 称为电导率（电阻率的倒数），表示长度 d 为 1 cm、截面积 A 为 1 cm^2 时溶液的电导，也就是 1 cm^3 溶液中所含的离子数与该离子的迁移速度所决定的溶液的导电能力。因此，电导率 κ 与电导池的结构无关。

对于一对固定的电极而言，d 和 A 都是固定不变的，所以 d/A 为常数，称为电极常数，用 θ 表示。$\kappa = \lambda\theta$，即电导率＝电导×电极常数。

影响电导率的因素主要是电解质的性质、溶液的浓度和溶液的温度。电解质的性质包括电解质的组成和电离度两个方面。测电导率时，要求控制温度恒定。为了便于比较不同的电解质溶液的导电能力，考虑到因溶液的浓度和离子所带的电荷不同而引起的影响，人们引入了摩尔电导的概念。摩尔电导是表征含有 1 mol 电解质溶液的导电能力。在实际工作中，通过测量给定浓度溶液的电导率来求得摩尔电导：

$$\Lambda_m = \kappa / c$$

式中，Λ_m 为摩尔电导，单位为 S·cm^2·mol^{-1}；c 为电解质溶液的物质的量浓度。

如果测得一系列已知离子数物质的摩尔电导 Λ_m，并和配合物的摩尔电导 Λ_m 相比较，即可求得配合物的离子总数，或直接测定配合物的摩尔电导 Λ_m，由 Λ_m 的数值范围来确定其离子数，从而可以确定配离子的电荷数，25 ℃时，在稀的水溶液中电离出 2、3、4、5 个离子的 Λ_m 范围如表 5-1 所示。

表 5-1　稀的水溶液中电离出 2、3、4、5 个离子的 Λ_m 范围

总离子数	2	3	4	5
类型	AB	AB$_2$/A$_2$B	AB$_3$/A$_3$B	AB$_4$/A$_4$B
Λ_m/S·cm^2·mol^{-1}	118～131	235～273	408～435	523～560

本实验通过测定配合物溶液的电导率，通过计算获得 Λ_m 的数值，与已知的 Λ_m 数值进行比较，从而可确定配合物的类型。

4. 配合物组成的测定

（1）NH$_3$ 的测定

由于三氯化六氨合钴在强酸强碱（冷时）的作用下，基本不被分解，只有在沸热的条件下，才被强碱分解。所以试液与 NaOH 溶液作用，加热至沸使三氯化六氨合钴分解，并蒸出氨。蒸出的氨用过量的 2% 硼酸溶液吸收，以甲基橙为指示剂，用 HCl 标准溶液滴定生成的硼酸铵，可计算出氨的百分含量。其反应式如下：

$$[Co(NH_3)_6]Cl_3 + 3NaOH = Co(OH)_3 \downarrow + 6NH_3 + 3NaCl$$
$$NH_3 + H_3BO_3 = NH_4H_2BO_3$$
$$NH_4H_2BO_3 + HCl = H_3BO_3 + NH_4Cl$$

（2）钴的测定（碘量法）

利用 3 价钴离子的氧化性，可通过碘量法测定钴的含量，其反应式如下：

$$[Co(NH_3)_6]Cl_3 + 3NaOH = Co(OH)_3 \downarrow + 6NH_3 + 3NaCl$$
$$Co(OH)_3 + 3HCl = Co^{3+} + 3H_2O + 3Cl^-$$

$$2Co^{3+} + 2I^- = 2Co^{2+} + I_2$$
$$I_2 + 2S_2O_3^{2-} = 2I^- + S_4O_6^{2-}$$

(3) 氯的测定（莫尔法）

在含有 Cl^- 的中性或弱碱性溶液中，以 K_2CrO_4 作指示剂，用 $AgNO_3$ 标准溶液滴定 Cl^-。由于 AgCl 的溶解度比 Ag_2CrO_4 小，根据分步沉淀原理，溶液中首先析出 AgCl 白色沉淀。当 AgCl 定量沉淀完全后，稍过量的 Ag^+ 与 CrO_4^- 生成砖红色的 Ag_2CrO_4 沉淀，从而指示终点的到达，其反应式如下：

终点前：$Ag^+ + Cl^- = AgCl$（白色），$K_{sp} = 1.8 \times 10^{-10}$

终点时：$2Ag^+ + CrO_4^{2-} = Ag_2CrO_4$（砖红色），$K_{sp} = 2.0 \times 10^{-12}$

四、仪器、试剂及材料

仪器：恒温水浴锅，烘箱，磁力搅拌器，减压过滤装置，可见分光光度计，锥形瓶（250 mL），电导率仪，电子分析天平，滴定管（50 mL），移液管，容量瓶（100 mL），温度计等。

试剂：浓氨水，浓 HCl，HCl（1∶50、6 mol·L^{-1}），HCl 标准溶液（0.5 mol·L^{-1}），H_2O_2(5%)、NaOH(10%)、95%乙醇(分析纯)、$CoCl_2 \cdot 6H_2O$(s，分析纯)、NH_4Cl(s，分析纯)、活性炭、KI(s，分析纯)、$Na_2S_2O_3 \cdot 5H_2O$(s，分析纯)、$AgNO_3$(s，分析纯)、淀粉溶液(0.5%)、H_3BO_3(2%)、甲基橙指示剂(0.1%)、甲基红-溴甲酚绿指示剂、K_2CrO_4 指示剂(5%) 等。

材料：冰。

五、实验步骤

1. 三氯化六氨合钴（Ⅲ）的合成

将 3 g $CoCl_2 \cdot 6H_2O$ 和 2 g NH_4Cl 加入锥形瓶中，加入 5 mL 水，微热溶解，加入 1 g 活性炭和 7 mL 浓氨水，用水冷却至 10℃ 以下，慢慢加入 10 mL 6% 的 H_2O_2 溶液。水浴加热至 55~65 ℃ 恒温约 20 min。用冰水彻底冷却，吸滤（不能洗涤!）。将沉淀转入含有 2 mL 浓 HCl 的 25 mL 沸水中，趁热吸滤。滤液转入锥形瓶中，加入 4 mL 浓 HCl，再用冰水彻底冷却，待大量结晶析出后，吸滤。滤液回收。产品于烘箱中在 105 ℃ 烘干 20 min，得产品。称量，计算产率。

2. 三氯化六氨合钴（Ⅲ）分裂能的测定

称取 0.2 g $[Co(NH_3)_6]Cl_3$ 产品，溶于 40 mL 去离子水中。在 400~550 nm 波长范围内，以去离子水为参比液，测定上述配合物溶液的吸光度（A）。每隔 10 nm 测一组数据，当出现吸收峰（A 出现极大值）时，可适当缩小波长间隔，增加测定数据。

3. 电解质电离类型的确定

配制 50 mL 浓度为 0.98×10^{-3} mol·L^{-1} 的试样溶液于 100 mL 烧杯中，用去离子水溶解后，转入 100 mL 容量瓶中。用超级恒温水浴与滴定池配套，待整个体系处于恒温 25 ℃ 时，采用电导率仪（选用铂黑电极）测定试样溶液的电导率 κ_0，然后计算其摩尔电导 Λ_m，并确定配合物的离子类型。

4. NH_3 的测定

用电子天平准确称取约 0.2 g 样品于 250 mL 锥形瓶中，加入 30 mL 去离子水溶解，另准备 50 mL 2% H_3BO_3 溶液于 250 mL 锥形瓶中。在 H_3BO_3 溶液加入 5 滴甲基红-溴甲酚绿指示剂，将两溶液分别固定在凯氏定氮仪上，开启凯氏定氮仪，氨气开始产生并被 H_3BO_3 溶液吸收，吸收过程中，H_3BO_3 溶液颜色由浅绿色逐渐变为深黑色，当溶液体积达到 100 mL 左右时，可认为氨气已被完全吸收。用 HCl 标准溶液滴定吸收了氨气的 H_3BO_3 溶液，当溶液颜色由绿色变为浅红色时即为终点。读取并记录数据，确定配体 NH_3 的个数。

或者：用电子天平准确称取约 0.2 g 产品放入锥形瓶中，加约 50 mL 水和 5 mL 20% NaOH 溶液。在另一个锥形瓶中加入 30 mL 0.5 mol·L^{-1} HCl 标准溶液，以吸收蒸馏出的氨。按图 5-1 连接装置，冷凝管通入冷水，开始加热，保持沸腾状态。蒸馏至黏稠（约 10 min），断开冷凝管和锥形瓶的连接处，之后去掉火源。用少量水冲洗冷凝管和下端的玻璃管，将冲洗液一并转入接收锥形瓶中。以甲基红为指示剂，用 0.5 mol·L^{-1} NaOH 标准溶液滴定吸收瓶中的 HCl 溶液，溶液变浅黄色即为终点。计算氨的百分含量，确定配体 NH_3 的个数。

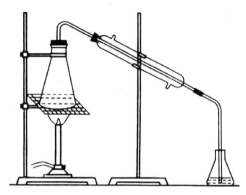

图 5-1 氨的测定装置

5. 钴的测定

用电子天平准确称取约 0.2 g 样品于 250 mL 锥形瓶中，加 20 mL 蒸馏水、10 mL 10% NaOH 溶液，置于电炉上微沸加热至无氨气放出（用 pH 试纸检验）。冷却至室温后，加入 20 mL 蒸馏水，转移至碘量瓶中，再加入 1 g KI 固体、15 mL 6 mol·L^{-1} HCl 溶液。立即盖上碘量瓶瓶盖。充分振荡后，在暗处反应 10 min。用已准确标定浓度的 $Na_2S_2O_3$ 溶液滴至浅黄色时，再加入 2 mL 2% 淀粉溶液，继续滴至溶液为粉红色即为终点。计算配合物中钴的含量。

6. 氯的测定

用电子天平准确称取约 0.2 g 样品于 250 mL 锥形瓶中，加 50 mL 蒸馏水溶解。加入 1 mL 5% 的 K_2CrO_4 溶液作为指示剂，用已准确标定浓度的 $AgNO_3$ 溶液滴定至出现砖红色不再消失为止，即为终点，读取数据，计算配合物中氯的含量。

六、数据记录与处理

1. 计算 $[Co(NH_3)_6]Cl_3$ 的产率。

2. 记录不同波长下 $[Co(NH_3)_6]Cl_3$ 溶液的吸光度，以波长 λ 为横坐标，吸光度 A 为纵坐标作图，作出配合物的电子光谱。从电子光谱上确定最大吸收波长（吸收峰所对应的波长）$λ_{max}$，指出配合物最大吸收光的颜色，并计算配合物晶体场分裂能 $Δ_o$。

3. 根据实验数据得出配合物的离子类型、氨含量、钴含量和氯含量，从而确定配合物的组成。

七、课后思考与拓展

1. 思考题

① 本实验中配合物的浓度是否影响 $Δ_o$ 的测定？为什么？

② 晶体场分裂能的大小主要与哪些因素有关？
③ 配合物取代反应的 S_N1 和 S_N2 机理各是什么？

2．阅读与参考资料

[1] 刘艳，万帮江，牛卫芬，等．一种 Co(Ⅲ) 配合物的制备 [J]．重庆科技学院学报（自然科学版），2007，9（4）：26-27．

[2] 解庆范，陈延民，庄树华．3，4-二羧基吡啶-邻菲啰啉-钴三元配合物的合成与表征 [J]．化学与黏合，2007，29（3）：186-188．

实验三十八　氟离子选择性电极测定含氟牙膏中的氟

一、预习要求

1．预习氟离子选择性电极测试氟离子浓度的基本原理、方法和概念。

2．本次实验中安全、环保、健康注意事项（本实验涉及的试剂、仪器安全、人身防护措施、废弃物处理知识等）。

二、实验目的

1．了解离子选择性电极的主要特性，掌握氟离子选择性电极法测定的原理和方法。

2．了解总离子强度调节缓冲液的意义和作用。

3．掌握用标准曲线法和标准加入法测定未知物浓度。

三、实验原理

氟离子选择性电极简称氟电极，属于晶体膜电极。以氟电极作指示电极，饱和甘汞电极为参比电极，浸入试液组成工作电池：

氟离子选择性电极｜F⁻试液（$c = x$）‖饱和甘汞电极

测量的 pH 值范围为 5.0～6.0，加入含有柠檬酸钠、硝酸钠（或氯化钠）及 HAc-NaAc 的总离子强度调节缓冲溶液（TISAB，Total Ionic Strength Adjustment Buffer）来控制酸度，保持一定的离子强度和消除干扰离子对测定的影响。由于加入了高离子强度的溶液（本实验所用的 TISAB，其离子强度 $\mu > 1.2$），可以在测定过程中维持离子强度的恒定，因此工作电池电动势与 F⁻ 浓度的对数呈线性关系，298 K 时：

$$E = K - 0.0592 \lg c_{F^-}$$

因此，可以用直接电位法测定 F⁻ 的浓度。本实验用标准工作曲线法测定水中氟离子的含量，即配制不同浓度的 F⁻ 标准溶液，测定工作电池的电动势，并在相同条件下测得试液的 E_x，由 E-$\lg c_{F^-}$ 图中查得未知试液中 F⁻ 的浓度。当试液组成较为复杂时，则应采取标准加入法或 Gran 作图法测定。

四、仪器、试剂及材料

仪器：pHS-3C 型 pH 计或其他型号的离子计，电磁搅拌器，氟离子选择性电极和饱和甘汞电极各一支，塑料烧杯（50 mL）若干，容量瓶（50 mL），量筒（100 mL），移液管（5 mL）等。

试剂：

TISAB 溶液：称取氯化钠 58.0 g、柠檬酸钠 10.0 g，溶于 800 mL 去离子水中，再加入冰醋酸 57.0 mL，用 40% 的 NaOH 溶液调节 pH 至 5.0，然后加去离子水稀释至总体积为 1 L。

0.100 mol·L^{-1} NaF 标准贮备液：准确称取 2.100 g NaF（已在 110 ℃ 烘干 2 h 以上并冷却）放入 500 mL 烧杯中，加入 100 mL TISAB 溶液和 300 mL 去离子水溶解后转移至 500 mL 容量瓶中，用去离子水稀释至刻度，摇匀，保存于聚乙烯塑料瓶中备用。

五、实验步骤

1. 氟离子选择性电极的准备

按要求调 pHS-3C 型 pH 计至 mV 挡，装上氟电极和参比电极（SCE）。将氟离子选择性电极浸泡在 0.1 mol·L^{-1} F^{-} 溶液中约 30 min，然后用新鲜制备的去离子水清洗数次，直至测得的电极电位值达到本底值（约 −370 mV）方可使用（此值各支电极不同，由电极的生产厂家标明）。

在应用氟离子选择性电极时，需要注意：

① 试液 pH 值的影响；

② 为了使测定过程中 F^{-} 的活度系数、液接电位保持恒定，试液需要维持一定的离子强度；

③ 氟离子的选择性极好，但是一些能与 F^{-} 形成配合物的阳离子以及能与 La^{3+} 形成配合物的阴离子对测定会有不同程度的干扰。

2. F^{-} 标准溶液的配制

取 5 个干净的 50 mL 容量瓶，在第一个容量瓶中加入 10.0 mL TISAB 溶液，其余加入 9.0 mL TISAB 溶液。用 5 mL 移液管吸取 5.00 mL 0.1 mol·L^{-1} NaF 标准贮备液放入第一个容量瓶中，加去离子水稀释至刻度，摇匀即为 1.0×10^{-2} mol·L^{-1} F^{-} 溶液。再用 5 mL 移液管从第一个容量瓶中吸取 5.00 mL 刚配好的 1.0×10^{-2} mol·L^{-1} F^{-} 溶液，放入第二个容量瓶中，加去离子水稀释至刻度，摇匀即为 1.0×10^{-3} mol·L^{-1} F^{-} 溶液。依此类推配制出 $10^{-2} \sim 10^{-6}$ mol·L^{-1} F^{-} 溶液。

3. 标准曲线的测绘

将上述配好的一系列溶液分别倒少量到对应的 50 mL 干净塑料烧杯中润洗，然后将剩余的溶液全部倒入对应的烧杯中，放入搅拌子，插入氟离子选择性电极和饱和甘汞电极，在电磁搅拌器上搅拌 3~4 min 后读下 mV 值。氟电极在接触浓的 F^{-} 溶液后再测定稀溶液时伴有迟滞效应，因此测量的顺序应为由稀至浓，这样在转换溶液时电极不必用水洗，仅用滤纸吸去附着在电极和搅拌子上的溶液即可（注意：电极不要插得太深，以免搅拌子打破电极。电位平衡时间随 F^{-} 溶液浓度的降低而延长，在测定时，待平衡电位在 2 min 内无变化即可读数）。

测量完毕将电极用去离子水清洗，直至测得电极电位值为 −370 mV 左右待用。

4. 含氟牙膏中氟含量的测定

用小烧杯准确称取约 0.5 g 牙膏，加少量去离子水溶解，加入 10 mL TISAB，煮沸 2 min，冷却并转移至 50 mL 容量瓶中，用去离子水稀释至刻度。准确移取该试样 25.00 mL（根据氟含量的多少可改变体积）于 50 mL 容量瓶中，加入 10.0 mL TISAB，用去离子水稀释至刻度，摇匀。然后全部倒入一干燥的塑料烧杯中，插入电极，在搅拌条件下，待电极稳定后读取电位值 E_x。

若测定水样，可直接取准确体积水样于容量瓶中，加入 TISAB 溶液，用去离子水定容，再转移到塑料烧杯中测定。

5. 空白实验

以去离子水代替试样，重复上述测定。

六、数据记录与处理

1. 以测得的电位值 E(mV) 为纵坐标，以 $\lg c_{F^-}$ 为横坐标，作出校准曲线。

2. 从标准曲线上求该氟离子选择性电极的实际斜率和线性范围，并由 E_x 值求试样中 F^- 的浓度。

3. 计算得出牙膏中氟的含量。

七、课后思考与拓展

1. 思考题

① 写出离子选择性电极的电极电位完整表达式。

② 为什么要加入总离子强度调节剂？总离子强度调节剂在测定中起什么作用？

③ 氟离子选择性电极的构造是什么？利用 LaF_3 单晶膜氟离子选择性电极测定 F^- 的原理是什么？

2. 阅读与参考资料

张东霞，乔元元，史宝明，等. 氟离子选择性电极-标准加入法测定葡萄酒中氟［J］. 食品与发酵工业，2019，45（6）：215-218.

实验三十九　无机絮凝剂的制备及应用研究

一、预习要求

1. 查阅资料了解无机絮凝剂的制备及应用。

2. 学习浊度计的使用，复习 pH 计及可见分光光度计的使用。

3. 本次实验中安全、环保、健康注意事项（本实验涉及的试剂、仪器安全、人身防护措施、废弃物处理知识等）。

二、实验目的

1. 掌握聚硅酸盐絮凝剂的合成原理与方法。

2. 了解聚硅酸盐絮凝剂的改性方法。

3. 掌握絮凝剂絮凝性能的评价思路。

三、实验原理

絮凝是水处理过程中的重要单元，也是必不可少的一步。絮凝过程可使胶体脱稳，除去悬浮固体、有机物、磷酸根离子等杂质；絮凝技术是一种核心的环境保护技术，在处理地表水及多种废水方面有着广泛应用。

聚硅酸是一种阴离子型无机高分子絮凝剂，作为助凝剂特别是作为铝盐的助凝剂时，聚合度增大，处理污水效果加强。聚硅酸是由相邻硅酸分子上羟基间的脱水聚合形成的具有硅氧键的聚合物。在溶液中可使胶粒和细微悬浮物的活性部位发生吸附，一端吸附某一胶粒后，另一端又吸附另一胶粒，在相距较远的胶粒间进行吸附架桥，颗粒逐渐变大，形成粗大的絮凝体，最终沉降，达到净水的目的。本实验以硅酸钠为原料来制备聚硅酸。

$$H_2SiO_4^{2-} \xrightarrow{H^+} H_3SiO_4^- \xrightarrow{H^+} H_4SiO_4 \xrightarrow{H^+} H_5SiO_4^+$$

$$\begin{array}{c}\text{OH} \\ | \\ \text{HO}-\text{Si}-\text{OH} \\ | \\ \text{OH}\end{array} + \begin{array}{c}\text{OH} \\ | \\ \text{HO}-\text{Si}-\text{O}^- \\ | \\ \text{OH}\end{array} \rightleftharpoons \begin{array}{c}\text{OH} \quad\quad \text{OH} \\ | \quad\quad\quad | \\ \text{HO}-\text{Si}-\text{O}-\text{Si}-\text{OH} \\ | \quad\quad\quad | \\ \text{OH} \quad\quad \text{OH}\end{array} + \text{OH}^-$$

由于聚硅酸稳定性差，容易发生缩聚反应转化为高分子凝胶，失去絮凝功能。在硅酸溶液中引入某些金属离子，制备成复合絮凝剂，可以阻止或减缓硅酸溶胶的ζ电位，增强其电中和能力，进而改善其稳定性和絮凝性能。铁盐和铝盐絮凝剂有着成本低、絮凝性能好、絮体密实的优点，已得到广泛的应用。将硅酸钠配成一定组成的溶液，加入一定浓度的硫酸和氢氧化钠溶液调节 pH 为 5.0～6.0，使其活化聚合，得到淡蓝色聚合硅酸溶液。此时在搅拌下，向活性硅酸溶液中加入计量好的硫酸铝和硫酸铁溶液，并调节溶液 pH，使金属离子与硅酸共聚。再继续搅拌至均匀，经一定时间熟化后得到复合絮凝剂聚硅酸硫酸铝铁。在 Al^{3+} 和 Fe^{3+} 被引入后，由于硅羟基与 Al^{3+} 和 Fe^{3+} 的络合与吸附作用，阻止了聚硅酸的凝胶化。

由于铝盐絮凝剂处理污水后具有一定的出水残留，对人体的健康存在一定的隐患，在实际应用中受到限制。而稀土元素中的铈具有高电荷、含量丰富及其对氧和硫较强的亲和力等优点，将其在聚硅酸中引入，对其进行改性，不仅可以延缓聚硅酸的胶凝，还可以保证絮凝剂的絮凝能力。用 $Ce(NO_3)_3$ 代替 $Al_2(SO_4)_3$ 可制备出聚硅酸硫酸铁铈复合絮凝剂。

水中胶体颗粒物各自有双电层，一般带有同号电荷，当扩散层交联时，因离子扩散的渗透力而相互排斥，并且随距离接近而增强，从而保持着它们的分散稳定性。消除或降低胶体颗粒稳定因素的过程叫作脱稳。脱稳后的胶粒，在一定的水力条件下，才能形成较大的絮凝体，俗称矾花。直径较大且较密实的矾花容易下沉。自投加混凝剂直至形成较大矾花的过程叫作混凝。传统的絮凝剂进入水体以后立即发生自发水解，并且在一定 pH 值范围内的水中处于过饱和而迅速趋向沉淀，较多情况下是以水解产物和氢氧化物沉淀物吸附在胶体颗粒表面，从而发生聚集和沉降。胶体颗粒聚集需要两方面的条件：减少颗粒间相互排斥作用，即颗粒的脱稳；脱稳颗粒间的相互碰撞。使胶体脱稳一般包括压缩双电层、卷扫网捕、吸附架桥和电中和等作用，这也是絮凝剂去除水中污染物的主要作用机理。

四、仪器、试剂及材料

仪器：集热式恒温加热磁力搅拌器，pH 计，浊度仪，可见分光光度计，台秤，烧杯，量筒等。

试剂：$Na_2SiO_3 \cdot 9H_2O$、$Ce(NO_3)_3 \cdot 6H_2O$、$Al_2(SO_4)_3 \cdot 18H_2O$、$Fe_2(SO_4)_3$，均为分析纯，$NaOH(1\ mol \cdot L^{-1})$，$H_2SO_4(1+7)$。一定浊度的甲基橙废水（取 2 g 高岭土于 20 L 水中，搅拌均匀，静置过夜，取上层浊液加入一定量的甲基橙，使得甲基橙的浓度为 20 mg·L^{-1}）。

五、实验步骤

1. 无机混凝剂的制备

（1）硅酸的活化

称取一定质量的 $Na_2SiO_3 \cdot 9H_2O$ 配制成 20 mL 0.5 mol·L^{-1} Na_2SiO_3 溶液。室温下，边搅拌边向 Na_2SiO_3 溶液中加入配制好的 H_2SO_4 和 NaOH 溶液，调节 pH 值为 5.5 左右。快速搅拌活化、聚合，当硅酸钠溶液呈现淡蓝色时，便得到活化好的硅酸（聚硅酸）。

注意：硅酸钠加入水中溶解时，由于与水中的 H^+ 结合使得溶液的 pH>10，在用硫酸调节 pH 时，在 pH 为 7.5 左右时，若滴加的速度过慢，会使溶液经历中性这个阶段，导致硅酸迅速聚胶，使得到的产品为胶状物，絮凝效果大大降低。故在用酸碱调节 pH 时，应该先加入适宜的 H_2SO_4 调节 pH 接近 7.5 时，为避免胶凝可以迅速加入几滴 H_2SO_4，使得溶液跳过中性阶段，变为酸性（pH<4.5），再用 NaOH 溶液慢慢调节 pH 值约为 5.5。

（2）聚硅酸硫酸铝铁的合成

① 实验方法

在搅拌聚硅酸的条件下，加入一定量的 0.25 mol·L^{-1} $Al_2(SO_4)_3$ 溶液，搅拌 15 min 后。按照比例加入一定量的 0.25 mol·L^{-1} $Fe_2(SO_4)_3$ 溶液，用 H_2SO_4 和 NaOH 溶液调节混合液的 pH 值为 2 左右，并持续搅拌 10～30 min。熟化 24 h 得聚硅酸硫酸铝铁复合絮凝剂。

Fe^{3+} 相比 Al^{3+} 的亲羟基能力较强，络合反应速率快，为了使得铁盐和铝盐达到共聚，在制备中先引入 Al^{3+}，再引入 Fe^{3+}。

② 制备条件的考察

硅酸和金属离子共聚成复合絮凝剂，Al/Fe/Si 的摩尔比决定絮凝剂综合性能的发挥；反应温度也会影响絮凝剂产品的絮凝性能，温度过高会导致硅酸的聚胶能力增大，所得到的产品絮凝效果差，温度过低则聚合反应的速率缓慢；pH 值的控制是硅酸活化的必要条件，硅酸的 pH 值越接近中性，硅酸凝胶速率越快，碱度或酸度越高，凝胶时间相对减慢。可通过试验确定最佳制备条件，从而达到产品稳定性和絮凝性能的最佳结合。

本实验在室温下，以优选 Al，Fe/Si 的摩尔比为例进行探究。首先固定 Al/Fe 摩尔比为 1∶1，按照 Al，Fe/Si 的摩尔比如 4∶2、3∶2、2∶2、2∶3、2∶4 等来制备絮凝剂产品，根据处理废水的脱色率和浊度去除率优选出金属与硅酸的最佳投料比。

（3）聚硅酸盐絮凝剂的改性

用 $Ce(NO_3)_3$ 代替 $Al_2(SO_4)_3$ 按上述步骤可得聚硅酸硫酸铁铈絮凝剂。同样，可以通过试验优选最佳 Ce/Fe/Si 投料比、反应温度等制备条件。

2. 无机混凝剂的应用研究

（1）确定在污水中能形成矾花的近似最小絮凝剂投加量

取 100 mL 原废水于烧杯中，慢速搅拌（80 r/min）下用移液管每次增加 0.20 mL 的絮凝剂，直至出现矾花为止，此即为形成矾花的最小投加量，记为 V_0 mL。

（2）烧杯絮凝实验

取 100 mL 原废水于烧杯中，加入 V_0 mL 絮凝剂，先快速搅拌（200 r/min）2 min，再慢速（80 r/min）搅拌 15 min（搅拌过程中，注意观察并记录矾花形成、沉淀的过程，矾花外观、大小、密实程度等现象），静置沉降 30 min。取适量上层清液用浊度仪测定其浊度，用可见分光光度计在其最大吸收波长（460 nm）下测其吸光度，用 pH 计测定其 pH 值，并用下式计算浊度去除率、脱色率和 COD 去除率。

$$浊度去除率 = \frac{浊度(处理前) - 浊度(处理后)}{浊度(处理前)} \times 100\%$$

$$脱色率 = \frac{吸光度(处理前) - 吸光度(处理后)}{吸光度(处理前)} \times 100\%$$

改变絮凝剂投加量为 $V_0 + 0.5$ mL、$V_0 + 1.0$ mL、$V_0 + 1.5$ mL、$V_0 + 2.0$ mL 等，按上述方法进行实验，测定其浊度去除率、脱色率、COD 去除率及 pH 值。

六、数据记录与处理

1. 记录絮凝剂的制备条件及产品外观颜色、状态等信息。
2. 记录废水处理过程中矾花形成、沉淀过程中的现象，并总结出规律。
3. 记录用不同 Al，Fe/Si 摩尔比下制备的絮凝剂处理前后废水的浊度、吸光度及 pH 值，根据浊度去除率、脱色率、pH 值优选出最佳 Al，Fe/Si 的摩尔比。
4. 记录不同絮凝剂投加量下处理前后废水的浊度、吸光度及 pH 值，根据浊度去除率、脱色率、pH 值优选出最佳絮凝剂投加量。

七、课后思考与拓展

1. 思考题

① 若要通过试验优选出最佳 Ce/Fe/Si 投料比、反应温度等制备条件，该如何进行实验，请写出实验思路。

② 评价水质质量有哪些指标，分别用什么方法进行测定？

2. 阅读与参考资料

[1] 刘梅，卢杨，黄健，等. 聚硅酸硫酸铁铈复合絮凝剂的表征及脱色性能研究 [J]. 现代化工，2017, 37（4）：117-120.

[2] Liu M, Zhu P F, Yang W J, et al. Synthesis and evaluation of a novel inorganic-organic composite flocculant, consisting of chitosan and poly-ferric cerium silicate [J]. Journal of Chemical Technology and Biotechnology, 2019, 94: 79-87.

[3] 温彦杰. 聚硅酸金属盐絮凝剂的制备及性能研究 [D]. 北京化工大学硕士学位论文，2012.5.

[4] 刘娟. 基于钛盐的无机高分子复合絮凝剂的制备及其结构和性能研究 [D]. 武汉科技大学硕士学位论文，2010.4.

实验四十 过氧化钙的制备及含量分析

一、预习要求

1. 查阅资料了解过氧化钙的制备方法、性质及用途。
2. 本次实验中安全、环保、健康注意事项（本实验涉及的试剂、仪器安全、人身防护措施、废弃物处理知识等）。

二、实验目的

1. 掌握制备过氧化钙的原理及方法。

2. 掌握过氧化钙含量的分析方法。
3. 巩固无机制备及滴定分析的基本操作。

三、实验原理

过氧化钙，是一种无机化合物，化学式为 CaO_2，为白色或淡黄色结晶性粉末，无臭，几乎无味，难溶于水，不溶于乙醇、乙醚等有机溶剂，加热至 315℃ 时开始分解，完全分解的温度为 400～425 ℃，常温下干燥很稳定。过氧化钙能溶于稀酸生成过氧化氢，过氧化钙在湿空气或水中会缓慢地分解，长时间放出氧气。

过氧化钙遇水具有放氧的特性，且本身无毒，不污染环境，是一种优良的供氧剂，被广泛应用。如：在水产养殖方面可以作为释氧剂增加水中溶解氧、调节水的 pH 值、改良水质、消灭病原菌。在农业种植方面，过氧化钙用于植物根系供氧、生化改良土壤土质、水稻种子包衣、作氧肥及生物复合肥等；在环境保护方面，过氧化钙可以用于改善地表水质、处理重金属离子废水和治理赤潮等；在食品加工方面过氧化钙可用于食品、果蔬保鲜、饲料添加剂、面团改良、食品消毒等；在冶金工业上可用于脱磷和贵重金属提取；在橡胶与化学工业中可作天然橡胶硫化剂、聚硫橡胶硬化剂、不饱和聚酯树脂引发剂等。过氧化钙还可用于日化行业作牙齿清洁剂、家用消毒除臭剂等。此外，过氧化钙也可用于应急供氧、香烟制造和涂料工业等。

CaO_2 常见制备方法有以下两种。

第一种方法是：在 10 ℃ 时，$CaCl_2$ 在碱性条件下与 H_2O_2 反应或 $Ca(OH)_2$、NH_4Cl 溶液与 H_2O_2 反应得到 $CaO_2 \cdot 8H_2O$ 沉淀，反应方程式如下：

$$CaCl_2 + H_2O_2 + 2NH_3 \cdot H_2O + 6H_2O = CaO_2 \cdot 8H_2O + 2NH_4Cl$$

第二种方法是：在较低温度下，$Ca(OH)_2$ 与 H_2O_2 反应生成 CaO_2。120 ℃ 左右干燥即得白色或淡黄色粉状 CaO_2。反应过程中加入微量的 $Ca_3(PO_4)_2$ 及少量乙醇，可以增加 CaO_2 的化学稳定性，从而提高产率。反应方程式如下：

$$Ca(OH)_2 + H_2O_2 + 6H_2O = CaO_2 \cdot 8H_2O$$

过氧化钙含量的测定原理为：在酸性条件下，过氧化钙与酸反应产生过氧化氢，再用 $KMnO_4$ 标准溶液滴定，从而测得其含量，反应方程式如下：

$$CaO_2 + 2HCl = H_2O_2 + CaCl_2$$
$$2MnO_4^- + 5H_2O_2 + 6H^+ = 2Mn^{2+} + 5O_2 + 8H_2O$$

四、仪器、试剂及材料

仪器：恒温水浴锅，烘箱，布氏漏斗，吸滤瓶，真空泵，蒸发皿，表面皿，电子分析天平，台秤，锥形瓶（250 mL），酸式滴定管（50 mL），称量瓶，烧杯，移液管等。

药品：$Ca(OH)_2(s,AR)$，$H_2O_2(20\%)$，$NH_4Cl(2mol \cdot L^{-1})$、乙醇（95%），$Ca_3(PO_4)_2$ (s,AR)，$MnSO_4(0.05mol \cdot L^{-1})$，$HCl(2mol \cdot L^{-1})$，$KMnO_4$ 标准溶液（$0.02mol \cdot L^{-1}$）。

材料：滤纸，冰。

五、实验步骤

1.过氧化钙的制备

称取 3.7 g Ca(OH)$_2$ 于 250 mL 锥形瓶 1 中，加入 10 mL 纯水溶解；往 250 mL 锥形瓶 2 中先后加入 15 mL H$_2$O$_2$（20%）、2 mL 乙醇、0.2 g Ca$_3$(PO$_4$)$_2$。然后把锥形瓶 1 的溶液缓慢地加到锥形瓶 2 中，充分振荡后放入冰水浴中冷却约 30 min。锥形瓶 2 中有晶体析出，然后抽滤，少量冷水洗涤晶体 2~3 次。回收母液，晶体置于 120 ℃ 恒温箱烘 30 min，转入干燥器中冷却至室温，称重，计算产率。

2.过氧化钙含量的测定

准确称取 0.1 g CaO$_2$ 样品于 250 mL 锥形瓶中，再加入 30 mL 纯水和 10 mL 2mol·L^{-1} HCl，振荡使其溶解，最后加入 1 mL 0.05mol·L^{-1} MnSO$_4$ 溶液。立即用 KMnO$_4$ 标准溶液滴定至溶液呈微红色并且在 30 s 内不褪色为止。按照上述方法再做两次，记录数据，并计算 CaO$_2$ 的百分含量。

六、数据记录与处理

设计表格，记录实验数据，根据实验数据计算过氧化钙的产率和百分含量。

七、课后思考与拓展

1.思考题

① 本实验测定 CaO$_2$ 含量时，为什么没有用稀硫酸而用稀盐酸，若用稀硫酸对测定结果有何影响？

② 测定 CaO$_2$ 含量时，加入 MnSO$_4$ 的作用是什么？不加有何影响？

2.阅读与参考资料

[1] 周绿山，向文军，唐涛，等.过氧化钙的制备及其保鲜性能研究 [J].化学工程师，2016，30（7）：72-74.

[2] 葛飞，李权，刘海宁，等.过氧化钙的制备与应用研究进展 [J].无机盐工业，2010，42（2）：1-4.

[3] 周彦波，王英秀，周振华，等.过氧化钙缓释氧剂的制备及其释氧特性研究 [J].中国给水排水. 2012，28（7）：64-67.

[4] 董家麟，付双，周昊，等.纳米过氧化钙对地下水中硝基苯的类-Fenton 降解效果 [J].中国环境科学，2019，39（11）：4730-4736.

实验四十一　三草酸合铁（Ⅲ）酸钾的制备及其配离子电荷的测定

一、预习要求

1.查阅资料，了解三草酸合铁（Ⅲ）酸钾的组成、结构、性质、用途等理论知识；复习离子交换法的有关原理和操作方法。

2.查阅利用莫尔法测定氯离子含量的有关资料。

3.本次实验中安全、环保、健康注意事项（本实验涉及的试剂、仪器安全、人身防护措施、废弃物处理知识等）。

二、实验目的

1. 学习合成三草酸合铁（Ⅲ）酸钾的方法。
2. 熟悉用离子交换法测定三草酸合铁（Ⅲ）酸钾配离子的电荷数。

三、实验原理

三草酸合铁（Ⅲ）酸钾 $K_3[Fe(C_2O_4)_3]\cdot 3H_2O$ 是一种绿色的单斜晶体，溶于水而不溶于乙醇，见光易分解。是制备负载型活性铁催化剂的主要原料，也是一些有机反应的催化剂，具有较大的工业生产价值。

本实验制备三草酸合铁（Ⅲ）酸钾晶体的方法如下：首先用硫酸亚铁铵与草酸反应制备出草酸亚铁：

$$(NH_4)_2Fe(SO_4)_2\cdot 6H_2O + H_2C_2O_4 = FeC_2O_4\cdot 2H_2O\downarrow + (NH_4)_2SO_4 + H_2SO_4 + 4H_2O$$

草酸亚铁在草酸钾和草酸的存在下，被过氧化氢氧化为草酸高铁配合物：

$$2FeC_2O_4\cdot 2H_2O + H_2O_2 + 3K_2C_2O_4 + H_2C_2O_4 = 2K_3[Fe(C_2O_4)_3]\cdot 4H_2O$$

加入乙醇后，便析出三草酸合铁（Ⅲ）酸钾晶体。

本实验用阴离子交换法测定三草酸合铁（Ⅲ）酸根的电荷数。将准确称量的三草酸合铁（Ⅲ）酸钾晶体溶解于水，使其通过装有国产 717 型苯乙烯强碱性阴离子交换树脂 $R=N^+Cl^-$ 交换柱，三草酸合铁（Ⅲ）酸钾溶液中的配离子 X^{z-} 与阴离子树脂上的 Cl^- 进行交换：

$$zR=N^+Cl^- + X^{z-} = (R=N^+)_z X^{z-} + zCl^-$$

只要收集交换出来的含 Cl^- 的溶液，用硝酸银标准溶液滴定（莫尔法），测定氯离子的含量，即可确定配离子的电荷数 z：

$$z = \frac{Cl^- \text{的物质的量}}{\text{配合物的物质的量}} = \frac{n_{Cl^-}}{n_{K_3[Fe(C_2O_4)_3]\cdot 3H_2O}}$$

四、仪器、试剂及材料

仪器：台秤，电子分析天平，酸式滴定管（50 mL），称量瓶，移液管（25 mL），温度计，交换柱（20 mm×400 mm），容量瓶（100 mL），烧杯（200 mL），量筒（10 mL、50 mL）。

药品：$(NH_4)_2Fe(SO_4)_2\cdot 6H_2O$，$H_2SO_4$（2 mol·L^{-1}），$H_2C_2O_4$（饱和溶液），草酸钾（饱和溶液），$H_2O_2$（3%），乙醇（95%），国产 717 型苯乙烯强碱性阴离子交换树脂，$AgNO_3$ 标准溶液（0.02 mol·L^{-1}），K_2CrO_4（5%），NaCl 溶液（1 mol·L^{-1}）。

材料：滤纸。

五、实验步骤

1. 草酸亚铁的制备

在 200 mL 烧杯中加入 5.0 g $(NH_4)_2Fe(SO_4)_2\cdot 6H_2O$ 固体，再加入 15 mL 蒸馏水和几滴 2 mol·L^{-1} H_2SO_4 溶液，加热溶解后再加入 25 mL 饱和 $H_2C_2O_4$ 溶液，加热至沸腾，搅拌片刻，停止加热，静置。待黄色晶体 $FeC_2O_4\cdot 2H_2O$ 沉降后倾析弃去上层清液，加入 20~30 mL 热蒸馏水，搅拌洗涤沉淀，静置，弃去上清液，如此反复洗涤至中性，得到 FeC_2O_4 沉淀。

2.三草酸合铁(Ⅲ)酸钾的制备

在上述沉淀中加入 10 mL 饱和 $K_2C_2O_4$ 溶液,水浴加热至 40 ℃。用滴管慢慢加入 20 mL 3% H_2O_2 溶液,边加边搅拌,然后将溶液加热至沸腾,时间不超过 2 min。目的是除去过量的 H_2O_2。然后将液体置于 20℃水浴中,在不断搅拌下逐滴滴加 8 mL 饱和 $H_2C_2O_4$ 溶液,再加入 5mL 饱和 $K_2C_2O_4$(控制溶液 pH 为 3~4,如果达不到,可滴加 NaOH 来调节)。此时溶液为亮绿色透明溶液,趁热抽滤。滤液倒入烧杯中,加入 35 mL 95%乙醇,用滤纸、橡皮筋封住烧杯口,放入冰水浴,避光静置过夜。第二天待晶体完全析出后抽滤,用 95%乙醇洗涤产品两次,取下晶体,用滤纸压干,称量,计算产率,产品保留作测定用。

3.三草酸合铁(Ⅲ)酸根电荷的测定

(1)装柱

将预先处理好的国产 717 型乙烯强碱性阴离子交换树脂(氯型)R≡N^+Cl^-装入一支 20 mm×400 mm 的交换柱中,要求树脂的高度约为 20 cm,注意树脂顶部应保留 0.5 cm 的水,放入一小团玻璃丝,以防止注入溶液时将树脂冲起,装好的交换柱应该均匀无裂缝、无气泡。

(2)交换

用蒸馏水淋洗树脂床至检查流出的水不含 Cl^- 为止,再使水面下降至树脂顶部相距 0.5 cm 左右,即用螺旋夹夹紧柱体下部的胶管。

取 1 g(准确至 1 mg)三草酸合铁(Ⅲ)酸钾,用 10~15 mL 蒸馏水溶解,全部转移至交换柱。松开螺旋夹,控制 3 mL·min^{-1} 的速度流出,用 100 mL 容量瓶收集流出液,当柱子中液面下降离树脂 0.5 cm 左右时,用少量蒸馏水(约 5 mL)洗涤小烧杯并转移至交换柱,重复 2~3 次后再用滴管吸取蒸馏水洗涤交换柱上部管壁上残留的溶液,使样品溶液尽量全部流过树脂床,将螺旋夹夹紧。用蒸馏水稀释容量瓶内溶液至刻度,摇匀,作滴定用。

准确吸取 25.00 mL 淋洗液于锥形瓶内,加入 1 mL K_2CrO_4(5%)溶液,以 $AgNO_3$ 标准溶液滴定至终点,记录数据。重复滴定 2 次。

用 1 mol·L^{-1} NaCl 溶液淋洗树脂柱,直至流出液酸化后检不出 Fe^{3+} 为止,树脂回收。

六、数据记录与处理

设计表格,记录实验数据,计算三草酸合铁(Ⅲ)酸钾的产率及其配离子电荷数。

七、课后思考与拓展

1.思考题

① 影响三草酸合铁(Ⅲ)酸钾产量的主要因素有哪些?

② 三草酸合铁(Ⅲ)酸钾见光易分解,应如何保存?

③ 用离子交换法测定三草酸合铁(Ⅲ)酸钾配离子的电荷时,如果交换后的流出速度快,对实验结果有什么影响?

2.阅读与参考资料

[1] 刘冬莲,刘娅萍,刘爽,等.三草酸合铁(Ⅲ)酸钾制备实验的改进探索[J].唐山师范学院学报.2013,35(2):17-19.

[2] 林晓辉,董建,陈红余,等."厂旁"实验——三草酸合铁酸钾实验的设计与实践[J].实验技术与管理.2015,32(3):203-206.

实验四十二 纳米 TiO_2 的制备及其光催化性能评价

一、预习要求

1. 查阅文献，了解纳米 TiO_2 的性质、应用、制备与表征方法。
2. 查阅文献，熟悉马弗炉、紫外-可见分光光度计的基本结构及操作方法。
3. 本次实验中安全、环保、健康注意事项（本实验涉及的试剂、仪器安全、人身防护措施、废弃物处理知识等）。

二、实验目的

1. 了解纳米 TiO_2 的性质及应用。
2. 掌握用溶胶-凝胶法制备纳米 TiO_2 的方法。
3. 学习马弗炉、紫外-可见分光光度计等仪器的使用方法。
4. 了解 X 射线衍射仪和透射电镜的用途。
5. 掌握纳米 TiO_2 光催化降解模拟废水性能评价方法。
6. 提高综合运用所学知识解决实际问题的能力。

三、实验原理

纳米材料是指三维空间尺度至少有一维处于纳米量级（1~100 nm）的材料，它是由尺寸介于原子、分子和宏观体系之间的纳米粒子所组成的新一代材料，通常具有特殊的表面效应、小尺寸效应和宏观量子隧道效应等特点，使其在声、光、电、磁、热等物理性质方面表现出优异的特性。在众多纳米材料中，纳米二氧化钛（TiO_2）因具有较大的比表面积和合适的禁带宽度，其光催化活性高、氧化能力强，能有效地将环境中的有机污染物降解为 CO_2 和 H_2O，且价格便宜、无毒无害、稳定性好、无二次污染，受到光催化研究领域和环保治理领域的青睐。

纳米 TiO_2 一般采用化学沉淀法、水热法、微乳液法和溶胶-凝胶法等方法制备，这些方法各有特点，并会对样品的结构、形貌和性能产生一定影响。

在上述方法中，溶胶-凝胶法因具有实验条件温和、操作简单、产品纯度高和均匀性好等优点，成为制备纳米 TiO_2 最常用的方法。溶胶-凝胶法是以金属醇盐或无机盐作前驱体，将这些原料在溶液中混合均匀，并进行水解、缩合，在溶液中形成稳定的透明溶胶体系，溶胶经陈化，胶粒间缓慢聚合，形成三维空间网络结构的凝胶，凝胶网络间充满了失去流动性的溶剂，形成凝胶。凝胶经过干燥、烧结固化制得纳米颗粒。本实验以钛酸四丁酯 $Ti(OC_4H_9)_4$、无水乙醇和冰醋酸为主要原料，采用溶胶-凝胶法制备纳米 TiO_2，反应式如下。

酸性条件下，$Ti(OC_4H_9)_4$ 在乙醇介质中分步水解，水解为钛离子(Ⅳ)溶胶，总的水解反应式为：

$$Ti(OC_4H_9)_4 + 4H_2O \longrightarrow Ti(OH)_4 + 4C_4H_9OH$$

钛离子(Ⅳ)溶胶中的钛离子(Ⅳ)与其他离子相互作用形成复杂的网状结构，陈化一段时间后，形成凝胶，经干燥、焙烧后制得纳米 TiO_2。

$$Ti(OH)_4 + Ti(OC_4H_9)_4 \longrightarrow 2TiO_2 + 4C_4H_9OH$$
$$Ti(OH)_4 + Ti(OH)_4 \longrightarrow 2TiO_2 + 4H_2O$$

根据 TiO_2 降解有机物的性质，TiO_2 能降解溶液中的孔雀石绿、酸性大红、甲基橙、亚甲基蓝等有机物，其降解效果与 TiO_2 活性有关，可以通过测量单位时间内被降解有机物浓度降低的量来确定 TiO_2 活性，上述有机物的浓度一般可以通过分光光度计测得。分光光度计测得待测有机物最大吸收波长下的吸光度 A，根据朗伯-比耳定律（Lambert-Beer law）

$$A = abc \tag{1}$$

式中，a 为吸光系数，$L·(g·cm)^{-1}$；b 为溶液吸收层厚度，cm；c 为溶液浓度，$g·L^{-1}$。可将降解率 η 表示为

$$\eta = \frac{c_0 - c_t}{c_0} = \frac{A_0 - A_t}{A_0} \tag{2}$$

式中，c_0 为起始降解底物浓度；c_t 为不同降解时间 t 对应的降解后底物浓度；A_0 为起始溶液的吸光度；A_t 为不同时间 t 对应的降解后溶液的吸光度；t 为降解时间。

四、仪器、试剂及材料

仪器：分析天平，集热式磁力搅拌器，电热鼓风干燥箱，马弗炉，光催化反应器（带紫外灯），注射器（2 mL，带滤膜），紫外-可见分光光度计，X 射线衍射仪，场发射透射电子显微镜，烧杯（100 mL、250 mL），量筒（10 mL、100 mL），三口圆底烧瓶（250 mL），恒压滴液漏斗（100 mL），蒸发皿，石英比色皿（1 cm），瓷坩埚，瓷研钵，325 目筛。

试剂：钛酸四丁酯（AR），无水乙醇（AR），冰醋酸（AR），孔雀石绿（AR），日落黄（AR），盐酸（6 $mol·L^{-1}$）。

材料：保鲜膜，擦镜纸。

五、实验步骤

1. 纳米 TiO_2 的制备

取 35.0 mL 无水乙醇于 100 mL 烧杯中，缓慢加入 10.0 mL 钛酸四丁酯，磁力搅拌 30 min，使溶液混合均匀，形成 A 液。另取 35.0 mL 无水乙醇于 100 mL 烧杯中，向其中分别加入 4.0 mL 冰醋酸和 10.0 mL 纯水，用玻璃棒搅拌均匀，再加入 3~4 滴盐酸（6 $mol·L^{-1}$），调节溶液 pH 至 1~2，形成 B 液。

将 B 液置于三口圆底烧瓶中，加入磁子。用铁架台将三口圆底烧瓶固定在集热式磁力搅拌器上。将 A 液转移至恒压滴液漏斗中，并将其安装于烧瓶左侧，烧瓶右侧安装球形冷凝管，中间用塞子塞住。打开冷凝管循环水，开启集热式磁力搅拌器，于 25 ℃ 水浴下恒温搅拌。缓慢打开恒压滴液漏斗旋塞，将 A 液缓慢滴加至 B 液，控制滴加速度大约为 1 滴/秒。滴加完毕，继续恒温搅拌 30 min，搅拌结束后将三口圆底烧瓶中的溶胶倒入烧杯中，于 40 ℃ 水浴中水解，杯口盖上保鲜膜，陈化 1 h 后得到白色凝胶。

将凝胶用玻璃棒搅碎后倒入蒸发皿，转移至干燥箱中于 110 ℃ 下干燥 2 h，将得到的浅黄色颗粒转移至坩埚中，将其置于马弗炉中于 450 ℃ 下焙烧 2 h，制得白色纳米 TiO_2 粉末，收集产品，用分析天平称重，计算产率。将产品研磨，过 325 目筛。

2. 样品的表征

在室温下，将制得的 TiO$_2$ 粉末样品置于载玻片的凹槽内并将其压平，检测样品的 X 射线衍射图谱，分析样品的物相组成、晶型和晶粒尺寸。测试时采用 Cu-K$_\alpha$ ($\lambda = 0.15406$ nm) 为射线源，扫描范围 $2\theta = 10°\sim 80°$，工作电压 40 kV，电流 25 mA，扫描速率为 $1.2°\cdot\text{min}^{-1}$。

利用场发射透射电镜观察样品的晶粒形貌和粒径大小，工作电压为 200 keV。

3. 样品的光催化性能评价

本实验通过光催化降解孔雀石绿和酸性大红的效果来评价所制得 TiO$_2$ 粉末样品的光催化性能。

（1）吸收曲线的测定

取 100 mL 容量瓶，分别配制浓度为 30 mg·L^{-1} 的孔雀石绿和酸性大红溶液，用 1 cm 比色皿，以纯水作参比溶液，用紫外-可见分光光度计分别测出孔雀石绿和酸性大红的吸收曲线，检测出其最大吸收波长和对应的吸光度。

（2）光催化性能评价

取 1 个 250 mL 烧杯，加入 100 mL 30 mg·L^{-1} 的孔雀石绿溶液，另取 1 个 250 mL 烧杯，加入 100 mL 30 mg·L^{-1} 的酸性大红溶液，然后向上述两个烧杯中分别加入 0.100 g 制备好的 TiO$_2$ 样品，再将其置于光催化反应箱中，避光条件下磁力搅拌，使催化剂与待降解底物之间达到吸附-解吸平衡，30 min 后检测两个溶液的吸光度。然后打开光催化反应箱体内的两个紫外灯（分别位于烧杯正上方 15 cm），继续磁力搅拌，每隔 10 min 用带有滤膜的注射器取上清液约 2 mL，分别在孔雀石绿和酸性大红的最大吸收波长处测其吸光度，连续测量 90 min，记录时间及相应的吸光度。再依据一定条件下，溶液浓度与吸光度成正比的关系，计算出孔雀石绿的降解率（η），从而评价催化剂的光催化活性。

$$\eta = \frac{A_{处理前} - A_{处理后}}{A_{处理前}} \times 100\%$$

注意：

① 量取和盛放钛酸四丁酯的仪器要用无水乙醇及时清洗。

② 制备催化剂时，玻璃仪器务必干燥后方可使用。

③ 光催化反应过程中，务必关闭光源后再开启光催化反应器箱门，严禁用肉眼直接观看紫外光源，以免眼睛被紫外线灼伤。

六、数据记录与处理

1. 记录所制备 TiO$_2$ 样品的质量，并计算其产率。

2. 用 Origin 软件绘制出 TiO$_2$ 样品的 XRD 谱图，对照标准谱图或查阅文献，指出制得的 TiO$_2$ 样品为何种晶型；查阅文献，通过 Scherrel 公式计算其平均晶粒尺寸。分析样品的透射电镜照片，说明样品的微观形貌，确定样品的大致颗粒尺寸（粒径）。

3. 用 Origin 软件绘制出孔雀石绿和酸性大红的吸收曲线。

4. 数据记录（见表 5-2）

孔雀石绿原液吸光度：_____，最大吸收波长：_____，加入 TiO$_2$ 样品质量：_____。

酸性大红原液吸光度：_____，最大吸收波长：_____，加入 TiO$_2$ 样品质量：_____。

表 5-2　孔雀石绿、酸性大红的光催化性能评价数据记录表

反应时间/min	孔雀石绿		酸性大红	
	吸光度 A	降解率/%	吸光度 A	降解率/%
0				
10				
20				
30				
40				
50				
60				
70				
80				
90				

七、课后思考与拓展

1. 思考题

① 查阅文献，以列表形式比较有关纳米 TiO_2 制备方法的特点（至少列出三种制备方法）。
② 用溶胶-凝胶法制备过程中，用盐酸调节溶液 pH 值的目的是什么？
③ 影响 TiO_2 产率的因素有哪些？
④ 影响 TiO_2 光催化活性的主要因素有哪些？
⑤ 查阅文献，简要概括 TiO_2 光催化降解水体中有机污染物的机理。

2. 阅读与参考资料

[1] 高濂，郑珊，张青红.纳米氧化钛光催化材料及应用[M].北京：化学工业出版社，2002，05.
[2] 任璐，盛泠荟，张石璐，等.多孔纳米 TiO_2 的水热法制备及其光催化性能研究[J].化学研究与应用，2020，32（10）：1924-1929.
[3] 马军委，张海波，董振波，等.纳米二氧化钛制备方法的研究进展[J].无机盐工业，2006（10）：5-7.
[4] 张翼，马亚鲁，刘培毅，等.纳米 TiO_2 的制备及其光催化性能的评价[J].实验室科学，2019，22（02）：17-23.
[5] 宋国威，金志行，金大胜.纳米 TiO_2 粉末的制备方法[J].冶金管理，2020（05）：33，54.

第6章 设计实验

实验四十三 常见阴离子的分离与鉴定

一、实验背景

阴离子主要是非金属元素的简单离子和复杂离子,常见的阴离子有的具有氧化性,有的具有还原性,分析鉴定中彼此干扰较少,且许多阴离子有特征反应,多采用分别鉴定法;并且只有在先行推测或检出某些离子干扰时才进行适当的掩蔽或分离。由于同种元素都可以组成多种阴离子(如硫元素有 S^{2-}、$S_2O_3^{2-}$、SO_3^{2-} 等),存在形式不同,性质各异,所以分析结果要确认元素及其存在形式。

在进行混合阴离子的鉴定时,一般需要先进行初步试验,分析归纳出离子存在的可能范围,然后根据存在离子性质的差异和特征反应进行个别离子的鉴定。

初步试验的方法主要如下:

1. 溶液的酸、碱性试验

如为酸性,则混合液不可能含有被酸分解的阴离子,如 S^{2-}、$S_2O_3^{2-}$、NO_2^-、CO_3^{2-}、SO_3^{2-}。如溶液显碱性,取几滴混合液,加硫酸酸化,轻敲管底,观察是否有气泡产生,如现象不明显,可稍微加热。如有气泡产生,可能有 S^{2-}、$S_2O_3^{2-}$、NO_2^-、CO_3^{2-}、SO_3^{2-}。

2. 氧化性离子的试验

取少量混合液,加入饱和 $MnCl_2$ 的浓盐酸溶液,在沸水浴中加热 2 min,溶液变深褐色或黑色,表示有氧化性较强的离子,如 NO_2^-、NO_3^-。另取少量混合液,加稀硫酸酸化,加入几滴 CCl_4 及少量 KI 溶液,振荡试管,如 CCl_4 层显紫色,表示有 NO_2^-。

3. 还原性离子的试验

取少量混合试液,加 HNO_3 溶液酸化,加少量 $KMnO_4$ 溶液,若紫色褪去,表示有还原性离子,如 S^{2-}、$S_2O_3^{2-}$、Br^-、I^-、SO_3^{2-}、NO_2^-,若加热后紫色褪去,表示有 Cl^-。

4. $AgNO_3$ 检验法

取少量混合试液,加入 HNO_3 溶液酸化,再多加 2 滴,加入 $AgNO_3$ 溶液,搅动,产生黑色沉淀,表示有 S^{2-}、$S_2O_3^{2-}$,黄色沉淀表示有 Cl^-。需注意,黑色可能掩盖其他颜色的沉淀。

5. $BaCl_2$ 检验法

取少量混合试液,加入 $BaCl_2$ 溶液,若生成白色沉淀,表示有 SO_4^{2-}、$S_2O_3^{2-}$、SO_3^{2-}、

CO_3^{2-}、PO_4^{3-}。加入 HCl 溶液于沉淀中,沉淀不溶表示有 SO_4^{2-}。需注意如有 $S_2O_3^{2-}$ 时出现的现象。

二、实验目的

1. 应用元素及其化合物的性质进行混合溶液中阴离子的分离与鉴定。
2. 学习实验方案的设计,培养综合应用基础知识的能力。

三、实验要求

1. 任意选择以下两组混合液进行分离与鉴定。
① Cl^-、Br^-、I^- 混合液。
② Cl^-、CO_3^{2-}、PO_4^{3-}、SO_4^{2-} 混合液。
③ S^{2-}、Cl^-、CO_3^{2-}、NO_3^- 混合液。
④ CO_3^{2-}、NO_3^-、SO_4^{2-}、HPO_4^{2-}。
2. 设计详细的实验方案,进行实验,分析鉴定试液中所含离子,写出实验报告。

实验四十四　$[(Co(NH_3)_x)]_y(C_2O_4)_z$ 的制备及组成分析

一、实验背景

$CoCl_2$ 水溶液在 NH_4Cl 存在下,同 $NH_3 \cdot H_2O$ 反应生成 Co^{2+} 配合物,Co^{2+} 配合物可被 H_2O_2 氧化生成 Co^{3+} 配合物,Co^{3+} 配合物再与 $Na_2C_2O_4$ 反应生成橘黄色的配合物 $[(Co(NH_3)_x)]_y(C_2O_4)_z \cdot nH_2O$,利用滴定分析可以测定钴配合物中钴、氨和草酸根的含量,并确定 x、y、z 的值。

二、实验目的

1. 学习配合物 $[(Co(NH_3)_x)]_y(C_2O_4)_z$ 的制备原理与方法。
2. 掌握用滴定分析法测定配合物中钴、氨和草酸根的含量。

三、实验要求

1. 按下述方法制备 $[(Co(NH_3)_x)]_y(C_2O_4)_z \cdot nH_2O$

在 250 mL 锥形瓶中,用 13 mL 蒸馏水溶解 2.5 g $CoCl_2 \cdot 6H_2O$ 和 2 g NH_4Cl,加活性炭 0.2 g,再加入 6 mL 浓氨水,在室温下缓慢(此处加入太快,会导致溶液冲出产生危险)滴加 8 mL 10% H_2O_2,边加边摇动锥形瓶。加完 H_2O_2 后,在约 60 ℃ 的水浴中加热 20 min,使反应完全。移去水浴,加入适量的蒸馏水,使生成物完全溶解,然后抽滤,滤饼用少量蒸馏水洗涤。将滤液转移到 250 mL 烧杯中,慢慢加入饱和的草酸钠溶液并不断搅拌,直至沉淀完全。抽滤,沉淀用蒸馏水洗涤 3 次,再用无水乙醇洗涤 2 次,抽干得黄色晶体,于 96 ℃ 下烘干。

2. 用滴定分析法测定配合物中钴、氨和草酸根的含量。

四、参考资料

[1] 周贤亚.配合物中氨含量测定的新方法 [J].山东化工，2012 (12)：69-70.
[2] 魏士刚，门瑞芝，程新民，等.二草酸合铜酸钾中草酸根和铜离子测定方法的探讨 [J].广西师范大学学报（自然科学版），2003，(s6)：316-317.

实验四十五 碘与健康——加碘食盐中碘含量的测定

一、实验背景

碘是甲状腺激素重要的组成成分，是人体不可缺少的元素之一。碘摄入过多或过低都会对人体产生危害，从而导致甲状腺疾病。过低可引起地方性甲状腺肿、呆小症和甲状腺功能减退，过高会扰乱甲状腺的正常功能，导致甲状腺肿、甲状腺功能减退，还可诱发或促进自身免疫性甲状腺炎的发生和发展。一般认为成人每天从水、食物和食盐中摄入 100~200 μg 碘即能满足当天的生理需要，2018 年 5 月，我国推出了《中国居民补碘指南》，其中提出了 14 岁以上及成年人的推荐摄入量为每日 120 μg。由于海水中含有丰富的碘化物，故海盐中含有一定数量的碘可满足需要。在一般情况下，远离海岸的内陆、山区，除水、食物含碘量较低外，所产井盐、岩盐等含碘量也低，因此易引起地方性甲状腺肿，所以，在不能经常吃到海产品的内陆地区，常采用食盐中加碘的方法来预防该病。

目前，我国在食盐中加碘主要使用碘酸钾，而过去则是碘化钾。碘化钾的优点是含碘量高（76.40%），缺点是容易氧化，稳定性差，使用时需在食盐中同时加稳定剂。碘酸钾稳定性高，不需要加稳定剂，但含碘量较低（59.30%）。相比之下，使用碘酸钾效果更好。食盐中加碘量过少，达不到预防的目的，过多造成浪费，对人也有一定毒性，故加碘盐中的碘量必须加以测定。

加碘食盐中碘元素绝大部分是以 IO_3^- 存在，少量的是以 I^- 存在。国家规定，加碘食盐中碘的标准值是 35 mg·kg^{-1}，即每千克食盐中含有 35 mg 碘，同时允许在 35 mg·kg^{-1} ± 15mg·kg^{-1} 范围内波动。

二、实验目的

1. 查阅资料了解碘元素与人体健康之间的关系。
2. 查阅资料了解食盐中碘元素的测定方法。
3. 设计实验方案并用间接碘量法和分光光度法测定加碘食盐中的碘含量。

三、实验要求

1. 用间接碘量法测定加碘食盐中碘元素的含量。
2. 用分光光度法测定加碘食盐中碘元素的含量。
3. 比较两种方法的优缺点及适用范围。

四、参考资料

[1] 向照英.川盐中碘含量检测的质量控制探讨 [J].中国保健营养，2021，31 (3)：300.

[2] 汪敏,江生,秦德萍,等.加碘食盐碘含量检测方法及结果影响因素研究进展[J].现代食品,2021,15:173-175.

[3] 陈之秀.合理食碘,健康生活——专访原国家粮食局标准质量中心高级工程师谢华民[J].食品界,2019(10):9-21.

[4] 代秀霞,田友华,徐薇,等.分光光度法测定食盐中碘含量的最优条件研究[J].广州化工,2020,48(11):116-118.

实验四十六 钙与健康——钙剂中钙含量的测定

一、实验背景

钙是生物体从环境中选择吸收的必需元素之一,而且是生物体内含量最高的无机元素,约占人体体重的2%,其中99%以上的钙存在于骨骼和牙齿中。成年人骨骼含钙总量约为180 g;牙齿含钙总量约为70 g;软组织含钙总量约为7 g;细胞外液钙含量约占体重的0.0015%,总量约为1 g,其中血浆钙总含量为300～350 mg,组织间液钙总含量为650～700 mg。

钙主要作为细胞壁的结构元素,成为骨骼和牙齿的必要结构成分。钙离子在蛋白质中桥联邻近的羧酸根而使细胞膜得到强化,如果没有钙,细胞膜将变成多孔结构。钙还作为细胞外酶的辅助因子发挥重要作用,它们大部分是消化酶。在复杂的生命活动中,钙离子参与了神经传导、肌肉收缩、激素的分泌、细胞的分裂以及DNA的合成等过程,还在促进血液的凝固、维持心脏的正常收缩和保持细胞的完整性等方面起着重要的调控作用。

机体缺钙主要影响骨齿发育;血液缺钙就会引起四肢痉挛、头脑迟钝、烦躁不安、意识丧失、心脏功能失调等症,严重时心跳甚至会停止。可见钙浓度失调,就会引起身体疾病,甚至危及生命。

一个人是否缺钙,有科学的判断标准。成年人每克头发中含有900～3200 μg的钙都属于正常范围,低于900 μg为缺钙;儿童每克头发中的含钙量在500～2000 μg之间为正常,低于250 μg为严重缺钙,在350 μg左右为中度缺钙,在450 μg的为一般性缺钙。卫生部的调查资料显示,我国国民钙摄入量仅为标准量的50%左右,尤其是中小学生及50岁以上的中老年人,钙摄入量普遍不足。针对以上情况,中国消费者协会警告消费者需要科学补钙,方能永葆健康。补钙的方法有饮食补钙和钙制剂补钙。目前市场上的补钙剂种类繁多,常见的有葡萄糖酸钙、乳酸钙、碳酸钙、乙酸钙等。钙剂中钙含量的测定方法有乙二胺四乙酸二钠(EDTA)配位滴定法、离子色谱法、火焰原子吸收光谱法、分光光度法等。

二、实验目的

1. 查阅资料了解钙与人体健康相关知识。
2. 设计实验方案用直接滴定法和间接滴定法测定钙片中的钙含量。
3. 设计一些问题,了解人们对补钙药物的认识,提出一些好的建议。

三、实验要求

钙片中钙是以$CaCO_3$形式存在的。通过酸溶后,$CaCO_3$以Ca^{2+}形式存在于溶液中。

1. 用直接滴定法测定钙片中的钙含量。
2. 用间接滴定法测定钙片中的钙含量。

四、参考资料

[1] 张歆皓,邓阿利,王会东,等.儿童补钙剂中钙含量的测定研究[J].赤峰学院学报(自然科学版),2016,32(8):7-10.

[2] 李焕焕,贺新利,王静,等.EDTA容量法测定化工生产废水中钙和镁[J].化工设计通讯,2022,48(1):164-165,168.

实验四十七 磷化锡纳米材料的制备及表征

一、实验背景

磷化锡(Sn_4P_3)纳米材料是由交替出现的磷原子层和锡原子层组成的具有特殊层状结构的半导体材料,这种特殊的层状结构使它展现出独特的物理化学性能,如化学稳定性和热稳定性好、强度高、导电导热性能好、吸附和催化性能优异等,使其在电极材料、催化和光电子器件等领域表现出很大的应用潜力。尤其是电极材料方面,磷化锡中磷原子层和锡原子层交替出现形成的特殊层状结构可以有效削弱原有的Sn-Sn键强度,有利于锂离子的嵌入;同时,磷化锡中具有良好导电性的锡能在一定程度上弥补磷不导电的缺陷,从而实现充放电过程中磷和锡与锂离子的同步合金化,使其表现出优异的储锂容量。

目前,制备磷化锡的方法较多,主要有高温固相法、气相沉积法、机械化学合成法和溶剂热法等。溶剂热法是指在温度超过100℃和相应压力条件下利用水或其他溶剂中物质间的化学反应合成化合物的方法。与其他方法相比,溶剂热法有利于晶体的生长,其产物通常直接为晶态,无需经过焙烧晶化过程,可以减少颗粒团聚,产物粒度比较均匀,形态比较规则,可通过调节实验条件对晶体形貌进行调控,且操作方法简单,成为纳米材料制备领域最好最常用的方法之一。

二、实验目的

1. 培养学生查阅文献、设计和完善实验方案的能力。
2. 学习磷化锡纳米材料的制备方法和常用表征手段。
3. 了解X射线粉末衍射仪、扫描电镜、透射电镜等大型科研仪器的原理及使用方法。
4. 了解磷化锡在锂离子电极材料方面的应用,培养学生综合运用所学知识解决实际问题的能力,增强学生实验兴趣。

三、实验要求

1. 查阅文献,以氯化亚锡($SnCl_2·H_2O$)、乙二醇[$(CH_2OH)_2$]、硼氢化钠($NaBH_4$)、十六烷基三甲基溴化铵($C_{19}H_{42}BrN$)、白磷(P_4)等试剂为原料,设计出以溶剂热法制备磷化锡纳米材料的完整实验方案,绘制出其制备流程图,制备出纳米磷化锡样品。
2. 对制得的磷化锡样品进行X射线粉末衍射、扫描电镜和透射电镜表征,分析样品的晶体结构、形貌和尺寸。

3. 以科技小论文的形式撰写实验报告，并在文末指出本实验的安全与环保注意事项。

四、参考资料

[1] 范旭良，许丽梅，马琳. 磷化锡/氮掺杂碳复合材料的简单制备及储锂性能研究——推荐一个综合化学实验[J]. 大学化学，2021，36（12）：79-85.

[2] 刘淑玲，张红哲，仝建波. 磷化锡空心球的制备、表征及其性能研究[J]. 陕西科技大学学报（自然科学版），2016，34（01）：86-89，101.

实验四十八　$CuInS_2/ZnS$ 核壳结构量子点的制备及表征

一、实验背景

量子点（quantum dots，QDs），又称纳米晶，是指粒径介于 2~20 nm 的一种新型发光纳米材料。由于其独特的发光特征和激发特性，广泛用于单电子光学器件、太阳能电池、通讯、医学诊断和生物标记等领域，使其成为近年来纳米材料研究领域的热点。但传统的量子点通常含有 Cd、Pb、Te 等有毒元素，这在一定程度上限制了量子点的实际应用。

$CuInS_2$ 是一种 I-III-VI 型量子点，同时也是一种新型直接带隙半导体材料，具有组成元素毒性低、禁带宽度窄（直接带隙约为 1.5 eV）、发射光谱可调且光谱范围宽（达 100~150 nm）、荧光寿命长（达几百 ns）、Stokes 位移大（达 0.5~0.6 eV）、吸收系数高等优点，在薄膜太阳能电池光吸收层材料等方面展现出巨大的应用潜力，同时也是替代传统量子点的理想材料之一。但 $CuInS_2$ 量子点表面悬键与空位缺陷较多，易引起非辐射复合效应，使其光量子产率下降，一定程度上影响了其荧光性能。研究发现，在量子点表面外延生长形成核壳结构量子点，可有效钝化量子点的表面态，提升量子点的荧光性能。ZnS 作为双层结构的宽带隙半导体（带隙约为 3.6 eV），与 $CuInS_2$ 晶格的失配度较低，采用适当制备方法将其与 $CuInS_2$ 复合，在 $CuInS_2$ 表面形成 $CuInS_2/ZnS$ 核壳结构，可有效抑制 $CuInS_2$ 量子点表面缺陷产生的非辐射复合效应，从而增强其发光性能。

目前，制备 $CuInS_2$ 基量子点的方法较多，主要有热分解法、溶剂热法、单源前驱体法、热注入法和微波辅助法等，以上方法各有优缺点，其制备出的量子点性能也不尽相同。

二、实验目的

1. 学习 $CuInS_2$ 量子点和 $CuInS_2/ZnS$ 核壳结构量子点的制备方法。

2. 了解 X 射线粉末衍射仪、紫外-可见光漫反射光谱仪、透射电镜、荧光光谱仪、荧光寿命测量仪、荧光照相等科研仪器的原理及使用方法。

3. 了解量子点知识及其相关应用，培养学生的科学思维和科研能力，增强学生实验兴趣。

三、实验要求

1. 查阅文献，设计出一种原料试剂相对环保、操作方法简便、快速、制备条件相对温和的实验方案，分别制备出 $CuInS_2$ 量子点及 $CuInS_2/ZnS$ 核壳结构量子点，并绘制出其制备流程图。

2. 对制得的 $CuInS_2$ 及 $CuInS_2/ZnS$ 样品分别进行 X 射线粉末衍射、紫外-可见光漫反射光谱、透射电镜、荧光光谱、荧光寿命测量、荧光照相表征，分析并对比样品的结构、形貌和性能。

3. 以科技小论文的形式撰写实验报告，并在文末指出本实验的安全与环保注意事项。

四、参考资料

[1] 陶友荣，吴兴才. $CuInS_2/ZnS$ 量子点的微波水热合成与表征——推荐一个研究型综合实验 [J]. 大学化学，2017，32（11）：51-56.

[2] 夏冬林，谭海桂. $CuInS_2/ZnS$ 核壳结构量子点的制备与性能研究 [J]. 武汉理工大学学报，2020，42（01）：1-7.

[3] 周蓓莹，陈东，刘佳乐，等. $CuInS_2/ZnS$ 核壳结构量子点的水相制备与性能研究 [J]. 无机材料学报，2018，33（03）：279-283.

[4] 陈婷，胡晓博，徐彦乔，等. 水热法合成 $AgInS_2/ZnS$ 核/壳结构量子点及其荧光性能 [J]. 无机化学学报，2020，36（01）：69-78.

实验四十九　有机无机杂化钙钛矿光伏材料的合成及热稳定性研究

一、实验背景

近年来，随着国家提出碳中和、碳达峰"双碳"战略目标，能源转型与绿色发展势在必行。基于太阳能的光伏产业作为实现"双碳"目标的主要力量，受到能源产业的广泛关注，开发和研究具有优异光伏性能的新型太阳能材料成为该领域的研究热点。钙钛矿纳米材料由于具有优异的光电性质，受到光伏材料研究领域的青睐。但普通的钙钛矿存在光电转换效率低（3.8%左右）、光谱吸收范围窄、稳定性较差等缺点，一定程度上限制了其实际应用。经过近十年的发展，研究者发现以甲胺基铅卤化物（$CH_3NH_3PbX_3$，$X=Cl$，Br，I）为代表的有机-无机杂化钙钛矿半导体材料具有优异的载流子迁移率、高的吸收系数、合适的带隙宽度、高的缺陷容忍度、温和的合成条件以及不含稀有元素及贵金属等优点，并且其相应的钙钛矿太阳能电池（PSCs）的光电转化效率可以达到 23.2%，使其成为光伏领域的"明星材料"，但 $CH_3NH_3PbX_3$ 的热稳定性还有待提高。

二、实验目的

1. 了解国家"双碳"战略目标及光伏材料相关前沿知识。

2. 学习有机-无机杂化钙钛矿材料的化学合成方法。

3. 了解 X 射线粉末衍射仪、紫外-可见光漫反射光谱仪、扫描电镜和差示扫描量热计等科研仪器的原理及使用方法；学习有机-无机杂化材料的热稳定性研究方法。

4. 引导学生建立以功能为导向的材料设计及化学合成的新理念，激发学生对新型绿色能源材料化学合成的兴趣，培养学生的科学思维和科研能力。

三、实验要求

1. 以 MX_2（M＝Pb，Sn）和 CH_3NH_3X（X＝Cl，Br，I）为主要原料，查阅文献，设计出一种原料试剂相对环保、操作方法简便、快速、制备条件相对温和的实验方案，合成出 $CH_3NH_3PbX_3$ 或 $CH_3NH_3SnX_3$ 有机-无机杂化钙钛矿半导体材料，并绘制出其合成流程图。

2. 对制得的 $CH_3NH_3PbX_3$ 或 $CH_3NH_3SnX_3$ 样品分别通过 X 射线粉末衍射仪、紫外-可见光漫反射光谱仪和扫描电镜对材料的晶体结构、光学性能和形貌进行表征，通过荧光光谱和电化学阻抗测试研究其光电转换效率，通过差示扫描量热计研究其热稳定性。

3. 建议本实验以每人一小组、六人一大组的方式进行，实验时无机金属离子可以选择 Pb 或 Sn，卤素可选择 Cl、Br、I，每一小组做其中一种材料，实验结束后以大组形式讨论对比实验结果，同时查阅文献，探讨并提出测量所得材料的光电转换效率测试方法。

4. 以科技小论文的形式撰写实验报告，并通过查阅文献列出提高 $CH_3NH_3PbX_3$ 热稳定性的主要方法，在文末指出本实验的安全与环保注意事项。

四、参考资料

[1] 车平，杨涵，范慧俐，王明文，李文军. 杂化钙钛矿光伏材料的合成及热稳定性研究——推荐一个综合化学实验［J］. 大学化学，2020，35（01）：59-63.

[2] 吴红迪，蔡苇，范湉，周创，符春林. 2D 有机-无机杂化钙钛矿材料光伏性能优化研究进展［J］. 电子元件与材料，2020，39（11）：40-47.

[3] 王娜娜，司俊杰，金一政，王建浦，黄维. 可溶液加工的有机-无机杂化钙钛矿：超越光伏应用的"梦幻"材料［J］. 化学学报，2015，73（03）：171-178.

附录

附录 1 常用缓冲溶液及其 pH 有效范围

缓冲溶液	pK_a	pH 有效范围
盐酸-甘氨酸	2.4	1.4～3.4
盐酸-邻苯二甲酸氢钾	3.1	2.2～4.0
柠檬酸-氢氧化钠	2.9,4.1,5.8	2.2～6.5
甲酸-氢氧化钠	3.8	2.8～4.6
乙酸-乙酸钠	4.74	3.6～5.6
邻苯二甲酸氢钾-氢氧化钾	5.4	4.0～6.2
琥珀酸氢钠-琥珀酸钠	5.5	4.8～5.3
柠檬酸氢二钠-氢氧化钠	5.8	5.0～6.3
磷酸二氢钾-氢氧化钠	7.2	5.8～8.0
磷酸二氢钾-硼砂	7.2	5.8～9.2
磷酸二氢钾-磷酸氢二钾	7.2	5.9～8.0
硼酸-硼砂	9.2	7.2～9.2
硼酸-氢氧化钠	9.2	8.0～10.0
甘氨酸-氢氧化钠	9.7	8.2～10.1
氯化铵-氨水	9.3	8.3～10.3
磷酸氢钠-碳酸钠	10.3	9.2～10.0
磷酸氢二钠-氢氧化钠	12.4	11.0～12.0

附录 2 常用指示剂及其配制方法

（1）酸碱指示剂（18～25℃）

指示剂名称	pH 变色范围及颜色变化	溶液配制
甲基紫	第一变色范围:0.13～0.5,黄～绿 第二变色范围:1.0～1.5,绿～蓝 第三变色范围:2.0～3.0,蓝～紫	1 g·L^{-1} 或 0.5 g·L^{-1} 的水溶液
百里酚蓝 （麝香草酚蓝）	第一变色范围:1.2～1.8,红～黄 第二变色范围:8.0～9.6,黄～蓝	0.1 g 指示剂溶于 100 mL 20%乙醇
甲基橙	3.1～4.4,红～黄	1 g·L^{-1} 的水溶液
溴甲酚绿	3.8～5.4,黄～蓝	0.1 g 指示剂溶于 100 mL 20%乙醇
甲基红	4.4～6.2,红～黄	0.1 g 或 0.2 g 指示剂溶于 100 mL 60%乙醇

续表

指示剂名称	pH变色范围及颜色变化	溶液配制
中性红	6.8~8.0,红~亮黄	0.1 g 指示剂溶于 100 mL 60%乙醇
酚酞	8.2~10,无色~紫红	0.1 g 指示剂溶于 100 mL 60%乙醇
百里酚酞	9.3~10.5,无色~蓝	0.1 g 指示剂溶于 100 mL 90%乙醇

（2）酸碱混合指示剂

指示剂溶液组成	变色点 pH 值	颜色		备注
		酸色	碱色	
三份 1 g·L⁻¹ 溴甲酚绿乙醇溶液 一份 2 g·L⁻¹ 甲基红乙醇溶液	5.1	酒红	绿	
一份 2 g·L⁻¹ 甲基红乙醇溶液 一份 1 g·L⁻¹ 亚甲基蓝乙醇溶液	5.4	紫红	绿	pH=5.4 暗蓝 pH=5.6 绿
一份 1 g·L⁻¹ 溴甲酚绿钠盐水溶液 一份 1 g·L⁻¹ 氯酚红钠盐水溶液	6.1	黄绿	蓝紫	pH=5.4 蓝绿 pH=5.8 蓝 pH=6.2 蓝紫
一份 1 g·L⁻¹ 中性红乙醇溶液 一份 1 g·L⁻¹ 亚甲基蓝乙醇溶液	7.0	蓝紫	绿	pH=7.0 蓝紫
一份 1 g·L⁻¹ 溴百里酚蓝钠盐水溶液 一份 1 g·L⁻¹ 酚红钠盐水溶液	7.5	绿	紫	pH=7.2 暗绿 pH=7.4 淡紫 pH=7.6 深紫
一份 1 g·L⁻¹ 甲酚红钠盐水溶液 一份 1 g·L⁻¹ 百里酚蓝钠盐水溶液	8.3	黄	紫	pH=8.2 玫瑰色 pH=8.4 紫

（3）金属离子指示剂

名称	浓度	In 本色	MIn 颜色	适用 pH 值范围
铬黑T	与固体 NaCl 的混合物(1:100)	蓝	葡萄红	6.0~11.0
二甲酚橙	0.5%乙醇溶液	柠檬黄	红	5.0~6.0
				2.5
钙试剂	与固体 NaCl 的混合物(1:100)	亮蓝	深红	>12.0
甲基百里酚蓝	1%与固体 KNO_3 混合物	灰	蓝	10.5
铝试剂	—	酒红	黄	8.5~10.0
		红	蓝紫	4.4
		紫	淡黄	1.0~2.0

(4) 氧化还原指示剂

名称	氧化型颜色	还原型颜色	E_{Ind}/V	浓度
二苯胺	紫	无色	0.76	1%浓硫酸溶液
二苯胺磺酸钠	紫红	无色	0.84	0.2%水溶液
亚甲基蓝	蓝	无色	0.532	0.1%水溶液
淀粉	蓝	无色	0.53	0.1%水溶液
邻二氮菲-亚铁	浅蓝	红	1.06	(1.485 g 邻二氮菲+0.695 g 硫酸亚铁)溶于 100 mL 水
酸性绿	橘红	黄绿	0.96	0.1%水溶液

(5) 吸附指示剂

指示剂	配制	用于测定			
		可测元素	滴定剂	颜色变化	测定条件
荧光黄	1%钠盐水溶液	Cl^-、Br^-、I^-、SCN^-	Ag^+	黄绿~粉红	中性或弱碱性
二氯荧光黄	1%乙醇水溶液	Cl^-、Br^-、I^-	Ag^+	黄绿~粉红	pH=4.4~7
四溴荧光黄(曙红)	4%钠盐水溶液	Br^-、I^-、SCN^-	Ag^+	粉红~红紫	pH=1~2

附录 3　常用基准物质的干燥及应用

物质	干燥条件	标定对象
硝酸银($AgNO_3$)	280~290 ℃	卤化物、硫氰酸盐
三氧化二砷(As_2O_3)	室温干燥器中保存	I_2
碳酸钙($CaCO_3$)	110~120 ℃	EDTA
铜(Cu)	室温干燥器中保存	KI
氯化钾(KCl)	500~600 ℃	$AgNO_3$
邻苯二甲酸氢钾($KHC_8H_4O_4$)	110~120 ℃	NaOH、$HClO_4$
溴酸钾($KBrO_3$)	130 ℃	$Na_2S_2O_3$
草酸($H_2C_2O_4 \cdot 2H_2O$)	室温空气中干燥	NaOH
碘酸钾(KIO_3)	120~140 ℃	$Na_2S_2O_3$
重铬酸钾($K_2Cr_2O_7$)	140~150 ℃	$FeSO_4$、$Na_2S_2O_3$
氯化钠(NaCl)	500~600 ℃	$AgNO_3$
硼砂($Na_2B_4O_7 \cdot 10H_2O$)	含 NaCl-蔗糖饱和溶液的干燥器中保存	HCl、H_2SO_4
碳酸钠(Na_2CO_3)	270~300 ℃	HCl、H_2SO_4
草酸钠($Na_2C_2O_4$)	130 ℃	$KMnO_4$
锌(Zn)	室温干燥器中保存	EDTA
氧化锌(ZnO)	900~1000 ℃	EDTA

附录4 EDTA滴定中常用的掩蔽剂

被掩蔽离子	掩蔽剂或掩蔽方法
Ag^+	NH_3、二巯基丙醇、CN^-、柠檬酸、巯基乙酸、$S_2O_3^{2-}$
Al^{3+}	柠檬酸、BF_4^-、F^-、OH^-（转成偏铝酸根）、乙酰丙酮、磺基水杨酸、酒石酸、三乙醇胺、钛铁试剂
Ba^{2+}	F^-、SO_4^{2-}
Bi^{3+}	二巯基丙醇、柠檬酸、铜试剂、OH^-+Cl^-（BiOCl沉淀）、巯基乙酸、硫代苹果酸、2,3-二巯基丙烷磺酸钠
Ca^{2+}	Ba-EGTA配合物+SO_4^{2-}、F^-
Cd^+	二巯基丙醇、CN^-、半胱氨酸、铜试剂、巯基乙酸、邻二氮菲、S^{2-}（常作为硫代乙酰胺加入）、四亚乙基五胺、2,3-二巯基丙烷磺酸钠
Co^{2+}	二巯基丙醇、CN^-、巯基乙酸、邻二氮菲、四亚乙基五胺
Cr^{3+}	抗坏血酸、柠檬酸、动力学掩蔽剂（利用反应速率差异）、三乙醇胺、氧化为CrO_4^{2-}、$P_2O_7^{4-}$
Cu^{2+}	二巯基丙醇、CN^-、半胱氨酸、铜试剂、I^-、巯基乙酸、3-巯基-1,2-丙二醇、邻二氮菲、还原为Cu^+（用抗坏血酸、抗坏血酸+硫脲、NH_2OH）、S^{2-}、四亚乙基五胺、硫卡巴肼、氨基硫脲、$S_2O_3^{2-}$（在碱性介质中，还要加Ac^-或$Na_2B_4O_7$）、硫脲、三亚乙基四胺
Fe^{2+}	CN^-
Fe^{3+}	二巯基丙醇+三乙醇胺、柠檬酸盐、CN^-（最好和抗坏血酸同加）、铜试剂、F^-、巯基乙酸、硫代苹果酸、乙酰丙酮+硝基苯、$P_2O_7^{4-}$、还原为Fe^{2+}（抗坏血酸、N_2H_4、NH_2OH或$SnCl_2$）、S^{2-}、酒石酸盐、三乙醇胺
Mg^{2+}	F^-、OH^-[形成$Mg(OH)_2$沉淀]
Mn^{2+}	二巯基丙醇、空气氧化+CN^-、邻二氮菲、S^{2-}、三乙醇胺
Ni^{2+}	二巯基丙醇、CN^-、动力学掩蔽、邻二氮菲、四亚乙基五胺
Pb^{2+}	二巯基丙醇、铜试剂、3-巯基丙酸、MoO_4^{2-}、SO_4^{2-}、2,3-二巯基丙烷磺酸钠
Sn^{4+}	二巯基丙醇、柠檬酸、二硫代草酸、F^-、OH^-（偏锡酸沉淀）、草酸、酒石酸、三乙醇胺、2,3-二巯基丙烷磺酸钠、乳酸
Ti^{4+}	柠檬酸、F^-、H_2O_2、PO_4^{3-}、SO_4^{2-}、酒石酸、三乙醇胺、钛铁试剂、乳酸
Zn^{2+}	二巯基丙醇、CN^-、半胱氨酸、巯基乙酸、邻二氮菲、四亚乙基五胺、2,3-二巯基丙烷磺酸钠

附录5 市售酸碱试剂的浓度和相对密度

试剂	相对密度	浓度/$mol \cdot L^{-1}$	质量分数/%
乙酸	1.04	6.2~6.4	36.0~37.0
冰醋酸	1.05	17.4	99.5(AR)
氨水	0.88~0.90	12.9~14.8	25~28
盐酸	1.18	11.7~12.4	36~38
氢氟酸	1.14	27.4	40
硝酸	1.39~1.40	14.4~15.3	65~68
高氯酸	1.75	11.7~12.5	70.0~72.0
磷酸	1.71	14.6	85.0
硫酸	1.84	17.8~18.4	95~98
三乙醇胺	1.12	7.5	99

参 考 文 献

[1] 武汉大学.分析化学：上册.6版；[M].北京：高等教育出版社，2016.
[2] 彭娟，宋伟明，孙彦璞.物理化学实验数据的Origin处理[M].北京：化学工业出版社，2019.
[3] 叶卫平.Origin 9.1科技绘图及数据分析[M].北京：机械工业出版社，2015.
[4] 罗时光，金红娇.试验设计与数据处理[M].北京：中国铁道出版社，2018.
[5] 李云雁，胡传荣.试验设计与数据处理[M].北京：化学工业出版社，2017.
[6] 朱鹏飞，陈集.仪器分析教程.2版[M].北京：化学工业出版社，2016.
[7] 王立诚.科技文献检索与利用[M].南京：东南大学出版社，2020.
[8] 陈琼，朱传方，辜清华.化学化工文献检索与应用[M].北京：化学工业出版社，2015.
[9] 南京大学大学化学实验教学组编.大学化学实验.3版[M].北京：高等教育出版社，2018.
[10] 钟国清.无机及分析化学实验.2版[M].北京：科学出版社，2015.
[11] 余彩莉，刘峥，钟福新.化学基础实验教程[M].北京：化学工业出版社，2020.
[12] 解庆范.分析化学实验[M].北京：化学工业出版社，2021.
[13] 章燕豪.大学化学手册[M].上海：上海交通大学出版社，2005.
[14] 刘建宇.分析化学实验[M].北京：化学工业出版社，2018.
[15] 王艳玮，马兆立.分析化学实验[M].北京：化学工业出版社，2020.
[16] 王凤云，丰利.无机及分析化学实验[M].北京：化学工业出版社，2016.
[17] 黄少云主编.无机及分析化学实验[M].北京：化学工业出版社，2017.
[18] 胡丽娟主编.化学分析技术[M].延吉：延边大学出版社，2018.
[19] 刘利，张进，姚思童.普通化学实验[M].北京：化学工业出版社，2020.
[20] 戎红仁，陈若男.无机及分析化学实验[M].北京：化学工业出版社，2020.
[21] 任健敏，赵三银.大学化学实验.2版[M].北京：化学工业出版社，2018.
[22] 龚银香，童金强.无机及分析化学实验[M].北京：化学工业出版社，2017.
[23] 吴婉娥.无机及分析化学实验[M].西安：西北工业大学出版社，2015.